500kV变电站二次设备运维技术

继电保护分册

《500kV 变电站二次设备运维技术》编委会　编

中国电力出版社
CHINA ELECTRIC POWER PRESS

内 容 提 要

本丛书包括继电保护分册和自动化分册，旨在进一步夯实二次从业人员专业基础，提高超高压运维检修和设备管理能力。

本书为继电保护分册，包括 500kV 变电站概述、互感器配置、线路保护及辅助装置、母线保护配置、变压器及电抗器保护配置、组屏及二次回路、安全自动装置、故障录波装置和保护信息子站、公用系统、设备验收、运行巡视与操作、设备检修、500kV 常规变电站和智能变电站改扩建工程实施要点，以及智能变电站配置管控等内容。

本丛书可作为从事电力系统二次专业的运行、维护、管理、设计、研发和教学人员的专业参考书和培训教材。

图书在版编目（CIP）数据

500kV 变电站二次设备运维技术．继电保护分册/《500kV 变电站二次设备运维技术》编委会编．
北京：中国电力出版社，2024．9．--ISBN 978-7-5198-9126-8

Ⅰ．TM63；TM77

中国国家版本馆 CIP 数据核字第 2024VW9317 号

出版发行：中国电力出版社
地　　址：北京市东城区北京站西街 19 号（邮政编码 100005）
网　　址：http://www.cepp.sgcc.com.cn
责任编辑：刘　薇（010-63412357）
责任校对：黄　蓓　常燕昆
装帧设计：张俊霞
责任印制：石　雷

印　　刷：三河市万龙印装有限公司
版　　次：2024 年 9 月第一版
印　　次：2024 年 9 月北京第一次印刷
开　　本：787 毫米×1092 毫米　16 开本
印　　张：23.25
字　　数：489 千字
印　　数：0001—1000 册
定　　价：108.00 元

编 委 会

主 任　王凯军

委 员　吕鹏飞　竺佳一　陈水耀　阮思烨　方愉冬
　　　　裘愉涛　潘武略　刘中平

编写工作组

主　编　潘武略

副主编　张　志　吴佳毅　徐　凯

参　编　胡幸集　刘　伟　吴　靖　张博涵　曹　煜
　　　　吴雪峰　陈伟华　接晓霞　王周杰　张　凯
　　　　张　磊　汪卫东　李祥耀　沈奕菲　赵梓亦
　　　　吴振杰　邓　超　陈　昊　蒋嗣凡　吴　坚
　　　　王小仲　凌　光　叶瀚冰　潘成程　陈　刚
　　　　陈利华　王俊康　俞伊丽　许　烽　霍　丹
　　　　祝旭焕　沈　浩　金　盛　郑　燃　许文涛
　　　　俞小虎　高炳蔚　苏柏松　刘　军　张志峥
　　　　周　芳　熊明玮　周文海　黄志华　吴家俊
　　　　杨　硕　陈骏杰　管晟超　王　策　曹文斌
　　　　倪　堃　胡　晨　赵军毅　马　伟　陈　旭
　　　　陈　琦　郑小江　董新涛　俞伟国　彭向松

序

　　近年来，信息通信技术在变电站中广泛应用，促进了二次设备运维模式的变革，大幅提升了变电站运维工作效率，同时也对二次运维人员技能提出新的要求。定值自动比对、信息自动对点、一键顺控等功能应用需要运维人员除电气知识外还要掌握必要的数据分析能力。2023 年底，国网浙江省电力有限公司（简称国网浙江电力）按照国家电网有限公司统一部署，完成 500kV 变电站属地化管理，500kV 变电站管理模式发生根本性变化。地市公司如何接稳接好 500kV 变电站设备属地化业务，将成为接下来一段时间内的关注重点和主要挑战。

　　500kV 变电站及输电网络作为省内和省区间电力能源输送的主要路径，其安全稳定运行是保障区域电网可靠供电的重要前提，电网发生故障时二次设备正确快速动作隔离故障是确保骨干网架及时自愈、稳定供电的核心手段。国网浙江电力坚持将 500kV 变电站二次设备运维作为工作重点，将 500kV 变电站二次设备运维能力作为员工"三基"能力提升的重要内容，深化开展 500kV 二次设备全过程精益化管理，不断优化 500kV 二次设备改扩建方式方法，在专业相关领域始终"干在实处、走在前列、勇立潮头"。为总结典型经验做法，更好地指导和帮助运维检修人员做好 500kV 二次设备全寿命周期管控，国网浙江电力组织编写了《500kV 变电站二次设备运维技术》丛书，包括继电保护分册和自动化分册。

　　本丛书凝聚了国网浙江电力二次专业技术人员的集体智慧，对 500kV 变电站二次设备运维技术相关知识进行系统总结和分析，涵盖 500kV 变电站全部二次设备全寿命周期知识要点，内容涉及设备配置、二次回路、设备验收、巡视操作、设备检修、扩建改造等方面，对二次专业人员业务开展和能力提升有较强的指导性。

希望本丛书的出版有助于电力系统二次专业人员掌握 500kV 变电站二次设备运维技术，进一步提高 500kV 二次设备运行水平，为保障新型电力系统安全稳定运行做出更大贡献。

2024 年 6 月

前　言

　　500kV 变电站作为区域电力传输的枢纽，其安全稳定运行是保障区域电网可靠供电的重要基础，与国计民生和经济发展息息相关。随着新能源等各种发电主体接入，电力电量时空分布不均衡、电源"空心化"特征加剧、电网调节和耐受能力不足等问题日益凸显，导致系统运行控制难度加大，对 500kV 变电站的可靠性提出了更高要求。

　　为更好提升超高压设备精益化管理水平，国网浙江省电力有限公司于 2023 年底完成了超高压输变电设备属地化工作，500kV 变电站管理模式发生了根本性转变。地市公司面对全新的电压等级和接线形式，如何快速提升运维检修技能水平，接稳扛好 500kV 变电站属地化工作，是迫切需要解决的难题。变电站二次系统担负着保护、控制、测量、监视等任务，是确保 500kV 变电站安全稳定运行的关键设备。为进一步夯实二次从业人员超高压运维检修和设备管理能力，国家电网有限公司国家电力调度控制中心和国网浙江电力调度控制中心组织相关专家编写了《500kV 变电站二次设备运维技术》丛书，包括继电保护分册和自动化分册。

　　本书为《继电保护》分册，共分为十五章。第一章主要介绍 500kV 变电站的特点；第二章主要介绍互感器配置；第三至五章主要介绍站内各元件保护配置；第六章主要介绍组屏及二次回路；第七至九章分别介绍站内安全自动装置、故障录波装置、保护信息子站和公用系统；第十至十二章分别介绍设备验收、运维、检修关键点；第十三和十四章分别介绍常规变电站和智能变电站改扩建实施要点；第十五章主要介绍智能变电站配置管控。

　　注重对比分析是本书的一大特点。本书立足于属地化前地市公司运维检修业务范围，巧用图表对比，突出 500kV 变电站和地市公司熟悉的 220kV 变电站在接线方式、功能配置、回路设计、安措布置等多个维度上的差异，帮助地市公司运维检修人员触类旁通、举一反三，准确把握 500kV 变电站继电保护装置运维检修的特点和难点。

理论联系实践是本书的另一大特点。本书在理论上有一定的广度与深度，从基本概念出发，结合实例由浅入深、由易到难。同时，本书特别重视继电保护从业人员的实际岗位需求，用较多篇幅论述了 500kV 变电站现场工作面临的实际问题和必须掌握的岗位技能，力求能够帮助读者快速掌握 500kV 变电站继电保护装置运维检修技能。

本丛书在编写过程中得到了国家电网有限公司国家电力调度控制中心、国网浙江省电力有限公司相关领导的关心和支持。国网浙江省电力有限公司各地市供电公司、南京南瑞继保电气有限公司、北京四方继保自动化股份有限公司、国电南瑞科技股份有限公司、许继电气有限公司、国电南京自动化股份有限公司等单位对本书的编写提供了很大的帮助，在此致以衷心的感谢。

本丛书可以作为从事电力系统二次专业的运行、维护、管理、设计、研发和教学人员的专业参考书和培训教材，在一定程度上解决了 500kV 变电站属地化要求与基层工作者技能短板之间的矛盾，对打造一支超高压二次专业人才队伍具有较强的指导意义。由于编者水平有限，书中难免有疏漏和不足之处，恳请读者批评指正。

编　者

2024 年 8 月

500kV变电站二次设备运维技术

继电保护分册

目　录

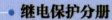
第一章　500kV 变电站概述

本书 500kV 变电站以典型的 500/220/35kV 架构为例，500kV 侧主接线方式通常采用 3/2 断路器接线方式设计，220kV 侧通常采用双母双分接线方式设计，35kV 侧通常采用单母线接线方式设计。500kV 变电站典型接线图如图 1-1 所示。

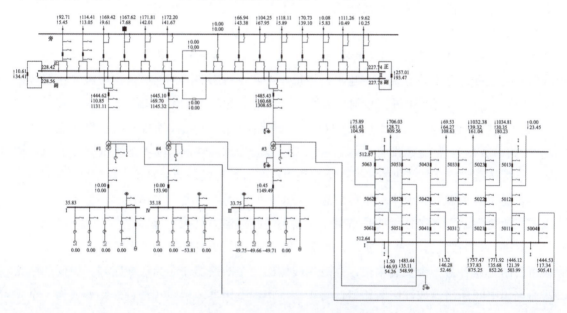

图 1-1　500kV 变电站典型接线图

第一节　不同电压等级接线方式

一、3/2 断路器接线方式

3/2 断路器接线方式是一种每两个元件共用三个断路器的多环形接线方式，具有调度灵活、安全可靠和检修方便等优点，是目前国内外 500kV 电压等级广泛采用的一种接线方式。

3/2 断路器接线方式的两条母线之间串联三个断路器，形成一串，每串从相邻的两个断路器之间引出元件（线路、变压器等）。每个元件由两台断路器供电，合环运行，中间断路器连接着两个元件。因其三个断路器供应两个元件，即每个元件用 1.5 个断路器，因此 3/2 断路器接线又被称为一个半断路器接线。

3/2 断路器接线方式具有极高的供电可靠性、调度灵活性、检修方便性。正常情况下两条母线和所有断路器均在运行状态，通过母线与串断路器形成多个环路，每条线路（主变压器）都能保证由两台断路器供电。即使一台断路器偷跳，只能造成该串解环，不会影响对外供电；当线路发生故障时，即使母线侧断路器拒跳，失灵保护动作跳开此母线上的所有断路器，也不影响其他线路或主变压器运行，如果中间断路器拒跳时，也只影响同一串中另一线路或主变压器的运行，不影响其他线路或主变压器的运行；当母线发生故障时，与此母线相连接的所有断路器跳闸，却可仍保留在另一组母线上继续工作。因此，3/2 断路器接线方式下任意一条母线故障或停电，不影响线路或主变压器的运行。此外，现场人员可以不停电检修任何一台断路器，极大地提高了检修调试的灵活性。

根据挂接元件的情况，3/2 断路器接线方式可进一步细分为完整串、不完整串和主变压器直接挂母线等不同方式。完整串是指每串中两个边断路器都接有进出线或变压器等元件，根据所挂接的元件可进一步细分为线线串（图 1-2 中第 1 串）和线变串（图 1-2 中第 2 串）。不完整串也叫半串，即 1 串中只有两个断路器将一个元件连接在两条母线之间（图 1-2 中的第 3 串），常见于没有考虑远景未来出线会增加的情况，或者是传统 AIS 变电站增加一个断路器比较容易扩建的情况；不完整串还有一种形式是一开始就有完整 3 个断路器，这种情况充分考虑远景或未来工程的施工裕度，或适用于 GIS 变电站这类不容易改变主接线方式的变电站。直接挂母线是指主变压器不经断路器直接接于母线。

3/2 断路器接线方式每串的二次接线一般分成五个安装单位。对于线线串，每条出线和每台断路器各为一个安装单位，靠近母线侧的两个断路器命名为边断路器，中间的断路器命名为中间断路器或联络断路器；对于线变串，变压器、出线和每台断路器各为一个安装单位。当线路接有并联电抗器时，并联电抗器既可单独作为一个安装单位，也可与线路合设为一个安装单位。母线设备可作为一个公用安装单位。断路器安装单位包括本断路器的控制、信号和测量回路等。线路、变压器或发电机—变压器组安装单位包括其继电保护、测量和重合闸回路等。每个安装单位分别设置开关（熔断器）供给其二次回路，这样可以减少二次回路的相互牵连，较好地解决一个元件停运时与另一个运行元件分割不开的困难。

3/2 断路器接线方式中 500kV 断路器编号共有四位数字，前两位"50"表示 500kV 电压等级，后两位数字按接线方式确定，3/2 断路器接线设备按矩阵排列编号。第三位表示第几串，第四位表示断路器位置。如图 1-2 所示，第一串中的边断路器 1 命名为 5011，中间断路器命名为 5012。断路器两侧隔离开关编号共五位数，前四位与所属断路器的编号一

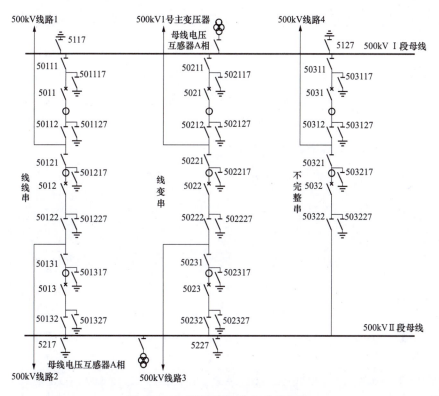

图 1-2　3/2 断路器接线方式示意图

致，第五位代表所挂母线。如图 1-2 所示，第一串中边断路器 5011 两侧的隔离开关，靠近Ⅰ母侧的隔离开关命名为 50111，靠近Ⅱ母侧的命名为 50112。断路器两侧接地开关编号共有六位数，前五位取自与该接地开关同侧相邻的隔离开关的编号，第六位为"7"，表示接地开关。如图 1-2 所示，靠近隔离开关 50111 的接地开关命为 501117。母线接地开关编号规则以图 1-2 中 500kVⅠ母 5117 为例，500kV 母线接地开关编号共四位数，5117 第一位"5"表示 500kV，第二位"1"表示Ⅰ母，第三位"1"表示该母线上第一个接地开关，第四位"7"表示接地开关。

二、220kV 双母线接线方式

500kV 变电站中的 220kV 主接线包括双母线接线、双母单分段接线和双母双分段接线，一般不设置旁路母线。为了限制 220kV 母线短路电流或满足系统分区运行要求，当采用双母线接线时，线路、变压器连接元件总数为 10～14 回时，可在一条母线上装设分段断路器。连接元件总数为 15 回及以上时，可在两条主母线上装设分段断路器。

双母线接线方式的特点为每个元件可通过隔离开关连接到任一母线。在母线故障及断路器失灵时，仅停故障母线，可将无故障支路切换至无故障母线，从而快速恢复供电。在母线及其他元件检修时，可通过倒闸操作将其余元件先切换到另一条母线。双母线接线运行和调度灵活、扩建方便。但是对于支路保护所需母线电压，需配置复杂电压切换回路。

母联断路器失灵时，会导致双母线全停。

如进出线回路较多，可进一步将双母线改为双母单分段接线或双母双分段接线。双母单分段接线或双母双分段接线克服了双母线存在全停可能性的缺点，缩小了停电范围，提高了供电可靠性。在双母双分段接线方式下，需配置 4 套母差保护，且要求在任一分段断路器失灵时不同组的母差失灵保护之间能够相互启动，达到最终隔离故障的目的。500kV 变电站 220kV 一次接线示意图如图 1-3 所示。

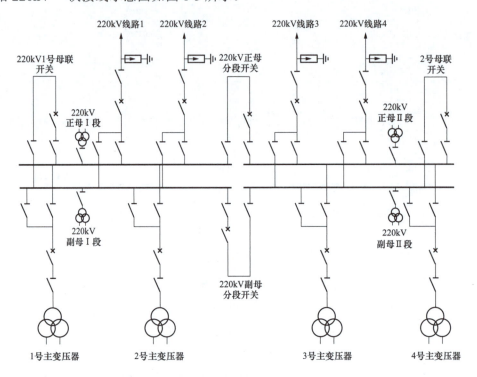

图 1-3　500kV 变电站 220kV 一次接线示意图

三、35kV 接线方式

500kV 变电站需配置大容量电容器组和电抗器组来调节无功功率，使系统电压运行在正常范围内。为此，500kV 变电站的 35kV 低压侧母线上只装设无功补偿设备和站用变压器。35kV 低压侧母线为单母线接线方式，变压器 35kV 低压侧配置断路器，且每台 35kV 低压侧母线所需装设的低压并联电抗器、并联电容器台数，通常取决于主变压器的容量。为方便运行维护，当 500kV 变电站安装有 2 台以上变压器时，每台变压器配置的无功补偿容量宜基本一致。

500kV 变电站中通常还会增设一个外源站用变压器，它既可以作为变电站投运前的临时站用变压器电源，又可以作为全站站用电的备用电源。无功补偿设备正常运行时，一般处于热备用或运行状态。500kV 变电站每台主变压器还会对应配置一套 35kV 低压电抗器及电容器自动投切装置，根据具体情况自动投切该主变压器 35kV 低压侧的并联电容器组和并联电抗器组，以调节系统电压。除增设的外源站用变压器长期处于充电热备状态之外，其余站用变压器均处于正常运行状态。

目前国内已经投运的超高压变电站中，主变压器低压侧总断路器存在装设和未装设两种情况。图 1-4 所示为 500kV 变压器低压侧未配置总断路器，低压侧电压等级为 35kV，接线方式为单母线，具有接线简单清晰、设备少、操作方便、便于扩建等优点。但是不配置低压侧总断路器有以下问题：①从一次设备分析，主变压器低压侧异常或故障将导致主变压器被迫停运，扩大故障范围；②从继电保护配置分析，低压侧需要配置差动保护范围外的低压侧速断保护，延时长且灵敏度低。因此 500kV 变电站低压侧综合考虑经济效益和低压母线电压波动需求，低压侧采用 35kV 电压等级，变压器低压侧采用单母线接线且配置总断路器，如图 1-5 所示，能提高保护动作灵敏度，为投切频繁的无功设备提供后备保护，有利于提高主变压器运行可靠性。

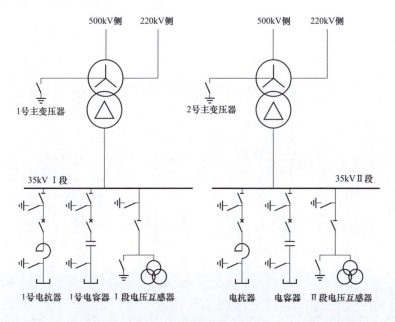

图 1-4　500kV 变电站 35kV 未配置总断路器一次接线示意图

四、3/2 断路器接线与双母线接线的主要差异

以 8 条出线为例，3/2 断路器接线与双母线接线如图 1-6 所示，其主要差异可从供电可靠性、运行灵活性和技术经济性三方面阐述。

（一）供电可靠性

以单一元件故障考虑，对于 3/2 断路器接线，母线故障时不会导致停电，母线侧断路器失灵时会导致对应间隔停电，中间断路器故障时仅导致对应串停电；而对于双母线接线，

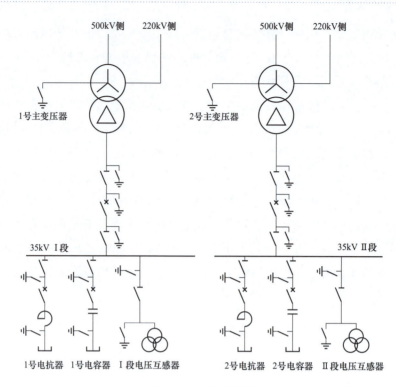

图 1-5 500kV 变电站 35kV 配置总断路器一次接线示意图

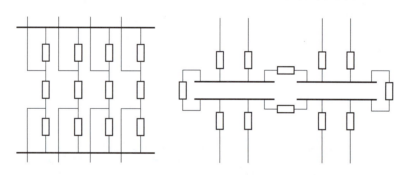

图 1-6 3/2 断路器接线与双母线接线

母线侧断路器或母线故障时会导致整段母线停电，母联断路器故障时会导致相邻两段母线停电。如表 1-1 所示，3/2 断路器接线停电范围远小于双母线接线的停电范围。此外，即使在单一母线或断路器检修和事故重叠方式下，3/2 断路器接线能将各种因设备自身故障引起的停电范围限制在最小，保障电力系统可靠运行。

表 1-1   3/2 断路器接线与双母线接线停电范围对比

运行情况	故障类别	3/2 断路器接线停电范围（%）	双母线接线停电范围（%）
无设备检修	母线侧断路器故障	12.5	25
	母线故障	0	25
	中间断路器/母联断路器故障	25	50

续表

运行情况	故障类别	3/2 断路器接线停电范围（%）	双母线接线停电范围（%）
一台断路器检修	母线侧断路器故障	12.5～25	12.5～37.5
	母线故障	0～12.5	12.5～37.5
	中间断路器/母联断路器故障	25	50～62.5
一段母线检修	母线侧断路器故障	25	25～50
	母线故障	0	25～50
	中间断路器/母联断路器故障	25	50～75

（二）运行灵活性

对于 3/2 断路器接线，每个元件由两台断路器供电，正常运行方式下两组母线和全部断路器都投入运行，形成多环形供电，运行调度灵活。隔离开关仅作为检修时隔离元件，避免了双母线接线中的隔离开关倒闸操作，检修母线时出线不用切换。检修任意断路器时，不会影响供电，可避免误操作引发故障，节省时间。但是 3/2 断路器接线在停运一条回路时，需要操作两台断路器且设备结构复杂，停电范围和开闭状态不易辨认。

对于双母线接线，任一元件退出运行只需要操作一台断路器，当系统有特殊运行方式要求时，如调整潮流、限制短路电流时，母线可分列运行，比较灵活（但此时可靠性降低）。母线检修及断路器检修时，停电范围相较 220kV 更易辨认，对相邻间隔影响较少。

（三）技术经济性

从技术角度考虑，3/2 断路器接线多用于 500kV 及以上电压等级，相比于双母线接线，在互感器配置、保护配置和测控配置方面更为复杂。

互感器配置方面，由于电压等级影响，3/2 断路器接线和 220kV 双母线接线互感器配置差异性较大。电流互感器的配置包括电流互感器的类型选择、参数选择和绕组数量及准确级选择等方面。3/2 断路器接线主变压器和母线保护宜采用 TPY 级互感器，断路器失灵保护和高压电抗器保护宜采用 P 级互感器。双母线接线保护用电流互感器宜采用 P、PR 级互感器。电压互感器的配置原则不同。3/2 断路器接线应在每回出线（包括主变压器进线回路）三相上装设 1 组电压互感器，对每组母线可在一相或三相上装设 1 组电压互感器，供同期并联和重合闸检无压、检同期使用。220kV 双母线接线，宜在每组母线三相上装设 1 组电压互感器。当需要监视和检测线路侧有无电压时，可在出线侧一相上装设 1 组电压互感器。目前，已在 110kV 及以上电压等级全部推广三相线路电压互感器。

保护配置方面，3/2 断路器接线和双母线接线的保护配置差异性较大。对于 3/2 断路器接线，将与断路器关联的保护配置通过断路器保护装置实现，并在线路保护配置中增加了短引线保护。母线保护不设电压闭锁，变压器保护增加分相差动保护、分侧差动保护和低压侧小区差动保护功能。其他保护配置与测控配置方面的内容将在后续章节中详述。

从经济角度考虑，3/2 断路器接线设备数量较多、投资较高，但双母线接线的母线长度比 3/2 断路器接线长，因此绝缘子、管母线材料、母线支架设备和隔离开关的投资大于 3/2 断路器接线。结合一次设备和土建部分费用，3/2 断路器接线与双母线带旁母接线的投资相当，但仍远大于双母线接线。3/2 断路器接线互感器典型配置如图 1-7 所示。

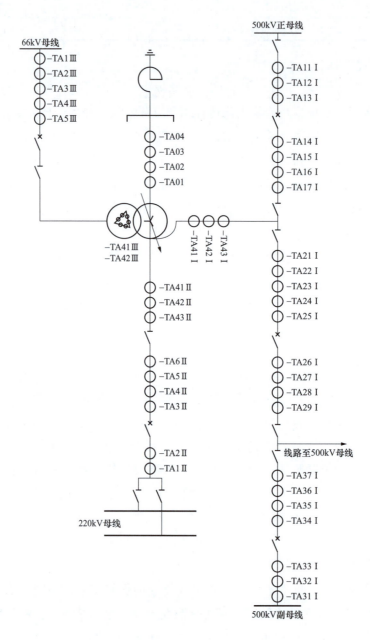

图 1-7 3/2 断路器接线互感器典型配置

第二节　500kV 变电站二次设备

一、保护装置

500kV 变电站继电保护装置与 220kV 变电站在硬件上类似，区别在于保护配置方式和配置内容方面，根据保护范围可以分为以下类型：

（1）500kV 线路保护装置：配置双重化主保护、双重化阶段式后备距离、双重化反时限方向零序保护、过电压保护、远方跳闸，对于线路、过电压及远方跳闸保护配置双重化的线路纵联保护，每套纵联保护包含完整的主保护和后备保护。

（2）500kV 高抗保护装置：配置双重化的主、后备保护一体化高抗电气量保护和一套非电量保护。对于电抗器，无中性点电抗器后备保护、中间断路器相关出口和启动远方跳闸保护出口。

（3）500kV 变压器保护装置：配置双重化的主、后备保护一体化电气量保护和一套非电量保护。每套保护包含完整的主、后备保护功能。

对于智能变电站，变压器各侧及公共绕组的智能终端及合并单元均按双重化配置，中性点电流、间隙电流并入相应侧合并单元。常规变电站变压器按断路器单套配置分相或三相操作箱。双母线接线应双重化配置电压切换装置。

（4）500kV 母线保护装置：每段母线应配置两套母线保护，每套母线保护应具有边断路器失灵经母线保护跳闸功能。

（5）500kV 断路器保护装置：按断路器配置，常规变电站单套配置，智能变电站双套配置。断路器保护具有失灵保护、重合闸、充电过流（2 段过流＋1 段零序电流）、三相不一致和死区保护等功能。

（6）500kV 短引线保护装置：配置双重化的短引线保护，每套保护应包含差动保护和过流保护。

220kV 与 35kV 部分与 220kV 变电站配置情况相近，在此不展开，可见后续章节详述。

二、合并单元

合并单元是用以对来自二次转换器的电流和/或电压数据进行时间相关组合的物理单元，其主要功能是汇集多个互感器的输出信号，获得系统电流和电压瞬时值。合并单元可以是互感器的一个组成件，也可以是一个分立单元，接入合并单元的互感器可能是电子式互感器，也可以是传统互感器。目前投运的智能变电站中大部分都是传统互感器通过模拟合并单元转换为数字量。

500kV 智能变电站间隔层的保护、测控等设备实现模拟量输入有两种模式：①保护、测控装置通过合并单元 SV 采样实现互感器电流、电压量的采集；②保护、测控装置通过电缆直接采样实现互感器电流、电压量的采集。目前国家电网有限公司经营区域范围内新增的 330kV 及以上智能变电站均采用常规互感器通过二次电缆直接接入保护装置，部分已投运智能变电站采用模式①。

根据合并单元的使用场合，可分为母线合并单元、边断路器合并单元、中间断路器合并单元、线路 500kV 侧合并单元、主变压器 500kV 侧合并单元、主变压器中性点合并单元等。

三、智能终端

智能终端是一种智能组件，采用电缆与一次设备连接，采用光纤与保护、测控等二次设备连接，实现对一次设备（如断路器、隔离开关、主变压器等）的测控、控制等功能。智能终端具有信息转换和通信功能，支持 GOOSE 方式上传一次设备的状态信息，同时接受来自二次设备的 GOOSE 下行控制命令，实现对一次设备的实时监控。智能终端保留了传统的接点输入端子，可以采集一个间隔内所有断路器和隔离开关的位置信息，通过 GOOSE 网络将位置信息上送到间隔层保护、测控装置，还可以接收来自间隔层保护、测控装置的跳合闸命令，用于实现 GOOSE 方式的断路器分合操作。

根据智能终端的使用场合，可分为 500kV 母线智能终端、边断路器智能终端、中间断路器智能终端、主变压器本体智能终端等。

四、站内交直流电源系统

站用交直流电源系统是全站设备安全可靠运行的基础，其主要包括站用交流电源系统和直流电源系统。

（一）站内交流电源系统

站内交流电源系统的二次设备包括低压交流母线、馈线屏、智能控制器及交流监控仪表。低压交流母线用于 380V 交流系统汇集、分配和传送电能；智能控制器用于在故障情况下交流电源之间的自动切换；交流监控仪表用于监视交流电源系统的运行状态，在出现故障时向监控系统发送告警信号。

500kV 变电站继保室宜设置分电屏，分电屏宜采用单母线接线且应双电源供电，双回路之间宜设置双电源自动切换装置（ATS）。断路器、隔离开关的操作电源可按配电装置区域划分，且分别接在两段站用电母线上以保证双电源供电，并宜采用辐射型供电方式。检修电源宜采用按配电装置区域划分的单回路分支供电方式。

（二）站内直流电源系统

500kV 变电站的直流电源系统一般由充电设备、蓄电池组、直流母线、绝缘检测仪、直流监控仪表等设备组成。充电设备用于在正常运行状态时将交流 380V 电压转化为直流电压（一般为 220V）供给站内相关设备使用；蓄电池用于在交流电源系统或者充电设备故障时给站内直流系统短时提供直流电源；直流母线用于汇集、分配和传送电能；绝缘检测仪用于监视直流电源系统的绝缘状态，在出现直流接地、绝缘降低、交流窜入直流、直流互窜等故障时向监控系统发送告警信号；直流监控仪表用于监视直流系统的运行状态，向监控系统发送运行数据，在出现故障时向监控系统发送告警信号。

在 500kV 变电站中，线路、变压器、母线保护都采用双重化配置方式，从保护配置、直流操作电源到断路器的跳闸线圈都按双重化原则配置，这就要求直流电源也必须是双重化的。故在 500kV 直流电源系统一般配置两段 220V 直流母线和两组蓄电池组，采用单母分段接线方式。同时，根据可靠性要求配置两组蓄电池组及三组充电整流模块。

五、安全自动装置

安全自动装置是在电网发生故障或出现异常运行时，用于防止电力系统稳定破坏、防止电力系统事故扩大、防止电网崩溃及大面积停电，以及恢复电力系统正常运行，起到控制作用的各种自动装置的总称，如电网安全稳定控制装置、自动重合闸装置、备用电源或备用设备自动投入装置、自动切负荷装置、低频和低压自动减载装置等。

六、故障录波装置及保护信息子站

为分析电力系统事故和安全自动装置在事故过程中的动作情况，以及为迅速判定线路故障点的位置，在 500kV 变电站中应设有故障录波装置和保护信息子站。故障录波装置用以记录电力系统稳态过程和暂态过程。保护信息子站负责与站内接入的继电保护装置进行通信，完成规约转换和信息收集、处理、控制、存储。

故障录波装置和保护信息子站均接入继电保护故障信息系统，按要求向主站发送继电保护故障信息。该系统由安装在调度端的主站系统、安装在厂站端的子站系统和供信息传输用的电力系统通信网络及接口设备构成，能够完成故障信息收集、处理、控制、存储和发送，并能将信息向其他系统传送。

500kV 厂站内 220kV 及以上电气模拟量必须接入故障录波装置，保护装置与通道设备的输入输出联系、分相和三相跳闸、启动失灵、启动重合、合闸、远方跳闸、断路器位置等均应按开关量接入故障录波装置。

故障录波装置按配置间隔，可分为母线故障录波装置、主变压器故障录波装置、线路故障录波装置。

七、网络通信设备

与 220kV 变电站的组网方式类似，由交换机关联各类智能设备（合并单元、智能终端、保护测控装置、故障录波器、网络分析仪、主机）组成过程层，站控层网络各级网络，对上经纵向加密装置、路由器、防火墙等装置进行连接。

八、交流不停电电源（UPS）

在变电站交流电源系统故障时，站内交流电源失去，此时直流电源系统仍能在短期内依靠蓄电池组继续供电，但是此时交流系统缺乏相应的供电电源。因此，需要在 500kV 变电站配置交流不停电电源系统，为变电站的监控系统、电力数据传输系统等不能中断供电的重要负荷提供电源。按照原理的不同 UPS 一般可分为离线式、在线互动式和在线式。

九、时间同步装置

500kV 变电站的事件记录、信号时标等功能均需要依靠全站对时系统。在发生故障或者异常告警时，确保全网的保护装置及自动装置都具有统一时钟，准确记录每次事故的时间，以便事故调查，并准确定性。对时系统的时间同步装置利用卫星精确的时间信号，通过软、硬件的处理，将国际标准时间转换为当地标准时间，对用户设备进行授时。变电站的对时系统一般由时间同步装置、时间信号输出单元、信号传输通道及被授时设备组成。

第二章 互感器配置

第一节 电流互感器

一、电流互感器配置总体规定

电力系统的一次电压很高、电流很大，且运行的额定参数千差万别，用以对一次系统进行测量、控制的仪器仪表及保护装置无法直接接入一次系统，一次系统的大电流需要使用电流互感器（TA）进行隔离，使二次系统的继电保护、自动化装置和测量仪表能够安全准确地获取电气一次回路电流信息。电流互感器有电磁式电流互感器和电子式电流互感器两种，目前变电站中普遍使用电磁式电流互感器。

电流互感器是一种特殊形式的变换器，它的二次电流正比于一次电流。因为其二次回路的负载阻抗很小，一般只有几欧姆，所以其二次工作电压很低。当二次回路阻抗变大时，二次工作电压（$U=IZ$）也变大，当二次回路开路时，二次工作电压将上升到危险的幅值，它不但影响电流传变的准确度，而且可能损坏二次回路的绝缘，烧毁电流互感器铁芯，所以电流互感器二次回路不能开路。

正确地选择和配置电流互感器型号、参数，适当地将继电保护、自动化装置和测量仪表等接入二次侧，严格按技术规程与保护原理连接电流互感器二次回路，对继电保护等设备的正常运行和确保电网安全意义重大。

二、保护用电流互感器的参数选择

（一）电流互感器的一次参数

电流互感器的一次参数主要有一次额定电压与一次额定电流。

一次额定电压的选择主要是满足相应电网电压的要求，其绝缘水平能够承受电网电压长时期运行，并承受可能出现的雷电过电压、操作过电压及异常运行方式下的电压，如小接地系统下的单相接地过电压。

一次额定电流的考虑较为复杂，一般应满足以下要求：

（1）应大于所在回路可能出现的最大负荷电流，并考虑适当的负荷增长，当最大负荷无法确定时，可以取与断路器、隔离开关等设备的额定电流一致；

（2）应能满足短时热稳定、动稳定电流的要求。一般情况下，电流互感器的一次额定电流越大，所能承受的短时热稳定和动稳定电流值也越大；

（3）由于电流互感器的二次额定电流一般为标准的 5A 与 1A，电流互感器的变比基本由一次电流额定电流的大小决定，所以在选择一次电流额定电流时，要核算使测量仪表运行在最小误差范围内，继电保护用二次电流也要满足 10%误差要求；

（4）考虑到母差保护等使用电流互感器的需要，由同一母线引出的各回路电流互感器的变比尽量一致；

选取的电流互感器一次额定电流值应与 GB 20840.2—2014《互感器　第 2 部分：电流互感器的补充技术要求》推荐的一次电流标准值一致。

（二）电流互感器的二次额定电流

GB 20840.2—2014《互感器　第 2 部分：电流互感器的补充技术要求》规定标准的电流互感器二次电流为 1A 和 5A。

变电站电流互感器的二次额定电流采用 5A 还是 1A，主要决定于经济技术比较。在相同一次额定电流、相同额定输出容量的情况下，电流互感器二次电流采用 5A 时，体积小、价格便宜，但电缆线路及接入同样阻抗的二次设备时，二次负载将是 1A 额定电流时的 25 倍。所以一般在 220kV 及以下电压等级变电站中，220kV 设备数量不多，而 10～110kV 的设备数量较多，电缆长度较短，因此电流互感器二次额定电流多采用 5A；在 500kV 及以上电压等级变电站，220kV 及以上的设备数量较多，电流回路电缆较长，电流互感器二次额定电流多采用 1A。

为了既满足测量、计量正常使用的精度及读数要求，又能满足故障大电流下继电保护装置的精确工作电流及电流互感器 10%误差曲线要求，两个回路采用同样的变比往往很难兼顾。所以常常要求不同二次侧具有不同变比。要求电流互感器的二次侧具有不同变比时，除实际变比不同外，最好的选择是在二次回路设置抽头。

电流互感器的变比也是一个重要的参数，电流互感器的额定变比等于一次额定电流比二次额定电流，当一次额定电流和二次额定电流确定后，其变比即确定。

（三）电流互感器的额定输出容量

电流互感器的额定输出容量是指在满足额定一次电流、额定变比条件下，在保证所标称的准确度级时，二次回路能够承受的最大负载值。

对于 P 级、PR 级电流互感器的额定输出值，单位通常采用伏安表示，在额定二次电流为 1A 时，额定输出容量标准值宜用 0.5、1、1.5、2.5、5、7.5、10、15VA，在额定二次电流为 5A 时，额定输出容量标准值宜采用 2.5、5、10、15、20、25、30、40、50VA。

对于 TPY 级电流互感器，其额定输出值使用额定电阻性负荷值表示，其额定电阻性负荷标准值宜采用 0.5、1、2、5、7.5、10Ω。

电流互感器的额定输出值应根据互感器二次额定电流值和实际二次回路负荷需要进行选择，为满足暂态特性要求，也可选用更大的额定输出值。

（四）电流互感器的准确级及误差限值

P 级及 PR 级电流互感器准确级以在额定准确限值一次电流下的最大允许复合误差百分数标称，标准准确级宜采用 5P、10P、5PR 和 10PR；在额定频率及额定负荷下，其比值差、相位差和复合误差不应超过表 2-1 所列限值。PR 级电流互感器剩磁系数应小于 10%。

表 2-1　　　　　　　　　　　　P 级及 PR 级电流互感器误差限值

准确级	额定一次电流下的比值差（%）	额定一次电流下的相位差		额定准确限值一次电流下的复合误差（%）
		±min	±crad	
5P，5PR	±1	60	1.8	5
10P，10PR	±3	—	—	10

对于 TPY 级电流互感器连接额定电阻性负荷时，其比值差和相位差不应超过表 2-2 所列限值。在规定的工作循环或对应用规定暂态面积系数的工作循环下，TPY 级的暂态误差不应超过表 2-2 所列限值。TPY 级电流互感器的剩磁系数限值要求在 10% 以下。

表 2-2　　　　　　　TPX 级、TPY 级和 TPZ 级电流互感器误差限值

级别	在额定一次电流下			在规定的工作循环条件下的暂态误差
	比值差（%）	相位差		
		min	crad	
TPY	±1	±60	±1.8	10%

三、500kV 变电站各保护电流互感器配置

（一）500kV 线变串电流互感器配置

500kV 线变串中，线路保护和主变压器保护高压侧电流采用两侧电流互感器的"和电流"。目前，国家电网网公司在运行的 500kV 变电站，其"和电流"存在两种接线：①运行年限较短的 500kV 变电站，其电流回路的接线符合标准要求，将两侧电流分别单独接入保护装置，经模数转换后参与逻辑运算；②运行年限较长的 500kV 变电站，其保护的电流采用外部"和电流"，将两侧断路器电流在 TA 端子箱或保护屏内并接后再接入保护装置，此种接线要特别注意单断路器检修时的安措实施。

电流互感器多采用减极性接法，形成"和电流"的各侧电流从同名端或非同名端引出不同，对应的"和电流"数值和方向也不同，从而影响保护的正确动作。一般来说，对于

差动保护，规定流入被保护元件的电流方向为正，二次绕组的接法需根据电流互感器 P1 同名端的朝向和被保护元件综合决定。对于保护改造、电流互感器更换等工作，需要记录原二次绕组接法及同名端 P1 的朝向，防止因电流极性接错，造成差流闭锁或者保护误动。在智能变电站中，若交流采样使用合并单元，电流极性的调整通过不同输入虚端子实现。

在 AIS 站中电流互感器安装在断路器一侧，而 GIS 站中电流互感器安装在断路器两侧，对于同一个断路器间隔，两侧电流互感器的极性可以不同，因此，AIS 站和 GIS 站电流互感器二次绕组的选择及接法存在一定区别，如图 2-1 和图 2-2 所示，对两种类型的变电站 500kV 线变串中各装置的 TA 配置总结在表 2-3 和表 2-4 中。

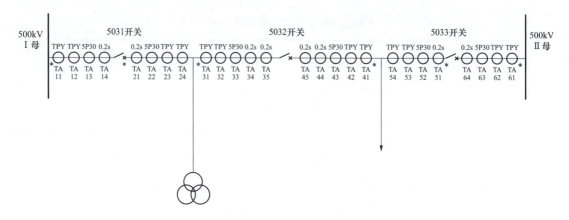

图 2-1　500kV GIS 变电站线变串典型 TA 配置

表 2-3　　　　　　　　**500kV GIS 变电站线变串各保护 TA 配置**

装置名称	TA 二次绕组	P1 朝向	极性
线路第一套保护 （短引线第一套保护）	61	Ⅱ母	正接
	31	Ⅰ母	正接
线路第二套保护 （短引线第二套保护）	62	Ⅱ母	正接
	32	Ⅰ母	正接
主变压器第一套保护	11	Ⅰ母	正接
	41	Ⅱ母	正接
主变压器第二套保护	12	Ⅰ母	正接
	42	Ⅱ母	正接
Ⅰ母第一套保护	24	Ⅰ母	正接/反接（与支路保持一致）
Ⅰ母第二套保护	23	Ⅰ母	正接/反接（与支路保持一致）
Ⅱ母第一套保护	54	Ⅱ母	正接/反接（与支路保持一致）
Ⅱ母第二套保护	53	Ⅱ母	正接/反接（与支路保持一致）
5031 第一套断路器保护	13	Ⅰ母	正接
5031 第二套断路器保护	22	Ⅰ母	正接

续表

装置名称	TA 二次绕组	P1 朝向	极性
5032 第一套断路器保护	33	Ⅰ 母	正接
5032 第二套断路器保护	43	Ⅱ 母	正接
5033 第一套断路器保护	63	Ⅱ 母	正接
5033 第二套断路器保护	52	Ⅱ 母	正接
线路测量	64	Ⅱ 母	正接
	34	Ⅰ 母	正接
主变压器测量	14	Ⅰ 母	正接
	44	Ⅱ 母	正接
5031 边断路器测量	14	Ⅰ 母	正接
5032 中间断路器测量	44	Ⅱ 母	正接
5033 边断路器测量	64	Ⅱ 母	正接
主变压器计量	21	Ⅰ 母	正接
	45	Ⅱ 母	正接
线路计量	51	Ⅱ 母	正接
	35	Ⅰ 母	正接

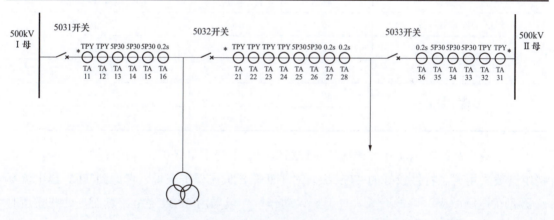

图 2-2 500kV AIS 变电站线变串典型 TA 配置

表 2-4　　　　　　　　　　　　**500kV AIS 变电站线变串各保护 TA 配置**

装置名称	TA 二次绕组	P1 朝向	极性
线路第一套保护 （短引线第一套保护）	31	Ⅱ 母	正接
	21	Ⅰ 母	正接
线路第二套保护 （短引线第二套保护）	32	Ⅱ 母	正接
	22	Ⅰ 母	正接
主变压器第一套保护	11	Ⅰ 母	正接
	24	Ⅰ 母	反接

续表

装置名称	TA 二次绕组	P1 朝向	极性
主变压器第二套保护	12	I 母	正接
	23	I 母	反接
I 母第一套保护	15	I 母	正接/反接（与支路保持一致）
I 母第二套保护	14	I 母	正接/反接（与支路保持一致）
II 母第一套保护	35	II 母	正接/反接（与支路保持一致）
II 母第二套保护	34	II 母	正接/反接（与支路保持一致）
5031 断路器保护	13	I 母	正接
5032 断路器保护	25	I 母	正接
5033 断路器保护	33	II 母	正接
线路测量	36	II 母	正接
	27	I 母	正接
主变压器测量	16	I 母	正接
	28	I 母	反接
5031 边断路器测量	16	I 母	正接
5032 中间断路器测量	27	I 母	正接
5033 边断路器测量	36	II 母	正接
主变压器计量	16	I 母	正接
	28	I 母	反接
线路计量	36	II 母	正接
	27	I 母	正接

为了减少故障时电流互感器饱和对线路保护、主变压器保护、母线保护的影响，二次绕组一般采用暂态特性较好的 TPY 级。对于断路器失灵保护来说，考虑到 TPY 级电流互感器存在拖尾效应，可能造成失灵保护误动作，一般采用 5P 级绕组。然而，一些投运时间较早的变电站，母线保护可能也采用 5P 级绕组。

由于，GIS 变电站多是智能变电站，其断路器保护采用双套配置，因此需要给断路器保护配置两个 5P 级绕组，而 AIS 变电站多是常规变电站，其断路器保护采用单套配置，因此只需要提供一个 5P 级绕组即可。

500kV 变电站一个完整串中，为每个断路器间隔配置一台测控，线路或主变压器高压侧不单独配置测控，两个边断路器测控除了边断路器电流外，还需接入线路或者主变压器高压侧和电流。中间断路器一般提供两个测量绕组，一个绕组接入中间断路器测控后，再和一侧边断路器测控电流形成和电流流入该边断路器测控，另一个绕组则直接与另一侧边测控电流形成和电流流入该测控。

（二）500kV 主变压器电流互感器配置

500kV 主变压器为自耦变压器，采用三相分体式结构，即每一相都是一个单相变压器。为了消除变压器传变过程中因为铁芯饱和产生的三次谐波分量，主变压器低压侧需采用三角形接法。对于三相三柱式变压器或三相五柱式变压器，低压侧直接接成三角形，再从套管中引出，而对于三相分体式变压器套管引出为分相，需引到母排后形成三角形接线，如图 2-3 和图 2-4 所示。

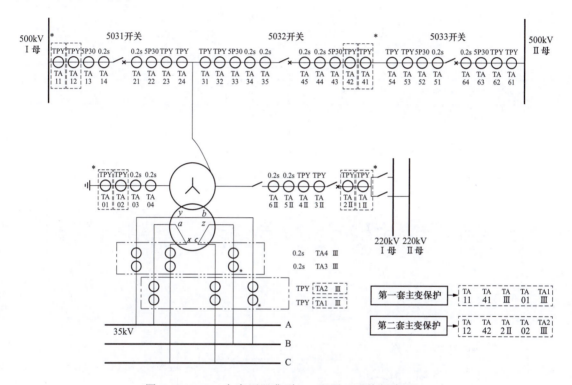

图 2-3　500kV 主变压器典型 TA 配置（无总断路器）

引到母排后，主变压器 35kV 侧有两种主接线方式：①如图 2-3 所示，无低压侧总断路器，低压侧母线上直接接入无功设备，因此主变压器低压侧也无独立 TA，此时主变压器保护使用的 TA 绕组如表 2-5 所示；②如图 2-4 所示，有低压侧总断路器，主变压器低压侧套管引线在第一个母排上形成三角形接线后，经总断路器接入第二个母排，该母排上再挂接无功设备，这种情况下主变压器配备低压侧的独立 TA，其二次绕组选择如表 2-6 所示。

表 2-5　　　　　　　　500kV 主变压器各保护 TA 配置（无总断路器）

保护名称	TA 二次绕组	P1 朝向	极性
主变压器第一套保护	11	Ⅰ母	正接
	41	Ⅱ母	正接
	1 Ⅱ	母线	正接

续表

保护名称	TA 二次绕组	P1 朝向	极性
主变压器第一套保护	01	接地	正接
	1 Ⅲ	母线	正接
主变压器第二套保护	12	Ⅰ 母	正接
	42	Ⅱ 母	正接
	2 Ⅱ	母线	正接
	02	接地	正接
	2 Ⅲ	母线	正接
主变压器中压侧测量	5 Ⅱ	母线	正接
主变压器低压侧测量	3 Ⅲ	母线	正接
主变压器中压侧计量	6 Ⅱ	母线	正接
主变压器低压侧计量	4 Ⅲ	母线	正接

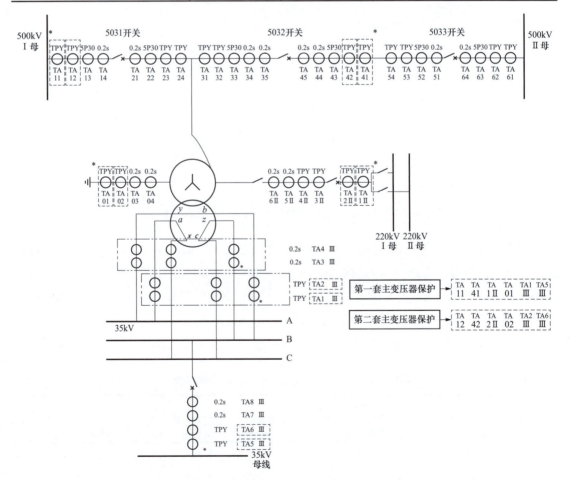

图 2-4　500kV 主变压器典型 TA 配置（有总断路器）

表 2-6　　　　　　　　　500kV 主变压器各保护 TA 配置（有总断路器）

保护名称	TA 二次绕组	P1 朝向	极性
主变压器第一套保护	11	Ⅰ母	正接
	41	Ⅱ母	正接
	1 Ⅱ	母线	正接
	01	接地	正接
	1 Ⅲ	母线	正接
	5 Ⅲ	母线	正接
主变压器第二套保护	12	Ⅰ母	正接
	42	Ⅱ母	正接
	2 Ⅱ	母线	正接
	02	接地	正接
	1 Ⅲ	母线	正接
	6 Ⅲ	母线	正接
主变压器中压侧测量	5 Ⅱ	母线	正接
主变压器低压侧测量	7 Ⅲ	母线	正接
主变压器中压侧计量	6 Ⅱ	母线	正接
主变压器低压侧计量	8 Ⅲ	母线	正接

　　对于低压侧无总断路器的主变压器保护，其纵差保护低压侧只能使用套管 TA，若套管 TA 二次绕组直接接入保护装置，此时主变压器接线方式的钟点数需整定为 0 点，若按常规整定为 11 点，将导致主变压器在区外故障时误动作。因此，为了保证主变压器低压侧二次电流与主变压器一次接线一致，将套管的二次绕组在端子排上形成三角形接线后再引入主变压器保护，如图 2-5 所示，需要注意的是这种二次绕组的接线方式，其中性线的接地点与常规星形接线不一样。

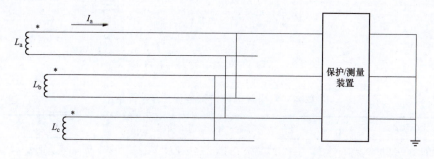

图 2-5　低压侧套管 TA 二次绕组三角形接线

500kV 自耦变压器配备分侧差动保护，且公共绕组也配备公共绕组零序电流保护和公共绕组过负荷保护，主变压器保护中需接入公共绕组 TA。此外，对于带总断路器和低压侧独立 TA 的主变压器来说，该独立 TA 与套管 TA 可形成低压侧小区差动保护，因此套管 TA 和低压侧独立 TA 均需要接入主变压器保护。

（三）220kV 各保护电流互感器配置

500kV 变电站 220kV 侧各保护 TA 配置原则与 220kV 变电站基本一致。在 500kV 变电站中 220kV 采用双母双分段接线，应配置四套母线保护。线路 TA 的 P1 一般朝向母线，母联、母分的 P1 一般朝向母线编号较小一侧，如图 2-6 所示。若母线保护采用深瑞系列，则需注意其保护规定母联 TA 的 P1 朝向Ⅱ母（Ⅳ母），因此其二次绕组应采用反接方式。此外，分段相当于母线出线，接入两侧母线保护时，一侧正接，另一侧反接，具体如表 2-7 所示。

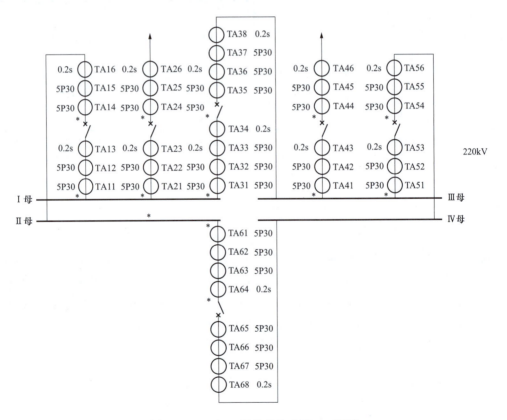

图 2-6　220kV 双母线结构典型 TA 配置

表 2-7　　　　　　　　　　　220kV 双母双分段结构各保护 TA 配置

保护名称	TA 二次绕组	P1 朝向	极性
Ⅰ/Ⅱ母第一套母线保护（非 BP）	15	Ⅰ母	正接
	25	母线	正接

续表

保护名称	TA 二次绕组	P1 朝向	极性
I / II 母第一套母线保护（非BP）	37	I 母	正接
	67	II 母	正接
I / II 母第二套母线保护（BP）	14	I 母	反接
	24	母线	正接
	36	I 母	正接
	66	II 母	正接
III/IV 母第一套母线保护（非BP）	31	I 母	反接
	45	母线	正接
	55	III 母	正接
	61	I 母	反接
III/IV 母第二套母线保护（BP）	32	I 母	反接
	44	母线	正接
	54	III 母	反接
	62	I 母	反接
线路第一套保护	21/41	母线	正接
线路第二套保护	22/42	母线	正接
1 号母联第一套保护	11	I 母	正接
1 号母联第二套保护	12	I 母	正接
2 号母联第一套保护	51	III 母	正接
2 号母联第二套保护	52	III 母	正接
正母分段第一套保护	33	I 母	正接
正母分段第二套保护	35	I 母	正接
副母分段第一套保护	63	III 母	正接
副母分段第二套保护	65	III 母	正接

（四）500kV 变电站其他元件电流互感器配置

1．500kV 高压电抗器保护

500kV 线路高压电抗器保护 TA 选择如图 2-7 所示。

高压电抗器需配置双重化的主、后备保护一体高抗电气量保护和一套非电量保护，主保护采用差动保护，并且具备差动速断和零差功能。过流保护和零序过流保护采用首端电流，反应电抗器内部相间和接地故障。

2. 35kV 电容器保护

35kV 电容器保护 TA 选择如图 2-8 所示。

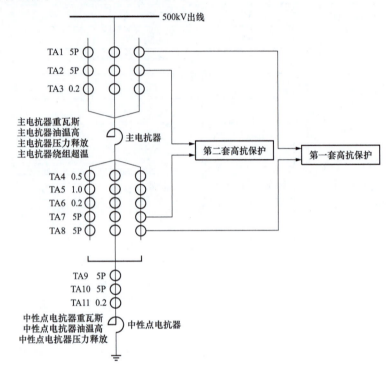

图 2-7 500kV 线路高压电抗器保护 TA 选择

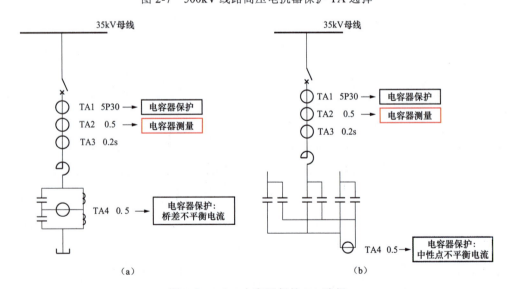

图 2-8 35kV 电容器保护 TA 选择

电容器除了常规的过流保护外，还需要配置具备反应电容器内部故障的不平衡保护。其中，利用故障不平衡电流特征的保护为中性点不平衡电流保护，如图 2-8（a）中 TA4 所示；三相差电流保护，如图 2-8（b）中 TA4 所示。

3. 35kV 电抗器保护

电抗器根据断路器位置不同其 TA 布局也有所不同，如图 2-9 所示。在 500kV 变电站中，一部分电抗器还配有差动保护，其 TA 选择如图 2-10 所示。

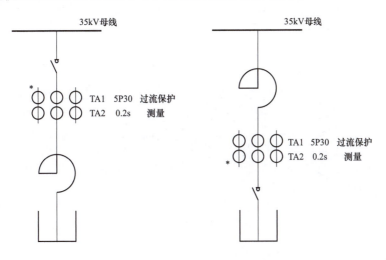

图 2-9　35kV 电抗器保护 TA 选择

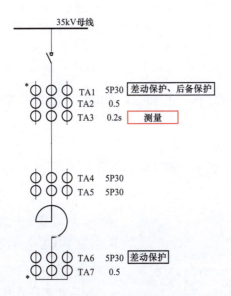

图 2-10　35kV 电抗器保护 TA 选择（带差动保护）

4. 35kV 站用变压器保护

500kV 变电站 35kV 站用变压器间隔高压侧一般采用双 TA 布置，如图 2-11 所示，其中 TA1 的变比较大，如 1600/1，TA4 的变比较小，如 100/1。TA1 用于站用变压器高压侧故障电流较大的情况。然而，低压侧引线发生故障时，低压侧 TA 无故障电流，高压侧故障电流较小，大变比 TA 保护灵敏度不足难以整定，所以在高压侧增加一个小变比 TA，用于应对低压侧引线故障。

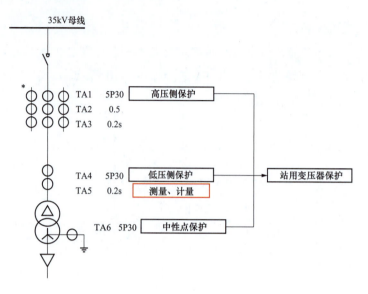

图 2-11　35kV 站用变压器保护 TA 选择

第二节　电 压 互 感 器

一、电压互感器

电压互感器的型式多种多样，在 500kV 变电站内按工作原理分有电磁式电压互感器、电容式电压互感器。

（一）电磁式电压互感器

电磁式电压互感器在结构上类似一种小容量、小体积、大电压比的降压变压器，其基本原理与变压器相同，也是由一次和二次绕组、铁芯、引出线及绝缘结构等构成，其工作原理、构造和连接方法都与变压器相同，主要区别在于电压互感器的容量很小，通常只有几十到几百伏安。

（二）电容式电压互感器

电容式电压互感器（CVT）相比于电磁式电压互感器具有防铁磁谐振、性价比高及运行维护工作量较小的优势。常见的单相单柱式 CVT 如图 2-12 所示，通过电容分压使得电磁单元输出的二次电压和一次电压成正比，中间变压器、串联补偿电抗器、抑制铁磁谐振的滤波装置、中压接地开关及其串联的扼流圈和保

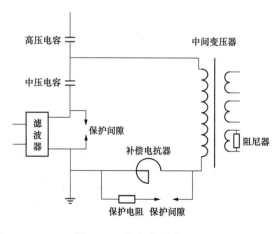

图 2-12　单相单柱式 CVT

护间隙、二次接线盒及其载波辅助装置安置于油箱内。

二、电压互感器的参数选择

（一）电压互感器的一次参数

电压互感器的一次参数主要取决于额定电压。其一次额定电压的选择主要是满足相应电网电压的要求，其绝缘水平能够承受电网电压长期运行，并承受可能出现的雷电过电压、操作过电压及异常运行方式下的电压，如小接地电流方式下的单相接地过电压。

对于三相电压互感器和用于单相系统或三相系统的单相互感器，其额定一次电压应符合 GB 156—2003《标准电压》所规定的某一标称电压，即 6、10、15、20、35、60、110、220、330、500kV。对于接在三相系统相与地之间或中性点与地之间的单相电压互感器，其额定一次电压为上述额定电压的 $1/\sqrt{3}$ 。

（二）电压互感器的二次额定电压

接于三相系统相间电压的单相电压互感器，其二次额定电压为 100V。接在三相系统相与地间的单相电压互感器，当其额定一次电压为某一数值除以 $\sqrt{3}$ 时，其额定二次电压必须为 $100/\sqrt{3}$ ，以保持额定电压比不变。

接成开口三角的剩余电压绕组额定电压与系统中性点接地方式有关。大电流接地系统的接地电压互感器额定二次电压为 100V，小电流接地的接地电压互感器额定二次电压为 100/3V。

电压互感器的变比也是一个重要参数，电压互感器的额定变比等于一次额定电压比二次额定电压，当一次额定电压与二次额定电压确定后，其变比即确定。

（三）电压互感器的额定输出容量

电压互感器额定的二次绕组及剩余电压绕组容量输出标准值是 10、15、25、30、50、75、100、150、200、250、300、400、500VA。对于三相式电压互感器，其额定输出容量是指每相的额定输出。当电压互感器二次承受负载功率因数为 0.8（滞后）且负载容量不大于额定容量时，互感器能保持幅值与相位的精度。

除额定输出外，电压互感器还有一个极限输出值。其含义是在 1.2 倍额定一次电压下，互感器各部位温升不超过规定值，二次绕组能连续输出的视在功率值（此时互感器的误差通常超过限值）。

在选择电压互感器的二次输出时，首先要进行电压互感器所接的二次负荷统计。计算出各台电压互感器的实际负荷，然后再选出与之相近并大于实际负荷的标准输出容量，并留有一定的裕度。

（四）电压互感器的误差

电磁式电压互感器由于励磁电流、绕组的电阻及电抗的存在，当电流流过一次及二次绕组时要产生电压降和相位偏移，使电压互感器产生电压比值误差（简称比误差）和相位误差（简称相位差）。

电容式电压互感器，由于电容分压器的分压误差及电流流过中间变压器，补偿电抗器产生电压降等也会使电压互感器产生比误差和相位差。

电压互感器的比误差

$$\varepsilon_V \% = \frac{K_n - U_2 - U_1}{U_1} \times 100\%$$

式中：K_n 为额定电压比；U_1 为实际的一次电压，V；U_2 为在一次侧施加 U_1 时实际测量的二次电压，V。

电压互感器的相位差是指一次电压与二次电压相量的相位之差。相量方向以理想电压互感器的相位差为零来确定。当二次电压相量超前一次电压相量时，相位差为正值。相位差以（′）或 crad 表示。

电压互感器电压的变比误差和相位误差的限值大小取决于电压互感器的准确度级。

GB 20840.3—2013《互感器　第 3 部分：电磁式电压互感器的补充技术要求》规定如下：

（1）测量用电压互感器的标准准确度级有 0.1、0.2、0.5、1.0、3.0 五个等级。

（2）满足测量用电压互感器电压误差和相位误差有一定的条件，即在额定频率下，其一次电压在 80%～120%额定电压间的任一电压值，二次负载的功率因数为 0.8（滞后），二次负载的容量在 25%～100%额定容量之间。

（3）继电保护用电压互感器的标准准确度级有 3P 和 6P 两个等级。

由于使用条件与目的不同，满足继电保护用电压互感器电压误差和相位误差的条件与测量的有所不同，要求其频率满足额定值，二次负载的功率因数为 0.8（滞后），二次负载的容量在 25%～100%额定容量之间外，其保证精度的一次电压范围为不小于 5%的额定电压，在 2%额定电压下的误差限值为 5%额定电压下的 2 倍。

三、500kV 变电站电压互感器配置

（一）配置原则

500kV 变电站 220kV 及以上配电装置宜采用电容式电压互感器，35kV 户内配电装置宜采用固体绝缘的电磁式电压互感器，35kV 户外配电装置可采用适于户外环境的固体绝缘或油浸绝缘的电磁式电压互感器。

1. 500kV 电压等级

500kV 电压等级 3/2 断路器接线，应在每回出线包括主变压器进线回路三相上装设 1 组电压互感器；对每组母线可在一相或三相上装设 1 组电压互感器，供同期并联和重合闸检无压、检同期使用。500kV 电压等级 3/2 断路器接线电压互感器配置如图 2-13 所示。

在早期投运的变电站中，存在主变压器 500kV 侧通过一台断路器挂载在 500kV 母线的情况，此时对应的 500kV 母线配置三相电压互感器，在为主变压器保护提供 500kV 电压的

同时，也供 500kV 母线同期并列和重合闸检无压、检同期使用。500kV 电压等级主变压器单挂母线接线电压互感器配置如图 2-14 所示。

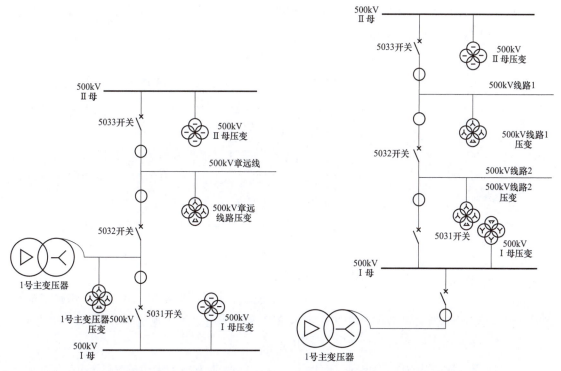

图 2-13 500kV 电压等级 3/2 断路器接线
电压互感器配置示意图

图 2-14 500kV 电压等级主变压器单挂母线
接线电压互感器配置示意图

2. 220kV 电压等级

220kV 电压等级双母线接线，宜在每组母线三相上装设 1 组电压互感器。当需要监视和检测线路侧有无电压时，可在出线侧一相上装设 1 组电压互感器。220kV 电压等级双母线接线母线三相电压互感器配置如图 2-15 所示。

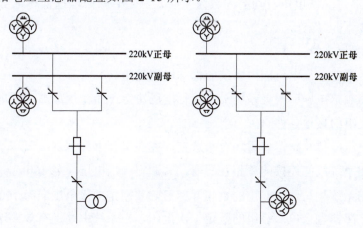

图 2-15 220kV 电压等级双母线接线线路三相电压互感器配置示意图

对于 220kV 大型发变电工程双母线接线，当采用母线三相电压互感器、线路单相电压互感器时，一旦母线电压互感器出现异常，将影响全部线路的电压相关保护功能（纵联方向保护、距离保护等），极大地影响线路保护的可靠性。为此，可按线路或变压器单元配置三相电压互感器，有效提高相关保护的可靠性。

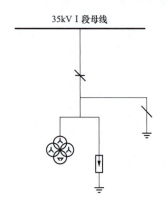

35kV I 段母线

图 2-16　35kV 电压等级单母线
接线电压互感器配置示意图

3. 35kV 电压等级

35kV 电压等级单母线接线，宜在每组母线三相上装设 1 组电压互感器，如图 2-16 所示。

（二）二次绕组选择

电压互感器二次绕组数量应符合下列规定：

（1）对于 220kV 及以上电压等级的输电线路和单机容量 100MW 及以上的发电设备，电压互感器应为两套相互独立的主保护或为双重化保护提供两个独立二次绕组。

（2）对于计费用计量仪表，电压互感器宜提供与测量和保护分开的独立二次绕组。

（3）保护用电压互感器可设剩余电压绕组，供接地故障产生剩余电压用。当微机型保护能够自产剩余（零序）电压时，也可不设剩余电压绕组。

电压互感器二次绕组容量应符合下列规定：

（1）选择二次绕组额定输出时，应保证二次实际负荷为额定输出的 25%～100%。功率因数为 1 时，额定输出标准值为 1、2.5、5、10VA。功率因数为 0.8（滞后）时，额定输出标准值为 10、25、50、100VA。三相互感器额定输出应是指每相的额定输出。

（2）对于多个二次绕组的互感器，应分别规定各二次绕组的热极限输出，但使用时只能有一个达到极限值。

（3）剩余绕组接成开口三角，仅在故障情况下承受负荷。额定热极限输出以持续时间 8h 为基准。在额定二次电压及功率因数为 1 时，额定热极限输出值可选 25、50、100VA 及其十进位倍数。

（三）额定参数选择

电压互感器额定一次电压应由系统的标称电压确定。

电压互感器额定电压应根据系统最高运行电压决定，而系统最高运行电压与系统级电压互感器一次绕组的接地条件有关。

额定二次电压应按互感器使用场合来选定，并应符合下列规定：

（1）供三相系统线间连接的单相互感器，其额定二次电压应为 100V；

（2）供三相系统相与地之间用的单相互感器，其额定二次电压应为 $100/\sqrt{3}$ V；

（3）电压互感器剩余电压绕组的额定二次电压，当系统中性点有效接地时应为 100V，当系统中性点为非有效接地时应为 100/3V。

第三章　线路保护及辅助装置

第一节　线路、过电压及远方跳闸保护配置

一、配置要求

（1）220kV 及以上线路纵联距离保护功能配置要求见表 3-1。

表 3-1　　　　　　　　　　　　线路纵联距离保护功能配置表

类别		序号	基础型号功能	代码	备注
基础型号	基础型号代码	1	2M 双光纤通道	A	不考虑 64k 通道
		2	光纤通道和载波通道	F	载波通道为接点允许式
		3	接点方式	Z	
	必配功能	4	纵联距离保护		适用于同杆双回线路
		5	纵联零序保护		
		6	接地和相间距离保护		3 段
		7	零序过流保护		2 段
		8	重合闸		
类别		序号	选配功能	代码	
选配功能		1	零序反时限过流保护	R	
		2	三相不一致保护	P	
		3	过流过负荷功能	L	适用于电缆线路
		4	电铁、钢厂等冲击性负荷	D	
		5	过电压及远方跳闸保护	Y	

续表

类别	序号	基础型号功能	代码	备注
选配功能	6	3/2 断路器接线	K	不选时，为双母线接线，表示单 TA 接入保护；选择时，为 3/2 断路器接线，取消重合闸功能和三相不一致选配功能，表示双 TA 接入保护

注　1. 智能化保护装置应集成过电压及远方跳闸保护。

　　2. 常规变电站基础型号功能代码为 A（2M 双光纤通道保护）的保护装置宜集成过电压及远方跳闸保护，基础型号功能代码为 F（光纤通道和载波通道）和 Z（接点方式）的保护装置不集成过电压及远方跳闸保护。

　　3. 3/2 断路器接线含桥接线、角形接线。

（2）220kV 及以上线路纵联电流差动保护功能配置要求见表 3-2。

表 3-2　　　　　　　　　　　线路纵联电流保护功能配置表

类别		序号	基础型号功能	代码	备注
基础型号	基础型号代码	1	2M 双光纤通道	A	不考虑 64k 通道
		2	2M 双光纤串补线路	C	
	必配功能	3	纵联电流差动保护		适用于同杆双回线路
		4	接地和相间距离保护		3 段
		5	零序过流保护		2 段
		6	重合闸		
类别		序号	选配功能	代码	
选配功能		1	零序反时限过流保护	R	
		2	三相不一致保护	P	
		3	过流过负荷功能	L	适用于电缆线路
		4	电铁、钢厂等冲击性负荷	D	
		5	过电压及远方跳闸保护	Y	
		6	3/2 断路器接线	K	不选时，为双母线接线，表示单 TA 接入保护；选择时，为 3/2 断路器接线、取消重合闸功能和三相不一致选配功能，表示双 TA 接入保护

注　1. 智能化保护装置应集成过电压及远方跳闸保护。

　　2. 常规 A 型（2M 双光纤通道）和 C 型（2M 双光纤串补线路）保护装置宜集成过电压及远方跳闸保护。

　　3. 3/2 断路器接线含桥接线、角形接线。

（3）适用于常规变电站的过电压及远方跳闸保护功能配置要求见表 3-3。

表 3-3　　　　　　　　　　　过电压及远方跳闸保护功能配置表

类别	序号	基础型号功能	段数	备注
基础型号功能	1	收信直跳就地判据及跳闸逻辑		
	2	过电压跳闸及发信		启动远方跳闸

类别	序号	基础型号功能	代码	备注
基础型号	3	过电压及远方跳闸保护	A	

二、3/2 断路器接线配置原则

（一）配置原则

（1）配置双重化的线路纵联保护，每套纵联保护应包含完整的主保护和后备保护；同杆双回线路应配置双重化的纵联差动保护。

（2）配置双重化的过电压及远方跳闸保护。远方跳闸保护应采用"一取一"经就地判别方式。

（二）技术原则

1. 纵联电流差动保护

保护要设置分相电流差动保护和零序电流差动保护。

纵联电流差动保护两侧启动元件和本侧差动元件同时动作才允许差动保护出口。线路两侧的纵联电流差动保护装置均应设置本侧独立的电流启动元件，必要时可用交流电压量和跳闸位置触点等作为辅助启动元件，但应考虑 TV 断线时对辅助启动元件的影响，差动电流不能作为装置的启动元件。

零差保护允许一侧电流元件电压元件均启动时勾对侧启动，可提高高阻接地时保护的动作速度和灵敏度。另外在任何故障情况下，差动电流大于 800A 且大于整定值时，纵联电流差动保护应动作。

线路两侧纵联电流差动保护装置应互相传输可供用户整定的通道识别码，并对通道识别码进行校验，校验出错时告警并闭锁差动保护。

纵联电流差动保护装置应具有通道监视功能，如实时记录并累计丢帧、错误帧等通道状态数据，具备通道故障告警功能，在本套装置双通道交叉、通道断链等通道异常状况时两侧均应发相应告警报义并闭锁纵联差动保护；纵联电流差动保护装置宜具有监视光纤接口接收信号强度功能。通道是纵联保护的重要组成部分之一，通道的好坏对纵联保护能否在被保护线路发生故障时实现全线速动，起到至关重要的作用；尤其是纵联电流差动保护，对通道质量的依赖程度更大，因此必须要保证通道的止确性和完好性。

纵联电流差动保护在任何弱馈情况下应正确动作。如果被保护线路的一侧为弱电源（或无电源），弱电源侧保护正方向发生线路故障时，弱电源侧保护感受到的故障电流可能很小，装置无法启动，为此装置需设置专门的弱馈启动功能。弱馈侧保护收到对侧启动信号后，满足特定条件时，将允许强电源侧保护动作，本侧也跳闸。

纵联电流差动保护两侧差动保护压板不一致时发告警信号。

"TA 断线闭锁差动"控制字投入后，纵联电流差动保护只闭锁断线相。"TA 断线闭锁差动"控制字置"1"时，表示无条件闭锁差动保护（按相闭锁）；如该控制字置"0"，表示有条件闭锁差动保护，即当差动电流大于 TA 断线后的差动电流定值，差动保护仍可动作跳闸。实际上，不论"TA 断线闭锁差动"控制字置"1"还是置"0"，由于差动保护要两侧启动元件均动作才能跳闸，当 TA 断线后，一般仅单侧启动元件启动，差动保护不会动作。主要区别在于故障时，控制字置"0"时，有条件允许差动保护动作（两侧启动元件动作，差动电流大于 TA 断线后差动电流定值）。

集成过电压远跳功能的线路保护，保留远跳功能。

线路差动保护控制字及软压板投入状态下，差动保护因其他原因退出后，两侧均应有相关告警。

2. 相间及接地距离保护

保护装置设置相间距离保护和接地距离保护。

除常规距离保护Ⅰ段外，为快速切除中长线路出口短路故障，应有反应近端故障的保护功能；用于串补线路及其相邻线路的距离保护，应有防止距离保护Ⅰ段拒动和误动的措施；为解决中长线路躲负荷阻抗和灵敏度要求之间的矛盾，距离保护应采取防止线路过负荷导致保护误动的措施。

3. 零序电流保护

零序电流保护应设置 2 段定时限（零序电流Ⅱ段和Ⅲ段），零序电流Ⅱ段固定带方向，零序电流Ⅲ段方向可投退。TV 断线后，零序电流Ⅱ段退出，零序电流Ⅲ段退出方向。

虽然线路高阻接地故障主要由线路纵联保护切除，但零序电流定时限第二段保护的电流定值也要确保高阻接地故障有足够的灵敏度，作为接地故障的总后备保护；考虑零序电流最末一段保护动作时，有可能是远端故障，此时，保护安装处的零序电压可能很小，如果零序方向元件不是无电压死区的方向元件，方向元件可能拒动，所以，零序电流第二段保护不宜带方向。对于某些地区，如果零序方向元件无电压死区，零序电流最末一段保护配合复杂且要求严格时，为改善配合关系，零序电流最末一段保护也可带方向。

零序电流保护可选配一段零序反时限过流保护，方向可投退，TV 断线后自动改为不带方向的零序反时限过流保护；应设置不大于 100ms 短延时的后加速零序电流保护，在手动合闸或自动重合时投入使用。

非全相运行情况下零序电流处理逻辑：线路非全相运行时的零序电流保护不考虑健全相再发生高阻接地故障的情况，当线路非全相运行时自动将零序电流保护最末一段动作时间缩短 0.5s 并取消方向元件，作为线路非全相运行时不对称故障的总后备保护，取消线路非全相时投入运行的零序电流保护的其他段。

零序电流保护反时限特性采用 IEC 标准反时限特性限曲线，见公式（3-1）。

$$t(3I_0) = \frac{0.14}{\left(\dfrac{3I_0}{I_P}\right)^{0.02} - 1} \times T_P \qquad (3-1)$$

式中：I_P 为电流基准值，对应"零序反时限电流"定值；T_P 为时间常数，对应"零序反时限时间"定值。

零序反时限计算时间 $t(3I_0)$、零序反时限最小动作时间 T_0 和零序反时限配合时间关系见图 3-1；零序反时限电流保护启动时间超过 90s 应发告警信号，并重新启动开始计时。零序反时限电流保护启动元件返回时，告警复归。

图 3-1 零序电流反时限逻辑图

零序电流反时限保护为后备保护，作为接地距离Ⅲ段的补充，零序反时限配合时间应为接地距离Ⅲ段加上级差，接地距离Ⅲ段外为高阻接地故障，才启动零序反时限保护，不要求大电流下快速动作。零序反时限配合时间也可整定为零，此时，零序反时限的动作时间就是反时限的计算时间 $t(3I_0)$ 加零序反时限最小时间 T_0。

零序反时限最小时间 T_0 是为了与下级保护相配合，保证下一级故障时，优先由下一级的速断保护跳闸，可防止零序反时限保护误动作。例如：当反时限即将到达"计算时间 $t(3I_0)$"时，下级发生区内故障，最小时间 T_0（一般可以取 0.15s），可保证下一级保护先切除故障。如果系统扰动引起零序反时限启动后，当计时达到出口时间附近，下一级线路发生故障时，如果没有最小时间 T_0，零序反时限电流保护可能误动作。

对于重载线路，应进行单相重合闸非全相过程中零序反时限特性的校核，以防止重合闸过程中零序反时限保护抢先跳三相。

4. 远传/远跳概述

由于光纤通道独立于输电线路，采用纤芯传输信号，其信号传输速度快，抗干扰能力突出，故障概率低，并且调试成功后比较稳定可靠，因此越米越多继电保护设备采用光纤通道传输保护信号。

目前，220kV 及以上变电站绝大多数输电线路采用了具有光纤通道的数字式线路保护。采用数字光纤通道，不仅可以交换两侧电流数据，也可以交换开关量信息，实现一些辅助功能，其中就包括远传、远跳功能。

远传、远跳信号传输实现上采用类似的原理：保护装置在采样得到远传、远跳开入为高电平时，经过编码，CRC 校验，作为开关量，连同电流采样数据及 CRC 校验码等，打包成完整的一帧信息，通过数字通道传送到对侧保护装置。同样，接收到对侧数据后，经过 CRC 校验，解码提取出远传、远跳信号。

远跳是保护装置确认收到对端远跳信号后，经由可选择的本侧装置启动判据，驱动出口继电器出口跳闸。远跳是防止在 TA 与开关直接发生故障，对于纵联保护为区外故障，母差保护判定为区内故障启动 TJR 跳开关，TJR 启动纵联保护的远跳功能，向对侧保护发远跳命令，可经过对侧保护启动，快速跳开对侧开关。

远传是保护把本侧的一个开入接点（远传开入）的状态通过光纤通道传到对侧，对侧的保护再根据这个状态去驱动一个接点输出（远传开出），从而实现了一个接点状态的"远传"，就是说保护装置在收到对侧远传信号后，并不作用于本装置的跳闸出口，而只是如实地将对侧装置的开入节点反映到本侧装置对应的开出接点上，其接点反映开出并不经装置启动闭锁。远传一般用于远方切机、3/2 断路器接线失灵保护动作、过电压保护动作等通过纵联保护通道向对侧发远传信号，对侧接收到远传信号后，一般要经过就地判别装置进行跳闸。

远传和远跳相同之处是本侧某些保护动作后，通过光纤通道向对侧发信号。不同之处为保护收到远跳信号后，可经过纵联保护差动保护中启动量的判断（经就地判据），再通过纵联保护装置的出口跳闸；保护收到远传信号后，不经过任何判断将远传信号输出，可动作于跳闸、发信号、切机等。

Q/GDW 1161—2014《线路保护及辅助装置标准化设计规范》要求：①远传开出采用 PSCH 建模；②"一取一"经就地判别是指在发送端采用单一远传通道传输远方跳闸命令，在接收端经就地判别装置逻辑判别后跳闸，以防止远方跳闸保护因发送端开入干扰、通道干扰以及接收端开入干扰而导致的误动作；③启动远传：断路器失灵保护、线路高抗保护、过电压远跳发信；④远传和其他保护动作信号分多个接点的原因是 Q/GDW 1396—2012 要求发布和订阅数据点的连接必须要一对一实现，所以一个接收信号需要设置多个接收点，用于接收来自不同装置的同类信号输出。

远传 1、远传 2 和其他保护动作的功能逻辑说明详见释义图 3-2。

5. 远方跳闸保护

远方跳闸保护的就地判据应反应一次系统故障、异常运行状态，应简单可靠、便于整定，远跳保护应采用"一取一"经就地判别方式，宜采用如下判据：①零、负序电流；②零、负序电压；③电流变化量；④低电流；⑤分相低功率因数（当电流小于精确工作电流或电压小于门槛值时，开放该相低功率因数元件）；⑥分相低有功。

TV 断线后，远跳保护闭锁与电压有关的判据。如低有功、零负序电压、低功率因数宜退出；分相低电流元件仍可判对侧断路器任一相断开，能可靠开放就地判据。大部分故障情况下，电流判据能可靠动作，特殊情况下，本套保护装置灵敏度可能不足，另一套正常运行的远跳装置可动作。

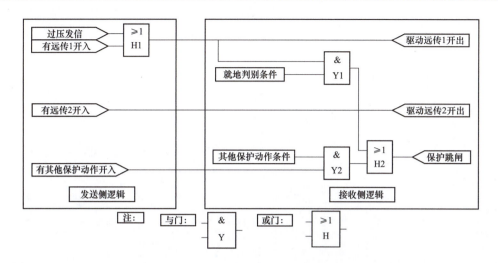

图 3-2 远传 1、远传 2 和其他保护动作的功能逻辑说明释义图

远跳就地判据如下：

（1）电流突变量展宽延时应大于远跳经故障判据时间的整定值，远跳开入收回后能快速返回；

（2）远跳不经故障判别时间控制字投入时，开入闭锁远跳时间应大于远跳不经故障判据时间的整定值；

（3）远跳不经故障判别时间控制字退出时，开入闭锁远跳时间应大于远跳经故障判据时间的整定值。

除"一取一"经就地判别外，还有"二取二"不经就地判别的远跳方式，通过两个远传通道同时传输远跳命令，在接收端采用"与门"逻辑不经就地判别直接跳闸，多用于载波通道的保护装置，主要是防止由于通道干扰造成的远跳保护误动作。对于数字通道由于通道本身导致远跳保护动作的概率非常低，防误动的重点在发送端开入和接收端开入干扰环节，所以不采用此方式。运行经验表明，有开入开出电气回路的数字通道，存在受电磁干扰和人为误操作导致远跳保护误动作的可能性。同时，就地判据可在近区故障、异常工况和对侧断开时可靠动作。所以，为提高远跳保护的安全性、简化回路设计而采用"一取一"经就地判别方式。

6. 过电压保护

过电压保护逻辑如图 3-3 所示。

过电压保护适用场景：为解决超高压远距离输电线路"电容效应"影响下终端产生过电压机理，一方面可以在输电线路的两端各装设并联电抗器（高抗），用并联电抗器来补偿输电线路的电容，防止工频过电压；另一方面要装设过电压保护。过电压保护一般装设在"远方跳闸保护装置"内，过电压保护可反映一相过电压，也可反映三相过电压。过电压保护动作后经一短延时跳本断路器同时向对端发送跳闸信号。①本保护不针对操作过电压、

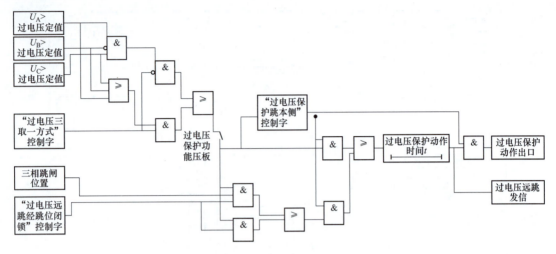

图 3-3　过电压保护逻辑

注　1．"过电压保护"功能压板退出时，过电压保护不出口跳闸，不远跳对侧。

　　2．"过电压保护跳本侧"控制字为 1：当电压元件满足时，"过电压保护动作时间"开始计时，延时满足后过压保护出口跳本侧，同时不经跳位闭锁直接向对侧发过电压远跳信号。

　　3．"过电压保护跳本侧"控制字为 0：当"过电压元件"和"三相跳闸位置"均满足要求时，"过电压保护动作时间"开始计时，延时满足后，过压保护不跳本侧仅向对侧发过电压远跳信号。但是，是否经本侧跳位闭锁发信由"过电压远跳经跳位闭锁"控制字整定。

　　4．特殊情况，3/2 断路器接线方式的线路，如一台断路器检修，另一台断路器单相偷跳，可能造成单相过电压。如一次系统对过电压的承受能力较强，过电压保护的动作判据可以采用三个单相过电压"与门"判据，由 TWJ 不对应启动重合闸，如重合不成功，三相不一致保护跳闸后，仍然过电压再远跳对侧。如一次系统对过电压承受能力差，要求过电压后较快跳闸，则过电压保护可采用三个单相过电压"或门"判据，由于三相和单相过电压对一次设备绝缘损坏一样，GB/T 14285—2006《继电保护和安全自动装置技术规程》的 4.7.6 要求："根据一次系统过电压要求装设过电压保护，保护的整定值和跳闸方式由一次系统确定"。该标准要求过电压保护装置设置"过电压三取一"控制字，根据一次系统的要求选择"三取一"或"三取三"方式。对 750kV 以下的线路，一次设备绝缘裕度相对较大，过电压允许时间相对较长，过电压判据宜采用三个单相电压"与门"的判别方式，当单相断路器偷跳产生的过电压转化为三相过电压后再跳闸。

　　5．过电压保护安装在线路两侧，而测量补偿到对侧的过电压误差大，所以只测量本侧保护安装处的电压。过电压保护动作后，为避免单侧跳闸造成过电压，宜同时跳线路双侧断路器。即跳本侧断路器的同时，通过发送远方跳闸信号跳线路对侧断路器。"发远方跳闸信号可选择是否经本侧断路器分相跳闸位置闭锁"，指的是经本侧断路器三相跳闸位置串联闭锁。

暂态过电压，主要针对长线路本侧断路器三相跳闸后，线路对地电容充电功率造成的工频稳态过电压。对有些线路而言，即使本侧断路器不跳闸，背侧断路器跳闸也会造成本侧过电压。②TV 二次回路问题：如中性点因故偏移，可能造成一相过电压，采用三个单相过电压"或门"判据容易误动作，应采取防止 TV 二次回路故障的措施。

7．其他要求

（1）线路保护发送端的远跳和远传信号经 20ms（不含消抖时间）延时确认后，发送信号给接收端；

（2）双通道线路保护应按装置设置通道识别码，保护装置自动区分不同通道，不区分主、备通道。

（3）单跳失败三跳的时间应为 150ms。

（4）TV 断线闭锁逻辑返回延时应不大于 2s，这样可防止闭锁时间过短或过长，导致保护不正确动作。另外，振荡过程中保护不应误判 TV 断线。

三、3/2 断路器接线与双母线接线配置区别

3/2 断路器接线与双母线接线保护功能配置主要区别见表 3-4。

表 3-4 　　　　　　　　　3/2 断路器接线与双母线接线保护功能配置区别

序号	保护功能类型	3/2 断路器接线	双母线接线	备注
1	重合闸功能	由断路器保护实现	由线路保护实现	
2	三相不一致功能	由断路器保护实现	作为选配由线路保护实现	
3	过电压保护功能	常规变电站由线路保护本身或者独立的过电压及远跳保护装置实现，智能变电站由线路保护装置实现	一般不配置过电压保护功能	220kV 架空输电线路由于电容电流小、输电距离相对较短，一般不存在过电压，不配置过电压保护。当实际工程需要过电压保护时，其配置原则和设计要求与 3/2 断路器接线相同
4	沟通三跳	由断路器保护实现，断路器保护失电时，由断路器三相不一致保护三相跳闸	由线路保护实现	

第二节　断路器保护配置

一、配置要求

3/2 断路器接线断路器保护功能配置要求见表 3-5。

表 3-5 　　　　　　　　　3/2 断路器接线断路器保护功能配置表

类别	序号	基础型号功能	段数	备注
基础型号功能	1	失灵保护		
	2	充电过流保护	2 段过流、1 段零序电流	
	3	死区保护		
	4	重合闸		
	5	三相不一致保护		
类别	序号	基础型号	代码	备注
基础型号	6	断路器保护	A	

二、配置原则

断路器保护，又称开关保护，按断路器配置，常规变电站单套配置，智能变电站双套配置。断路器保护具有失灵保护、重合闸、充电过流（2 段过流＋1 段零序电流）、三相不一致和死区保护等功能。

断路器操作箱的配置要求是常规变电站配置单套双跳闸线圈分相操作箱，智能变电站配置双套单跳闸线圈分相智能终端。对于智能变电站断路器保护来说，由于站内其他保护都是双套配置，信号分别走双 GOOSE 网络，为了防止可能发生的单一网络风暴影响另外一个健全的网络，两个网络间严禁数据交叉共享，所以断路器保护也必须双套配置；对于常规变电站断路器保护来说，3/2 断路器接线断路器保护按断路器单套配置。由于线路或变压器间隔相关的断路器有两个，一次设备具备供电的冗余性，弥补了断路器保护单配置的不足，当其中一台断路器保护装置因故退出运行时，被保护的断路器同步退出运行后，仍能保证线路或变压器的正常运行。

三、技术原则

（1）在安全可靠的前提下，简化失灵保护的动作逻辑和整定计算：

1）设置线路保护三个分相跳闸开入，变压器、发变组、线路高抗等共用一个三相跳闸开入。

2）设置可整定的相电流元件，零、负序电流元件，三相跳闸开入设置低功率因数元件，正常运行时，三相电压均低于门槛值时开放低功率因数元件，TV 断线后退出与电压有关的判据。保护装置内部设置跳开相"有无电流"的电流判别元件，其电流门槛值为保护装置的最小精确工作电流（$0.04I_N$～$0.06\ I_N$），作为判别分相操作的断路器单相失灵的基本条件。

3）失灵保护不设功能投/退压板。

4）断路器保护屏（柜）上不设失灵开入投/退压板，需投/退线路保护的失灵启动回路时，通过投/退线路保护屏（柜）上各自的启动失灵压板实现。

5）三相不一致保护如需增加零、负序电流闭锁，其定值可和失灵保护的零、负序电流定值相同，均按躲过最大不平衡电流整定。

失灵判别具体逻辑如下：

1）线路支路失灵判据：任一分相跳闸开入，"相电流元件""零或负序电流元件"与门逻辑判别，以提高非全相运行时电流判别的安全性。

2）线路支路两个或三个分相跳闸同时开入，或三相跳闸开入，同时任一相相电流元件动作，任一相低功率因数元件动作，或伴随带展宽的电流突变量，作为三相故障三相失灵判据；零、负序电流元件动作，作为不对称故障失灵的判据。对于分相操作的断路器，不考虑三相故障三相失灵；对于三相操作的断路器，应考虑三相故障三相失灵。

3）3/2 断路器接线的断路器保护中设有分相和三相瞬时跟跳逻辑，可通过控制字"跟跳本断路器"选择。瞬时跟跳的作用是通过不同的跳闸路径，减小线路保护跳闸失败的概率。跟跳应视为失灵保护的一部分，可采用失灵保护逻辑的瞬时段作为跟跳回路的动作条件。

如控制字"跟跳本断路器"置"1"，则表示使用瞬时跟跳功能。因为瞬时跟跳和延时跟跳回路相同，不再需要延时跟跳功能。延时跟跳的时间无需与失灵跳相邻断路器时间配合，断路器的"失灵三跳本断路器时间"与"失灵跳相邻断路器时间"可整定相同，以缩短失灵保护跳相邻断路器的动作时间；

如控制字"跟跳本断路器"置"0"，则表示不使用瞬时跟跳功能，可使用延时跟跳功能。延时跟跳时间可通过"失灵三跳本断路器时间"来整定，不受控制字"跟跳本断路器"控制。

（2）由于失灵保护误动作后果较严重，且 3/2 断路器接线的失灵保护无电压闭锁，根据具体情况，对于线路保护分相跳闸开入和变压器、发变组、线路高抗三相跳闸开入，应采取措施，防止由于开关量输入异常导致失灵保护误启动，失灵保护应采用不同的启动方式：任一分相跳闸触点开入后，经电流突变量或零序电流启动并展宽后启动失灵；三相跳闸触点开入后，不经电流突变量或零序电流启动失灵；失灵保护动作经母线保护出口时，应在母线保护装置中设置灵敏的、不需整定的电流元件并带 50 ms 的固定延时。

针对不同故障点，不同断路器拒动，失灵保护的基本要求如下：

1）出线（变压器）故障，中间断路器拒动，失灵保护应联跳该串两侧边断路器，同时启动联跳变压器其他侧（或者同时启动远跳线路对侧）；

2）出线（变压器）故障，边断路器拒动，失灵保护应联跳拒动边断路器所在母线全部断路器，同时启动联跳主变压器其他侧（或者同时启动远跳线路对侧）；

3）母线故障，其中一台断路器拒动，失灵保护应联跳该串中间断路器，同时启动联跳变压器其他侧（或者同时启动远跳线路对侧）。

（3）自动重合闸功能。当断路器保护装置的自动重合闸不使用同期电压时，同期电压 TV 断线不应报警；检同期重合闸采用的线路电压应是自适应的，用户可选择任意相间电压或相电压；不设置"重合闸方式转换开关"，自动重合闸仅设置"停用重合闸"功能压板，重合闸方式通过控制字实现，其定义见表 3-6；单相重合闸、三相重合闸、禁止重合闸和停用重合闸有且只能有一项置"1"，如不满足此要求，保护装置应报警并按停用重合闸处理。

表 3-6　　　　　　　　　　重 合 闸 控 制 字

序号	重合闸方式	整定方式	备注
1	单相重合闸	0，1	单相跳闸单相重合闸方式
2	三相重合闸	0，1	含有条件的特殊重合方式
3	禁止重合闸	0，1	禁止本装置重合，不沟通三跳
4	停用重合闸	0，1	闭锁重合闸，沟通三跳

（4）操作回路和 Lock-out 继电器。操作回路和 Lock-out 继电器是两种不同的操作回路实现方式。操作箱的操作回路是连接二次保护测控装置和一次断路器回路的中间环节。分相合闸回路如图 3-4 所示，其工作原理叙述如下。

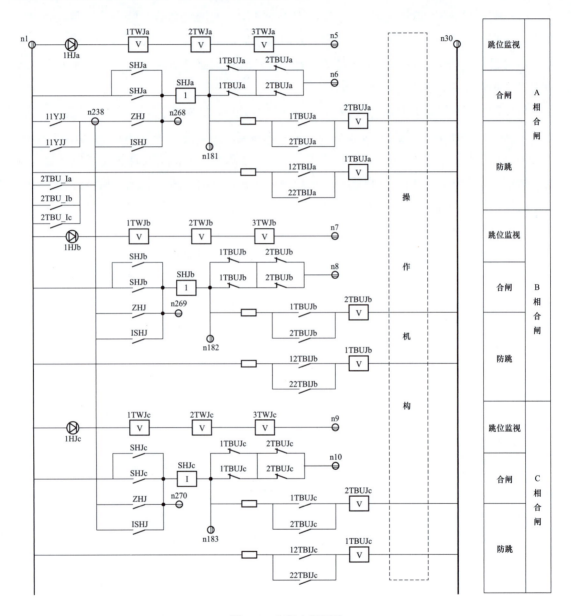

图 3-4　分相合闸回路

1）跳位监视。当断路器处于跳位时，断路器常闭辅助接点闭合。1TWJ～3TWJ 动作，送出相应的接点给保护和信号回路。装置面板上合闸回路监视灯是当断路器处于分位时可对合闸回路进行监视。

2）合闸回路。当开关处于分闸位置，一旦手合或自动重合时，SHJa、SHJb、SHJc 动作并通过自身接点自保持，直到断路器合上，开关辅助接点断开。外部接点亦可通过 N268 启动合闸回路。

3）防跳回路。当开关手合或重合到故障上而且合闸脉冲又较长时，为防止开关跳开后又多次合闸，故设有防跳回路。当手合或重合到故障上开关跳闸时，跳闸回路的跳闸保持继电器 TBIJ 之接点闭合，启动 1TBUJ，1TBUJ 动作后启动 2TBUJ，2TBUJ 通过其自身接点在合闸脉冲存在情况下自保持，于是这两组串入合闸回路的继电器的常闭接点断开，避免开关多次跳合。为防止在极端情况下开关压力接点出现抖动，从而造成防跳回路失效，2TBUJ 的一对接点与 11YJJ 并联，以确保在这种情况下开关也不会多次合闸。

分相跳闸回路如图 3-5 所示，工作原理叙述如下。

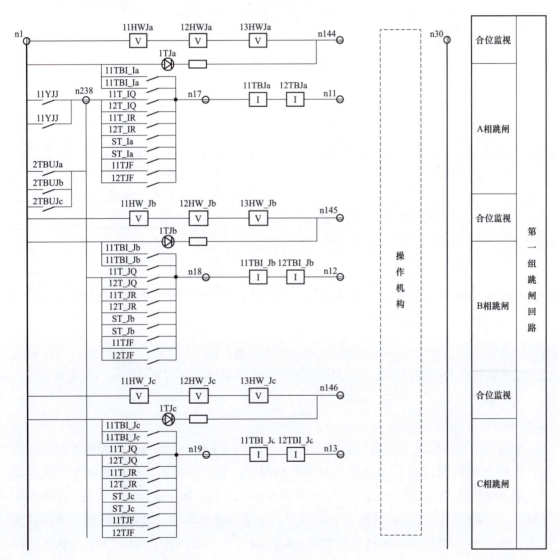

图 3-5 分相跳闸回路

1）合位监视。当断路器处于合闸位置时，断路器常开辅助接点闭合，1HWJ、2HWJ、3HWJ 动作，输出接点到保护及有关信号回路。

2）跳闸回路。断路器处于合闸位置时，断路器常开辅助接点闭合，一旦保护分相跳闸接点动作，跳闸回路接通，跳闸保持继电器 1TBIJ、2TBIJ 动作并由 1TBIJ、2TBIJ 接点实现自保持，直到断路器跳开，辅助接点断开。

在 500kV 回路中，一般都使用 Lock-out 锁定继电器。Lock-out 继电器本质是一个双位置继电器，具备接受断开分闸回路指令和断开分闸回路的能力，其接点从打开到闭合时能保证保护测控装置的接点两端等电位，防止在打开时拉弧。而在常见的操作箱回路中，如果操作机构发生卡顿，HBJ 和 TBJ 不会返回，只能等跳圈或合圈熔断会终止。

在使用操作箱和 Lock-out 继电器时，最大的不同是二次回路：

1）操作箱。操作箱回路思路见图 3-6。

2）Lock-out 锁定继电器。跳闸回路思路见图 3-7。

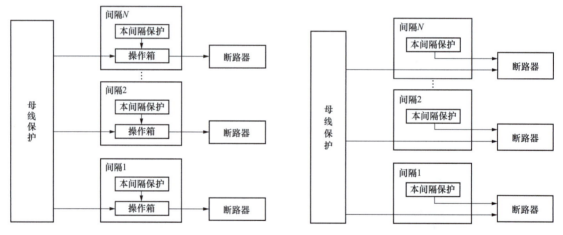

图 3-6　操作箱回路思路　　　　　　图 3-7　跳闸回路思路

500kV 及以上交流断路器操作回路不直接利用操作箱中的 TJR、TJQ、TJQ、TIF 继电器来实现断路器失灵保护和重合闸功能是否启动，而是通过采用单独的出口继电器实现断路器失灵保护启动、重合闸功能的闭锁和启动功能。同时，在断路器的跳闸回路中并接 Lock-out 继电器的常开接点。

Lock-out 继电器的动作逻辑如下：正常情况下，Lock-out 继电器的线圈不带电，且接在断路器跳闸回路的 Lock-out 继电器节点断开；当失灵保护动作要求跳本断路器或其他断路器失灵保护动作要求联跳本断路器时，Lock-out 继电器的线圈带电，且接在断路器跳闸回路的 Lock-out 继电器节点闭合，本断路器跳闸且一直保持断路器跳闸线圈带电，直到人为对 Lock-out 继电器进行复归（远方手动或就地手动），本断路器跳闸保持才取消。

继电器箱的原理电路与保护的类型有关，对于变压器保护、高抗保护、母线保护等不需要重合闸的保护，继电器箱主要通过 RS 继电器实现保护装置跳闸的 Lock-out 保持功能，保护装置的跳闸接点和 Lock-out 继电器的重动接点并联后作为该保护的跳闸输出。该设计一方面用保护装置跳闸接点保证跳闸的快速性；另一方面用 Lock-out 回路保证跳闸的持续性，直到断路器辅助接点变位切断 Lock-out 回路。此时，Lock-out 继电器仍需手动复归。

对于线路保护等需要重合闸的保护，继电器箱的功能与操作箱类似，主要功能为继电器重动及合闸保持。与操作箱合闸保持回路一样，该继电器箱会通过额外的 RS 继电器完成跳闸信号复归的功能。

对于断路器保护，保护跳闸接点需要重合，失灵跳闸接点延时动作且不需要重合闸。因此，断路器保护的继电器箱同时包含跳闸电流保持回路以及 Lock-out 回路，跳闸电流保持和 Lock-out 接点并联后作为断路器保护的跳闸输出。各保护的失灵启动回路仍从各保护发送到断路器保护装置。

第三节　短引线保护配置

一、配置要求

短引线保护功能配置要求见表 3-7。

表 3-7　　　　　　　　　　短引线保护功能配置表

类别	序号	基础型号功能	段数	备注
基础型号功能	1	比率差动保护		
	2	过流保护	2 段	
类别	序号	基础型号功能	代码	备注
基础型号	3	短引线保护	A	

二、配置原则

短引线是指 3/2 断路器接线或桥形接线或扩大单元接线中，当两个断路器之间所接元件（线路或变压器）退出或检修时（该线路或变压器保护已退出运行），为保证供电的可靠性，需要该串恢复环网运行，由于此时该线路或变压器的主保护退出，两个断路器之间的一小段联络线成为保护死区。为此，需配置双重化的短引线保护用于保护该段引线，短引线保护动作三跳相应断路器同时启动断路器失灵和闭锁重合闸，每套保护应包含差动保护（该保护引入这两个断路器的 TA 电流进行差动计算）和 2 段过流保护，来识别并切除这一段联络线上的故障。

配置双重化的短引线保护，每套保护应包含差动保护和过流保护。

三、技术原则

3/2 断路器接线，当线路/元件退出运行，应有选择地切除该间隔两组断路器之间的故障。

为简化短引线保护投/退方式，取消了短引线保护可由线路或元件隔离开关辅助触点自动投/退的要求，短引线保护只由功能压板投/退。在运行年限久远的 500kV 变电站中，还存在短引线保护可由线路或元件隔离开关辅助触点自动投/退的功能。

3/2 断路器接线线路保护装置和短引线保护装置的中间断路器应能通过不同输入虚端子对电流极性进行调整。虚端子表中，（正）表示正极性接入，（反）表示反极性接入。

第四节　母联（分段）保护配置

一、配置要求

母联（分段）充电过流保护配置要求见表 3-8。

表 3-8　　　　　　　　　　母联（分段）充电过流保护功能配置表

类别	序号	基础型号功能	段数	备注
基础型号功能	1	充电过流保护	I 段 1 时限 II 段 1 时限	
	2	充电零序过流保护	I 段 1 时限	
类别	序号	基础型号功能	代码	备注
基础型号	3	母联（分段）充电过流保护	A	

二、配置原则

（1）母联（分段）断路器应配置独立于母线保护的充电过流保护装置。常规变电站按单套配置，智能变电站按双重化配置。

（2）充电过流保护应具有 2 段过流和 1 段零序过流功能。

母联（分段）充电过流保护，有两种配置方案：

（1）母线保护装置集成母联（分段）充电过流保护功能，为选配功能，不再配置独立的母联（分段）充电过流保护装置。

（2）配置独立的母联（分段）充电过流保护装置。母联（分段）充电过流保护不仅用于空充母线，也可作为线路、变压器支路充电操作的后备保护。考虑到母线保护的重要性，为避免对母线或出线、变压器充电时，影响母线保护的可靠性，故要求配置独立的母联（分段）充电过流保护装置。

关于母联（分段）非全相保护功能，由断路器本体机构实现，母联（分段）充电过流保护装置不配置此功能。

三、技术原则

在母联（分段）断路器上，宜配置相电流或零序电流保护，保护应具备可瞬时和延时跳闸的回路，作为母线充电保护，并兼作新线路投运时（母联或分段断路器与线路断路器串接）的辅助保护。

早期的母线保护一般设置 2 段过流和 2 段零序过流保护，空充母线时短时投入充电保护，充电完毕后延时自动退出；串联充线路或变压器时，投入过流保护。实际运行经验表明，空充母线时，绝缘可能延时击穿，自动退出的短时充电保护，存在拒动风险，现场曾发生过被充母线带电 10s 后母线绝缘才击穿，自动退出的短时充电保护拒动的事故，所以不设置此保护。设置通过压板投退的两段延时过流和一段零序延时过流保护，现场根据实际情况投退和整定。Ⅰ段过流保护和零序过流保护可作为空充母线时的保护；可用带一定延时的Ⅱ段过流保护，兼作新线路投运时（母联或分段断路器与线路断路器串接）的辅助保护。

母联（分段）充电过流保护跳闸。

母联（分段）充电过流保护应启动母联（分段）失灵保护。

第四章　母线保护配置

第一节　500kV母线保护配置

一、配置要求

500kV与220kV母线保护配置要求见表4-1。

表 4-1　　　　　　　　　　　500kV与220kV母线保护配置要求

类别	序号	功能	500kV		220kV	
			段数时限	配置说明	段数时限	配置说明
母线保护	1	差动保护	—		—	
	2	失灵经母差跳闸	固定经短延时		—	未配置
	3	失灵保护	—	未配置	—	
	4	母联（分段）失灵和死区保护	—	未配置	—	
	5	TA断线判别	—	含TA断线告警、TA闭锁差动	—	含TA断线告警、TA闭锁差动
	6	复合电压闭锁与TV断线判别	—	未配置	—	
	7	母联（分段）充电过流保护与零序电流保护	—	未配置	—	2段过流，1段零序电流
	8	母联（分段）非全相保护	—	未配置	—	
	9	线路失灵解除电压闭锁	—	未配置	—	

500kV和220kV母线保护配置主要差异如下。

（一）基本配置

500kV母线通常采用3/2断路器接线，相当于单母线接线，其保护配置相对简单，没有与母联（分段）相关的保护（如失灵、死区、充电过流等）功能等，断路器失灵保护往往置于断路器保护（包括自动重合闸）中，一般仅配置母线差动保护和失灵经母差跳闸判别逻辑。

220kV 母线保护功能一般包括母线差动保护、母联/分段相关的保护（母联失灵保护、母联死区保护、母联过流保护、母联充电保护等）、断路器失灵保护。

（二）失灵联跳

500kV 母线保护接收边断路器失灵联跳开入，经软件防误逻辑识别后，跳边断路器所在的母线上所有断路器。

220kV 母线故障时，母线保护动作跳闸，由母线保护判别变压器断路器失灵后，向变压器保护输出失灵联跳触点；变压器保护收到该开入，经软件防误逻辑识别后，跳各侧断路器或其他侧断路器。

（三）TA 断线

500kV 母线差动保护配有 TA 断线闭锁功能，在正常运行时对差流的各相差电流和每个连接单元的相电流和零序电流及电流变化情况，快速判断出 TA 断线，避免重载支路 TA 断线时差动误动作。按支路判别，只判断单相 TA 断线，不考虑多相或多支路 TA 断线。

220kV 母线差动保护配有 TA 断线闭锁功能，在正常运行时对大差的各相差电流和每个连接单元的相电流和零序电流采样计算，并对电压进行监视，以实时检测出 TA 断线闭锁差动保护避免区外故障时差动保护的误动，避免发生区内高阻接地故障时误判为 TA 断线。对于非母联支路仅考虑单支路单相 TA 断线，不考虑多相或多支路 TA 断线。对于母联支路（双母双分段的分段支路除外），通过对大差和小差的监视，按相别判断母联 TA 断线，母联（分段）TA 断线后发生断线相故障，先跳开母联（分段），延时选跳故障母线，非断线相故障时直接选跳故障母线。

（四）复合电压闭锁

500kV 母差保护不设置复合电压闭锁元件，其原因主要有：

（1）从网架系统角度考虑：500kV 母线一般采用 3/2 断路器接线，失去一条母线不影响对应串线路或变压器运行。

（2）从设备运行角度考虑：500kV 母线电压互感器单相配置，如果母线保护要增加电压闭锁，需分相安装电压互感器，增加了投资成本，同时还需要考虑增加电压并列回路等功能，使得二次回路的复杂大大增加等。

220kV 母线一般为双母接线，设置电压闭锁元件，主要考虑安全性，双母线接线一旦失去母线，将严重影响线路和变压器运行。

二、配置原则

（1）500kV 母线应按双重化原则配置母线保护，每套母线保护应具有差动保护功能、边断路器失灵经母线保护跳闸功能。每套完整、独立的保护装置应能处理可能发生的所有故障类型。充分考虑到运行和检修时的安全性，当一套保护退出时不应影响另一套保护的运行。

（2）双重化配置的母线保护交流电流回路、直流电源、开关量输入、跳闸回路均应彼此完全独立，没有电气联系。每套母线保护只作用于断路器的一组跳闸线圈。失灵保护需跳母线侧断路器时，通过启动母差保护实现。

（3）500kV 母线保护不设电压闭锁元件。

（4）智能变电站相关设备（交换机）满足保护对可靠性和快速性的要求时，可经 GOOSE 网络跳闸。失灵启动经 GOOSE 网络传输。

三、技术原则

（一）差动保护配置

（1）母线保护应具有可靠的 TA 饱和判别功能，区外故障 TA 饱和时不应误动。

（2）母线保护应能快速切除区外转区内的故障。

（3）母线保护应允许使用不同变比的 TA，并通过软件自动校正；差动保护基准 TA 变比可整定，所有支路电流定值均按此基准 TA 变比折算。各支路按实际 TA 变比输入，母线保护自动换算。

（4）具有 TA 断线告警和 TA 断线闭锁功能；支路 TA 断线后闭锁差动保护，TA 断线恢复后保护应自动复归。

（5）差动保护不考虑无流元件 TA 断线，不考虑三相电流对称情况下中性线断线，不考虑两相、三相断线，不考虑多个元件同时发生 TA 断线，不考虑 TA 断线和一次故障同时出现。

（二）失灵经母线保护跳闸配置

（1）边断路器失灵保护动作后，应跳开与该边断路器相连母线的全部断路器。为简化二次回路，通过母线保护的跳闸回路实现，母线保护应具有边断路器失灵经母线保护跳闸功能。

（2）母线保护设置灵敏的、不需整定的电流元件并带固定短延时，以提高边断路器失灵保护动作后经母线保护跳闸的可靠性。

（3）常规变电站母线保护应遵循"可能导致多个断路器同时跳闸的开入均应增加软件防误功能"的基本原则，边断路器失灵输入回路采用强电开入，并充分考虑交直流窜扰。按间隔独立接入的断路器失灵联跳接点采用双开入接入方式。

（4）智能变电站母线保护的边断路器失灵输入回路采用 GOOSE 组网开入，开入应按间隔分别设置 GOOSE 接收软压板。按间隔独立接入的断路器 GOOSE 失灵联跳采用单开入接入方式。边断路器失灵出口经母线保护联跳相邻断路器时，与每套母线保护失灵联跳一一对应。为提高边断路器失灵保护动作后经母线保护跳闸的可靠性，应充分考虑 GOOSE 网络风暴。

第二节　500kV 母线保护 TA 选择和特点

一、TA 构成

500kV 母线差动保护是由连接于该母线的各断路器 TA 构成的差动保护，如图 4-1 所示。

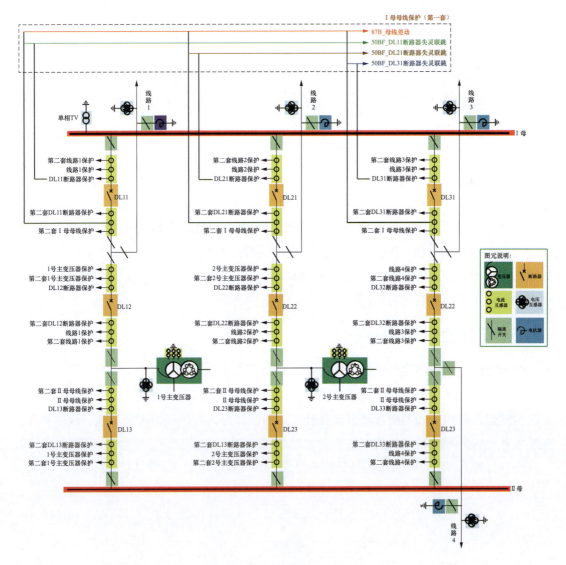

图 4-1　母线差动保护 TA 构成

二、TA 选择的基本要求

（1）500kV 母线保护宜采用 TPY 级 TA。

（2）允许各支路使用不同变比的保护用 TA，用于母线保护的各 TA 变比差距不宜大于 4 倍。

（3）新建或改造 TA 和 TV 时，应为双重化配置的两套保护提供不同的二次绕组。

三、典型 500kV 母线保护 TA 选择

500kV 的 3/2 断路器接线中，母线保护将对应串上的 TPY 绕组接入母差保护，见图 4-1，第一套母差保护的保护范围大于第二套母差保护的保护范围，对应 500kV 母差保护的 TA 选择见图 4-2。

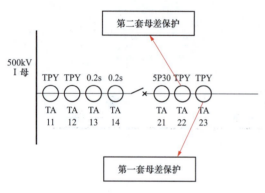

图 4-2　典型 500kV 母线保护 TA 选择

3/2 断路器接线 TA 二次绕组的布置方式要求如下：

（1）对于罐式断路器或 GIS 变电站，断路器两侧均配置 TA，TA 二次绕组应合理配置，线路、母线和主变压器差动保护独立配置 TPY 绕组，断路器保护独立配置 5P 绕组，绕组排序为"TPY/TPY/5P/0.2s—断口—0.2s/5P/TPY/TPY"。

（2）对于常规 AIS 变电站，断路器只在一侧配置 TA，绕组排序为"母线—断口—5P/TPY/TPY/5P/5P/0.2S"，这样在断口和 TA 之间存在死区，而且母差保护一般不采用 TPY 绕组，而采用 5P 绕组；线路保护采用 TPY 绕组。

四、母线差动保护特点

（1）母线差动保护采用比率制动特性。

（2）母线差动保护基于基尔霍夫第一定律，可以正确、快速反应区内、外故障。在保护区内发生各种接地和相间故障或区外转区内的故障时，母线保护应能正确、快速动作；在发生各种区外故障时，母线保护不应误动作。

（3）母线差动保护对 TA 特性无特殊要求，并允许各支路使用不同变比的保护用 TA。

第五章 变压器及电抗器保护配置

第一节 500kV变压器保护配置

一、配置要求

500kV与220kV变压器保护配置要求见表5-1。

表 5-1　　　　　　　　　　　　　500kV与220kV变压器保护配置要求

类别	序号	功能	500kV		200kV	
			段数时限	配置说明	段数时限	配置说明
主保护	1	差动速断保护	—		—	
	2	纵差保护	—		—	
	3	分相差动保护	—		—	未配置
	4	低压侧小区差动保护	—		—	未配置
	5	分侧差动保护	—		—	未配置
	6	故障分量差动保护	—	自定义	—	自定义
高后备保护	7	相间阻抗保护	Ⅰ段2时限		Ⅰ段3时限	选配D
	8	接地阻抗保护	Ⅰ段2时限		Ⅰ段3时限	选配D
	9	复压过流保护	Ⅰ段1时限		Ⅰ段3时限 Ⅱ段3时限 Ⅲ段2时限	Ⅰ段、Ⅱ段复压可投退，方向可投退，方向指向可整定；Ⅲ段不带方向，复压可投退
	10	零序过流保护	Ⅰ段2时限 Ⅱ段2时限 Ⅲ段1时限	Ⅰ段、Ⅱ段带方向，方向可投退，指向可整定；Ⅲ段不带方向，方向元件和过流元件均取自产零序电流	Ⅰ段3时限 Ⅱ段3时限 Ⅲ段2时限	Ⅰ段、Ⅱ段方向可投退，方向指向可整定；Ⅲ段不带方向；Ⅰ段、Ⅱ段、Ⅲ段过流元件可选择自产或外接
	11	定时限过励磁告警	Ⅰ段1时限			未配置
	12	反时限过励磁	—	可选择跳闸或告警	—	未配置
	13	间隙过流保护	—	未配置	Ⅰ段1时限	

类别	序号	功能	500kV		200kV	
			段数时限	配置说明	段数时限	配置说明
高后备保护	14	零序过压保护	—	未配置	Ⅰ段1时限	零序电压可选自产或外接
	15	失灵联跳	Ⅰ段1时限		Ⅰ段1时限	
	16	过负荷保护	Ⅰ段1时限	固定投入	Ⅰ段1时限	固定投入
中后备保护	17	相间阻抗保护	Ⅰ段4时限		Ⅰ段3时限	选配D
	18	接地阻抗保护	Ⅰ段4时限		Ⅰ段3时限	选配D
	19	复压过流保护	Ⅰ段1时限		Ⅰ段3时限 Ⅱ段3时限 Ⅲ段2时限	Ⅰ段、Ⅱ段复压可投退，方向可投退，方向指向可整定；Ⅲ段不带方向，复压可投退
	20	零序过流保护	Ⅰ段3时限 Ⅱ段3时限 Ⅲ段1时限	Ⅰ段、Ⅱ段带方向，方向可投退，方向指向可整定；Ⅲ段不带方向，方向元件和过流元件均取自产零序电流	Ⅰ段3时限 Ⅱ段3时限 Ⅲ段2时限	Ⅰ段、Ⅱ段方向可投退，方向指向可整定；Ⅲ段不带方向；Ⅰ段、Ⅱ段、Ⅲ段过流元件可选择自产或外接
	21	间隙过流保护	—	未配置	Ⅰ段2时限	
	22	零序过压保护	—	未配置	Ⅰ段2时限	零序电压可选自产或外接
	23	失灵联跳	Ⅰ段1时限		Ⅰ段1时限	
	24	过负荷保护	Ⅰ段1时限	固定投入	Ⅰ段1时限	固定投入
低压绕组后备	25	过流保护	Ⅰ段2时限		—	未配置
	26	复压过流保护	Ⅰ段2时限		—	未配置
	27	过负荷保护	Ⅰ段1时限	固定投入	—	未配置
低（1）后备	28	过流保护	Ⅰ段2时限		—	未配置
	29	复压过流保护	Ⅰ段2时限		Ⅰ段3时限 Ⅱ段3时限	Ⅰ段复压可投退、方向可投退、方向指向可整定；Ⅱ段不带方向，复压可投退
	30	零序过流保护	—	未配置	Ⅰ段2时限	选配，固定采用自产零序电流
	31	零序过压告警	Ⅰ段1时限	固定采用自产零压	Ⅰ段1时限	固定采用自产零压
	32	过负荷保护	Ⅰ段1时限	固定投入	Ⅰ段1时限	固定投入
低2后备	33	复压过流保护	—	未配置	Ⅰ段3时限 Ⅱ段3时限	Ⅰ段复压可投退、方向可投退、方向指向可整定；Ⅱ段不带方向，复压可投退
	34	零序过流保护	—	未配置	Ⅰ段2时限	选配，固定采用自产零流
	35	零序过压告警	—	未配置	Ⅰ段1时限	固定采用自产零压
公共绕组	36	零序过流保护	Ⅰ段1时限	自产零流和外接零流"或"门判别	Ⅰ段1时限	选配，自产零序电流和外接零序电流"或"门判别
	37	过负荷保护	Ⅰ段1时限	固定投入	Ⅰ段1时限	固定投入

类别	序号	功能	500kV		200kV	
			段数时限	配置说明	段数时限	配置说明
接地变压器	38	速断过流保护	—	未配置	Ⅰ段1时限	选配
	39	过流保护	—	未配置	Ⅰ段1时限	选配
	40	零序过流保护	—	未配置	Ⅰ段3时限 Ⅱ段1时限	选配固定采用外接零序电流
低1电抗	41	复压过流保护	—	未配置	Ⅰ段2时限	选配
低2电抗	42	复压过流保护	—	未配置	Ⅰ段2时限	选配

二、配置原则

（1）220kV 及以上电压等级变压器应配置双重化的主、后备保护一体化电气量保护和一套非电量保护。每套保护包含完整的主、后备保护功能；变压器各侧及公共绕组的智能终端及合并单元均按双重化配置，中性点电流、间隙电流并入相应侧合并单元。

（2）常规变电站变压器按断路器单套配置分相或三相操作箱。双母线主接线应双重化配置电压切换装置。

三、技术原则

（一）主保护配置

主保护需要配置纵差保护或分相差动保护：若仅配置分相差动保护，在低压侧有外附TA 时，需配置不需整定的低压侧小区差动保护；为提高切除自耦变压器内部单相接地短路故障的可靠性，可配置由高、中压侧和公共绕组 TA 构成的分侧差动保护；可配置不需整定的零序分量、负序分量或变化量等反应轻微故障的故障分量差动保护。

（二）后备保护配置

（1）高压侧后备保护配置：配置高压侧带偏移特性的相间阻抗保护；配置高压侧复压过流保护，延时跳开变压器各侧断路器；配置高压侧零序电流保护；配置高压侧过励磁保护；配置高压侧断路器失灵保护跳各侧断路器的功能；配置过负荷保护，动作丁信号。

（2）中压侧后备保护：配置变压器各侧过负荷保护，延时动作于信号；配置中压侧带偏移特性的相间阻抗保护；配置中压侧复压过流保护，延时跳开变压器各侧断路器；配置中压侧零序电流保护；配置变压器中压侧断路器失灵连跳各侧断路器的功能。

（3）低压绕组后备保护：配置低压绕组过流保护，延时跳开本侧断路器及各侧断路器；配置低压侧复合电压闭锁过流保护，延时跳开本侧断路器及各侧断路器；过负荷保护，动作于信号。

（4）低压侧后备保护：配置低压侧过流保护，延时跳开本侧断路器及各侧断路器；配置低压侧复合电压闭锁过流保护，延时跳开本侧断路器及各侧断路器；过负荷保护，动作于信号；零序过压告警，动作于信号。

（5）公共绕组后备保护：配置公共绕组零序过流保护；配置公共绕组过负荷保护，延时动作于信号。

（三）非电量保护及智能变电站配置

（1）非电量保护单套独立配置，也可与本体智能终端一体化设计，采用就地直接电缆跳闸，安装在变压器本体智能控制柜内；信息通过本体智能终端上送过程层 GOOSE 网。

（2）主变压器保护直接采样，直接跳各侧断路器；主变压器保护跳母联、分段断路器及闭锁备自投、启动失灵等可采用 GOOSE 网络传输；主变压器保护可通过 GOOSE 网络接收失灵保护跳闸命令，并实现失灵跳变压器各侧断路器。

（3）主变压器的高压侧电流量从 500kV 断路器 TA 合并单元采集，变压器高压侧电压量从变压器高压侧 TV 合并单元采集；变压器中压侧电流量和电压量分别从变压器中压侧 TA 合并单元和 TV 合并单元采集；变压器低压侧电流量从变压器低压侧 TA 合并单元采集，变压器低压侧电压量从低压母线 TV 合并单元采集。

第二节　500kV 变压器电气量保护 TA 选择

在 500kV 线变串中，主变压器保护采用两侧断路器的 TPY 绕组"和电流"，见图 5-1，每组电流分别单独接入保护装置，经模数转换后参与逻辑运算。但是目前国家电网公司经营区域在运行的 500kV 变电站主变压器保护的电流存在两种接线：①运行年限较近的 500kV 变电站，其电流回路的接线符合标准要求，将主变压器两侧电流分别单独接入保护装置，经模数转换后参与逻辑运算；②运行年限较近的 500kV 变电站，其主变压器保护的电流采用外部"和电流"模式，将两侧断路器电流在电流互感器端子箱或保护屏内并接后再接入保护装置，此种接线要特别注意单断路器检修时的安措实施。

同时，500kV 第一套主变压器保护范围比 500kV 第二套主变压器保护范围大，见图 5-1，并且两套 500kV 主变压器保护对应的 TA 均选用 TPY 级电流互感器。

3/2 断路器接线 TA 二次绕组的布置方式要求如下：①对于罐式断路器或 GIS 变电站，断路器两侧均配置 TA，TA 二次绕组应合理配置，线路、母线和主变压器差动保护独立配置 TPY 绕组，断路器保护独立配置 5P 绕组，绕组排序为"TPY/TPY/5P/0.2s-断口-0.2s/5P/TPY/TPY"；②对于常规 AIS 站，断路器只在一侧配置 TA，绕组排序为"母线-断口-5P/TPY/TPY/5P/5P/0.2S"，这样在断口和 TA 之间存在死区，而且母差保护一般不采用 TPY 绕组，而采用 5P 绕组；主变压器保护采用 TPY 绕组。

典型 500kV 主变压器保护 TA 的选择见图 5-1。其中接入变压器电气量保护的电流回路为各侧 TPY 级电流互感器，且 TA 分配时要保证第一套主变压器保护的保护范围大于第二套主变压器保护。为此在图 5-1 中，第一套主变压器保护的 TA 分配为 TA31，TA61，TA1Ⅱ，TA02，TA1Ⅲ；第二套主变压器保护的 TA 分配为 TA32，TA62，TA2Ⅱ，TA01，TA2Ⅲ；均为 TPY 级电流互感器二次绕组。

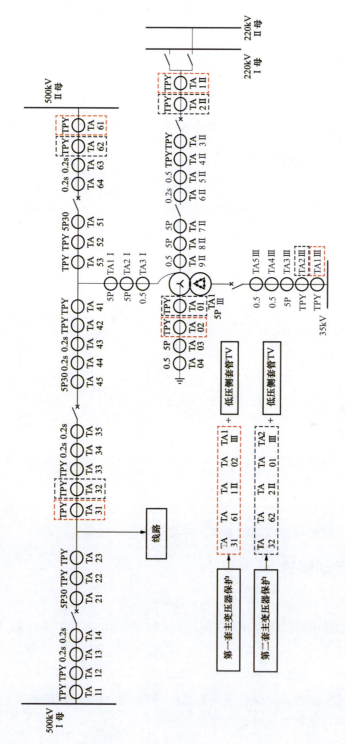

图 5-1 典型 500kV 主变压器保护 TA 选择

第三节　500kV 变压器差动保护特点

一、纵差保护

1. TA 构成

纵差保护是由自耦变压器高压侧、中压侧和低压侧开关 TA 构成的差动保护，如图 5-2 所示。

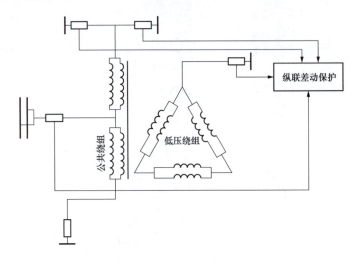

图 5-2　纵差保护 TA 构成

2. 保护特点

（1）纵差保护差流计算需要进行星角转换，滤除零序电流，纵差保护能够反应变压器各种内部故障。

（2）纵差保护是基于磁通守恒原理，可以反应匝间故障，受变压器励磁涌流的影响。

（3）纵差保护对相间故障灵敏度高，对接地故障灵敏度较低。

二、分相差动保护

1. TA 构成

分相差动保护是由自耦变压器高压侧、中压侧开关 TA 和低压绕组 TA 构成的差动保护，如图 5-3 所示。

2. 保护特点

（1）分相差动保护差流中保留了全部故障分量，接地故障的灵敏度高于纵差保护，可以提高切除自耦变压器内部接地短路故障的可靠性。

（2）分相差动保护是基于磁通守恒原理，可以反应匝间故障，受变压器励磁涌流的影响。

（3）分相差动保护其保护范围与纵差保护不同，分相差动保护无法保护变压器低压侧引线。

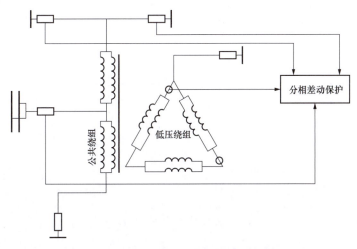

图 5-3　分相差动保护 TA 构成

三、分侧差动保护

1．TA 构成

分侧差动保护是由自耦变压器高、中压侧和公共绕组 TA 构成的差动保护，如图 5-4 所示。

2．保护特点

（1）分侧差动保护差流中保留了全部故障分量，接地故障的灵敏度高于纵差保护，可以提高切除自耦变压器内部接地短路故障的可靠性。

（2）分侧差动保护原理是基于基尔霍夫电流定律，因此不能反应匝间故障，不受变压器励磁涌流的影响。

（3）分侧差动保护其保护范围与纵差保护不同，分侧差动保护无法保护变压器低压侧绕组及引线。

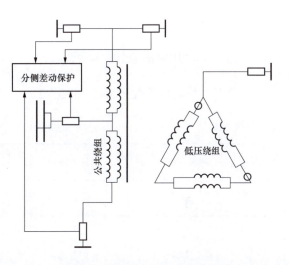

图 5-4　分侧差动保护 TA 构成

四、低压侧小区差动保护

1．TA 构成

低压侧小区差动保护是由自耦变压器低压绕组 TA 和低压侧开关 TA 构成的差动保护，如图 5-5 所示。

2．保护特点

（1）低压侧小区差动保护差流中保留了全部故障分量，低压侧故障的灵敏度高于纵差保护，可以提高切除自耦变压器低压侧内部短路故障的可靠性。

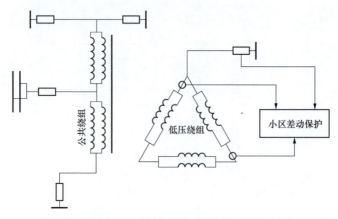

图 5-5 低压侧小区差动保护 TA 构成

（2）低压侧小区差动保护原理是基于基尔霍夫电流定律，因此不能反应匝间故障，不受变压器励磁涌流的影响。

（3）低压侧小区差动保护其保护范围与纵差保护不同，低压侧小区差动保护无法保护变压器高中压侧绕组及引线。

五、差动保护配置要求

变压器差动保护配置要求见表 5-2。

表 5-2   变压器差动保护配置要求

序号	内容	差动速断保护	纵差保护	分相差动保护	低压侧小区差动保护	分侧差动保护	故障分量差动保护
1	220kV 三绕组变压器	必配	必配	无	无	无	在保证安全的情况下尽量配置
2	500kV 单相自耦变压器	必配	与分相差动保护任选其一	与纵差保护任选其一	当在低压侧有外附 TA 时配置，与分相差动保护一起形成完整的保护	必配	在保证安全的情况下尽量配置

第四节 500kV 高抗保护配置

一、配置要求

500kV 高抗保护配置要求见表 5-3。

二、配置原则

高压并联电抗器主要有两类：①线路高压并联电抗器（线路电抗器）；②接于母线的高压并联电抗器（母线电抗器）。线路电抗器通过隔离开关或直接与线路相连，母线电抗器接入系统的方式和其他电力元件相同，通常通过专门的断路器接于系统母线上。线路电抗器中性点需装设中性点接地电抗器，可补偿线路相间及相对地耦合电容，加速潜供电弧熄灭，有利于单相快速重合闸的动作成功。母线电抗器则不需要装设中性点接地电抗器。

表 5-3　　　　　　　　　　　　　　　500kV 高抗保护配置要求

类别	序号	功能描述	500kV 高抗		220kV 高抗	
			段数及时限	配置说明	段数及时限	配置说明
主保护	1	主电抗差动速断	—		—	
	2	主电抗差动保护	—		—	
	3	主电抗匝间保护	—		—	
	4	TA 断线闭锁差动保护	—		—	
后备保护	5	主电抗过电流保护	I 段 1 时限		I 段 1 时限	
	6	主电抗零序过流保护	I 段 1 时限		I 段 1 时限	
	7	主电抗过负荷保护	I 段 1 时限		I 段 1 时限	
	8	中性点电抗器过电流保护	I 段 1 时限	母线电抗器不配置	I 段 1 时限	母线电抗器不配置
	9	中性点电抗器过负荷保护	I 段 1 时限	母线电抗器不配置	I 段 1 时限	母线电抗器不配置

高压并联电抗器配置双重化的主、后备保护一体高抗电气量保护和一套非电量保护。对于母线电抗器，无中性点电抗器后备保护、中间断路器相关出口和启动远跳保护出口。

三、技术原则

1. 主保护配置

主保护主要配置差动保护、差动速断保护、匝间保护。

（1）除差动保护外，还具有差动速断功能；

（2）具有防止区外故障保护误动的制动特性；

（3）具有防止 TA 饱和引起保护误动的功能；

（4）匝间保护能灵敏地反应电抗器内部匝间故障；

（5）具有 TA 断线告警功能，可通过控制字选择是否闭锁差动保护；

（6）当主电抗首端和末端 TA 变比不一致时，电流补偿应由软件实现。

2. 主电抗后备保护配置

后备保护主要配置分相过流保护、零序过流保护、过负荷保护。

（1）过电流保护采用首端电流，反应电抗器内部相间故障；

（2）零序过电流保护采用首端电流，反应电抗器内部接地故障；

（3）过负荷保护反应电压升高导致的电抗器过负荷，延时作用于信号。

3. 中性点电抗器后备保护配置

后备保护主要配置中性点过流保护、中性点过负荷保护。

（1）过电流保护反应三相不对称等原因引起的中性点电抗器过流；

（2）过负荷保护监视三相不平衡状态，延时作用于信号，其中中性点电抗器过流、过负荷保护优先采用主电抗末端三相电流。

4. 其他

（1）保护装置应具有定值自动整定功能；

（2）高抗非电量保护包括主电抗和中性点电抗器，主电抗 A、B、C 相非电量分相开入，作用于跳闸的非电量保护三相共用一个功能压板；

（3）用于非电量跳闸的直跳继电器，启动功率应大于 5W，动作电压在额定直流电源电压的 55%～70%范围内，额定直流电源电压下动作时间为 10～35ms，应具有抗 220V 工频干扰电压的能力；

（4）重瓦斯应由继电器直接重动跳闸，其余非电量宜作用于信号。

第五节　500kV 高抗保护 TA 选择

高抗保护 TA 选择如图 5-6 所示，高抗首端及末端单独配置三相电流互感器，分别接入保护装置中，中性点 TA 不接入到高抗保护，第一套高抗保护的保护范围大于第二套高抗保护的保护范围。

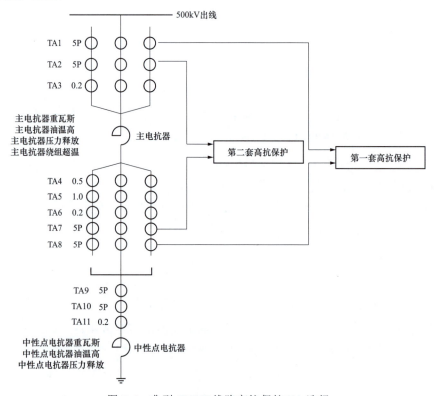

图 5-6　典型 500kV 线路高抗保护 TA 选择

第六节　高抗保护特殊问题分析

高抗的匝间故障是一种较常见的故障形式，由于纵差保护不能反应穿越性的匝间短路电流，因此需要配置高灵敏度的匝间保护。高抗匝间保护误动情况时有发生，下面对高抗匝间保护一些典型的误动情形进行分析。

一、TV 选取错误导致高抗匝间误动

500kV 线路高抗 TV 应取线路侧三相电压。若取母线侧电压，则在高抗侧开关处于分位或非全相运行时母线电压不能真实反应高抗本体的电压，典型的情形有高抗和线路电容谐振期间电流幅值增大导致测量阻抗减小，被误判为内部故障。现有 220kV 线路的典型 TV 配置为线路侧仅配置单相 TV，高抗保护只能取母线侧三相电压，应在保护判据和运行操作等方面加以改进，以防止保护误动。

二、串补的谐振导致高抗匝间误动

500kV 高抗一般为分相式结构并且带有气隙，气隙能够明显降低铁芯剩磁及稳态磁通，合闸时的磁通变化难以直接引起饱和。但是当高抗与串补回路中有故障电源突然接入时，其支路除流经稳态电流外，还可能与串补电容作用引起谐振现象，产生谐振过电流。通过近年几起高抗饱和事故案例的分析可知，高抗饱和往往与线路串补存在直接关系。高抗故障相合闸后，电容将向高抗充电并产生幅值很大的电流低频振荡，并致使高抗饱和。可在匝间保护中加入低频电流辨识判据以躲过误动。

第六章　组屏及二次回路

第一节　电　流　回　路

一、常规变电站电流回路

（一）常规变电站 500kV 电流回路

常规变电站 500kV 电流回路如图 6-1 所示。

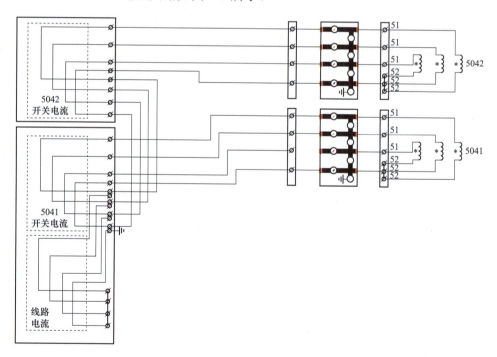

图 6-1　常规变电站 500kV 电流回路

电流二次回路在电流互感器接线盒、电流互感器端子箱后接入保护测控装置。

早期投产的线路保护和测控线路电流采用中间断路器和边断路器电流互感器二次线直

接合并的方式计算和电流，并在合并点接地，将和电流接入装置进行采样。

新"六统一"后投产的主变压器、母差、线路保护每个电流互感器二次侧单独接入装置，在开关场端子箱或者 GIS 汇控柜内一点接地，由装置计算和电流。

AIS 站按出线间隔在边断路器电流互感器处配置电流互感器端子箱，中间断路器电流互感器二次侧根据用处不同分别接入两个边断路器电流互感器端子箱，所有二次侧均在电流互感器端子箱内配置大电流端子，不涉及和电流的二次侧和备用二次侧一般在电流互感器端子箱内接地。

HGIS 站按开关配置就地汇控柜，所有二次侧均在汇控柜内配置大电流端子，不涉及和电流的二次侧和备用二次侧一般在汇控柜内接地。

主要的危险点有：

（1）操作大电流端子必须先断后短，特别是涉及和电流回路的大电流端子，在所有短接螺丝未取下的情况下短接电流互感器易造成电流回路两点接地，导致保护误动作；

（2）大电流端子螺纹口铜质较软，易产生铜屑，在操作前需检查清楚，若有铜屑应清理干净再操作，否则容易导致电流回路分流或两点接地；

（3）500kV Ⅰ 母侧测控采线路电流所需的中间断路器电流一般从中间断路器测控串接，当中间断路器停役而 500kV Ⅰ 母侧边断路器不停役在中间断路器测控开展工作时，易误短接电流回路导致边断路器测控线路电流采样异常。

（二）常规变电站 220kV 电流回路

220kV 母线保护配有大电流试验端子屏，所有间隔电流先接入该屏后，经过大电流端子接入保护装置并在开关端子箱内一点接地；操作大电流端子必须停用母线保护，母差电流互感器回路短路接地，取下连接端子，检查母差不平衡电流，在允许范围内再投母线保护。

线路保护和测控电流由电流互感器接线盒经开关端子箱后接入装置，并在开关端子箱内一点接地，无大电流端子。

主要的危险点有：

（1）母线保护电流回路极性与线路保护相反时，在技改工作时容易接错，导致保护出现差流；

（2）母线保护大电流端子操作易走错间隔，误短运行间隔电流。

二、智能变电站电流回路

（一）智能变电站 500kV 电流回路

电流二次回路经电流互感器接线盒、就地控制柜接入保护测控装置。所有电流互感器二次侧在就地控制柜内配有大电流端子，并在就地控制柜内一点接地。每个二次侧单独接入保护测控装置，保护测控装置所需的和电流均由计算所得。

主要的危险点有：

（1）大电流端子螺纹口铜质较软，易产生铜屑，在操作前需检查清楚，若有铜屑应清理干净再操作，否则容易导致电流回路分流或两点接地；

（2）保护与合并单元之间通过虚端子链接，配置错误易导致采样异常。

（二）智能变电站 220kV 电流回路

智能变电站 220kV 电流回路如图 6-2 所示。

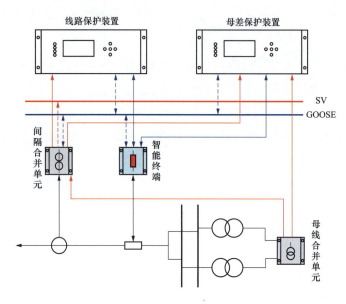

图 6-2　智能变电站 220kV 电流回路

母差电流互感器二次侧在就地控制柜内配有大电流端子，其他二次侧无大电流端子。所有二次侧在就地控制内一点接地并单独接入合并单元，母差所需的和电流均由装置计算所得。

主要的危险点有：

（1）大电流端子螺纹口铜质较软，易产生铜屑，在操作前需检查清楚，若有铜屑应清理干净再操作，否则容易导致电流回路分流或两点接地。

（2）保护与合并单元之间通过虚端子链接，配置错误易导致采样异常。

第二节　电　压　回　路

一、常规变电站电压回路

（一）常规变电站 500kV 电压回路

（1）500kV 出线间隔设置三相电压互感器，用于保护和测量、计量。所有二次侧全站一点接地，电压从电压互感器端子箱直接接入各装置。

（2）500kV 母线设置单相电压互感器，用于测量、同期。所有二次侧全站一点接地，电压从电压互感器端子箱直接接入各装置。

常规变电站 500kV 电压回路如图 6-3 所示。

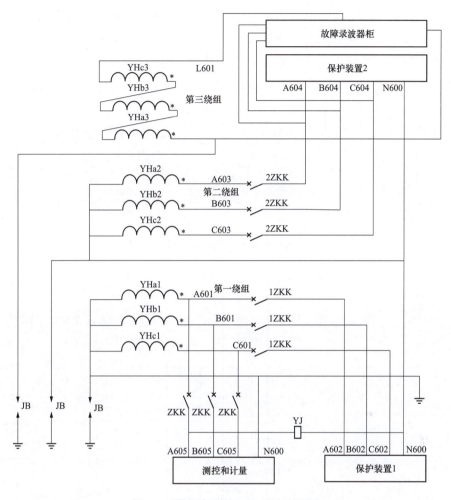

图 6-3　常规变电站 500kV 电压回路

（二）常规变电站 220kV 电压回路

（1）220kV 常规 AIS 站出线间隔设置单相电压互感器，用于保护和测量、同期。所有二次侧全站一点接地，电压从电压互感器端子箱直接接入各装置。

（2）220kV 常规 GIS 站出线间隔设置三相电压互感器，用于保护和测量、同期、计量。每个二次侧在电压互感器端子箱内接地，电压从电压互感器端子箱直接接入各装置。

（3）220kV 母线间隔设置三相电压互感器，用于保护和测量、同期、计量，接地点设在保护小室。保护用二次侧接入电压并列屏，经电压互感器隔离开关切换后输出给各保护屏，保护屏内经操作箱隔离开关位置继电器切换后输出给保护装置。当单母线电压互感器停运时，可以在电压并列屏内将并列把手切至并列位置，并列装置判别母联断路器、隔离开关在合位后，将另一段母线的电压输出到该电压互感器的输出端子。

电压切换回路的启动方式采用"单位置"启动方式:"六统一"文件规定,针对电压切换回路双重配置的间隔(操作箱双重化配置),宜采用单位置启动方式。即由母线隔离开关一副常开触点控制电压切换继电器的动作与返回,从而接通与断开间隔二次装置母线电压采集回路。计量电压二次侧接入计量重动继电器屏,经隔离开关位置继电器切换后输出给电能表及测控装置。常规变电站 220kV 电压切换回路如图 6-4、图 6-5 所示。

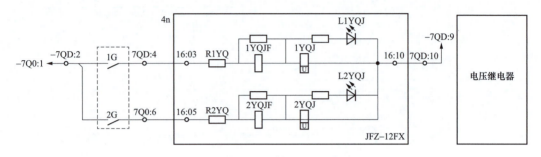

图 6-4 常规变电站 220kV 电压切换回路 1

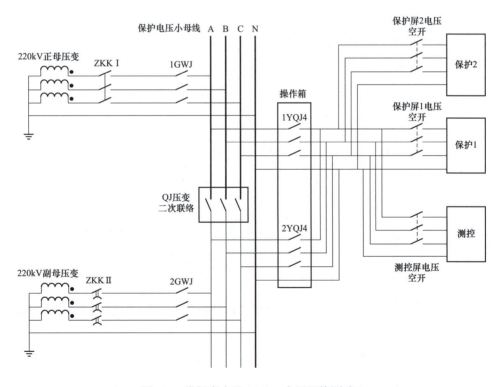

图 6-5 常规变电站 220kV 电压切换回路 2

二、智能变电站电压回路

(一)智能变电站 500kV 电压回路

500kV 出线间隔设置三相电压互感器,用于保护和测量、计量。所有二次侧全站一点接地，电压从电压互感器端子箱直接接入各装置。

500kV 母线设置单相电压互感器，用于测量、同期。所有二次侧全站一点接地，电压从电压互感器端子箱直接接入各装置。

（二）智能变电站 220kV 电压回路

220kV 出线间隔设置三相电压互感器，用于保护和测量、同期、计量。每个二次侧在电压互感器端子箱内接地，电压接入合并单元后通过直采光纤发送给保护，其他通过组网发送给各装置。智能变电站 220kV 电压回路如图 6-6 所示。

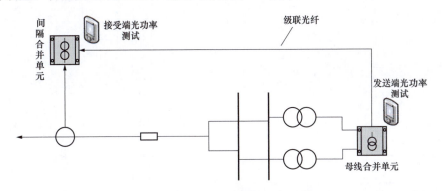

图 6-6　智能变电站 220kV 电压回路

220kV 母线间隔设置三相电压互感器，用于保护和测量、同期、计量。电压接入合并单元后通过级联光纤发送给各间隔合并单元，各间隔合并单元通过隔离开关位置判别后通过直采光纤发送给保护，其他通过组网发送给各装置。

母线电压合并单元具有合并功能，当单母线电压互感器停运时，可以在母线智能控制柜内将并列把手切至并列位置，母线合并单元判别母联断路器、隔离开关在合位后，将另一段母线的电压输出到各间隔合并单元。

第三节　控　制　回　路

一、常规变电站控制回路

（一）常规变电站 500kV 控制回路

保护与 Lock-out 继电器箱组屏，测控与操作箱组屏。Lock-out 继电器具备动作后自锁功能，需手动复归，保证跳闸的可靠性。500kV 不启动开关保护重合闸功能的保护动作出口时，均会启动屏内 Lock-out 继电器箱，如 500kV 母线保护动作出口跳各边断路器回路、主变压器保护动作出口跳高压侧开关回路等。特别是 500kV 线路保护动作经 Lock-out 继电器箱内的电流自保持继电器出口，过电压保护及远跳就地判别装置动作经 Lock-out 继电器出口。线路保护跳闸回路如图 6-7 所示。

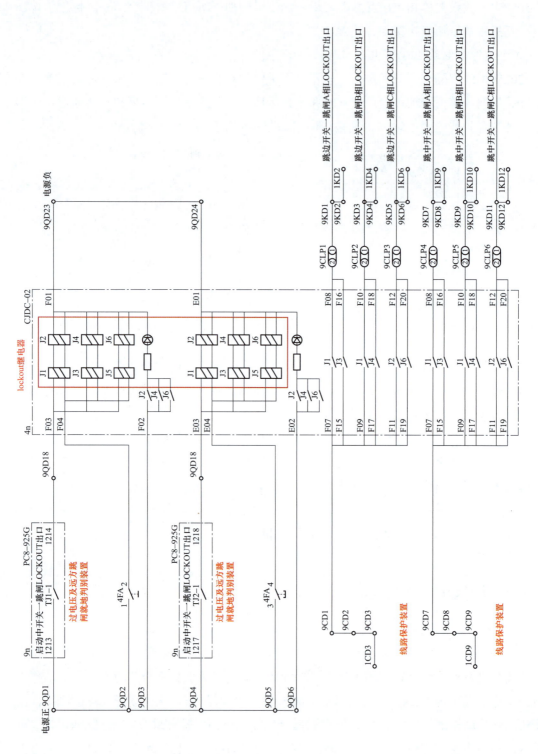

图 6-7 500kV 线路保护跳闸回路

测控操作开关时，测控遥控出口节点启动操作箱内分合闸继电器，操作箱出口至断路器机构分合断路器。

（二）常规变电站 220kV 控制回路

保护操作箱组屏，保护动作时启动操作箱内分合闸继电器，操作箱出口至断路器机构分合断路器。

测控操作开关时，测控遥控出口节点启动操作箱内分合闸继电器，操作箱出口至断路器机构分合断路器。

二、智能变电站控制回路

（一）智能变电站 500kV 控制回路

保护动作时通过直跳光纤直接启动智能终端分合闸继电器，智能终端出口至断路器机构分合断路器。

测控操作开关时，通过组网光纤启动智能终端分合闸继电器，智能终端出口至断路器机构分合断路器。

（二）智能变电站 220kV 控制回路

保护动作时通过直跳光纤直接启动智能终端分合闸继电器，智能终端出口至断路器机构分合断路器。

测控操作开关时，通过组网光纤启动智能终端分合闸继电器，智能终端出口至断路器机构分合断路器。

三、保护之间的联动回路

本小节介绍各类保护装置所开出的联跳、起失灵、解除复压闭锁等回路。

（一）500kV 线路保护

500kV 线路保护的联动出口回路主要有：

（1）至 500kV 断路器保护：启动 A/B/C 相失灵及重合闸回路、闭锁断路器重合闸回路；

（2）部分线路接入安全稳定控制装置，线路保护动作后将启动安全稳定控制装置。

（二）500kV 高抗保护

500kV 高抗保护的联动出口回路主要有：

（1）至 500kV 断路器保护：启动三相失灵回路、闭锁断路器重合闸回路；

（2）至 500kV 线路保护：启动线路保护远跳回路。

（三）500kV 变压器保护

500kV 变压器保护的联动出口回路主要有：

（1）至 500kV 断路器保护：启动三相失灵回路、闭锁断路器重合闸回路；

（2）至 220kV 母线保护：启动主变压器 220kV 断路器失灵回路、解除 220kV 母线复压闭锁回路。智能变电站的配置中，主变压器保护至 220kV 母线保护的起失灵及解复压闭锁回路为同一虚回路。

（四）500kV 母线保护

500kV 母线保护的联动出口回路主要有：至 500kV 断路器保护有启动三相失灵回路、闭锁断路器重合闸回路。

（五）500kV 断路器保护

500kV 断路器保护的联动出口回路主要有：

（1）至相邻 500kV 断路器保护：启动三相失灵回路、闭锁断路器重合闸回路；

（2）至 500kV 线路保护：启动线路保护远跳回路；

（3）至 500kV 变压器保护：失灵联跳主变压器三侧回路；

（4）至 500kV 母线保护：失灵联跳母差回路。

（六）500kV 短引线保护

500kV 短引线保护的联动出口回路主要有：至 500kV 断路器保护有启动三相失灵回路、闭锁断路器重合闸回路。

第四节 保 护 通 道

目前 500kV 系统中线路保护利用光纤通信传输有以下两种方式：①为保护装置敷设专用的光纤通道；②复用现有的数字通信网络。相应地，系统连接方式有专用方式和复用方式两种。

一、专用光纤通道

当分相电流差动保护采用光纤专用通道时，继电保护信息（电流量、功能压板位置、跳合闸信号等）通过 OPGW 的光纤直接传送，不经电力通信传输网络（设备）。传输保护信息的 OPGW 光纤为保护专用，这是"专用通道"名称的由来。

专用方式又分为本线或相邻线专用纤芯及迂回专用纤芯两种方式，其通道组成示意图见图 6-8 和图 6-9。

从图 6-8 中可以看出，OPGW 光缆进门型构架下的终端盒后分为两部分。其中光缆 3 为保护用光纤芯，进保护室；光缆 1 为通信光纤芯，进通信机房。光缆 2 可作为保护备用芯。

图 6-9 为迂回光纤通道示意图，区别于图 6-8 的地方在连接变电站 A 和变电站 B 之间的线路 1 本身无光纤通道，利用线路 2 和线路 3 上架设的 OPGW 光缆，在变电站 C 的通信光配屏上搭通，构筑线路 1 两侧迂回专用光纤芯的保护通道。

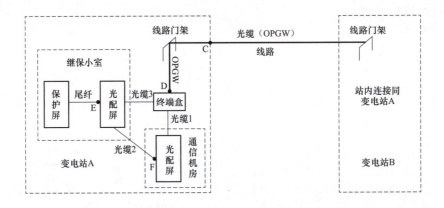

图 6-8 直芯连接专用光纤通道

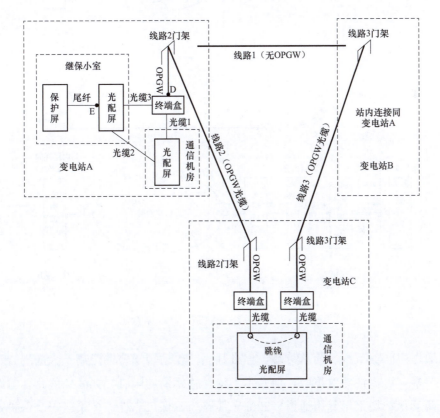

图 6-9 迂回接专用光纤通道

二、复用光纤通道

复用方式是指利用数字 PCM 复接技术和现有的光纤通道，对继电保护的信息进行传输。复用方式分为复用 2M 电路和复用 64k 电路两种方式，其通道组成见图 6-10 和图 6-11。

从图 6-10 和图 6-11 可以看出，与专用通道不同，复用通道利用电力通信传输网络

73

（设备）构建保护通道。从结构上看，复用 2M 电路与复用 64k 电路的不同主要在于复用 64k 电路在接入传输网络前增加了一个 PCM 调制环节，即通过 PCM 设备接入光端机 SDH。

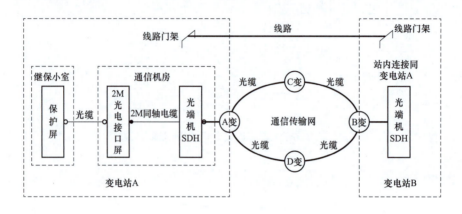

图 6-10　复用 2M 光纤通道接线示意图

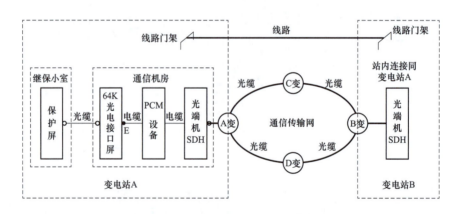

图 6-11　复用 64k 光纤通道接线示意图

专用通道中间环节少、简单可靠，但衰耗大，仅适用于传输距离不大的场合。复用通道中间环节多，可靠性相对下降，但基本不受传输距离的限制。500kV 线路传输距离一般较长，故两套保护均采用复用通道。220kV 线路为确保可靠性，多采取一套保护走专用通道、另一套保护走复用通道的形式。分相电流差动采用专用通道还是复用通道，由继保专业部门决定，可由整定单查明。

三、光纤通道接口

新投运的 500kV 线路分相电流差动保护装置均配备双通道。两个通道同时工作，可根据通道情况在保护装置内部自动切换。在仅有一个通道故障时，不影响线路分相电流差动保护的运行。

（一）专用通道接口

以深圳南瑞 PRS-753 系列保护为例，线路两侧的保护装置通过两侧保护内置的光通信板（光端机）用两根光纤连接，一收一发，构成保护通道，如图 6-12 所示。内置光通信板的作用是完成由保护板至通道的电/光转换（发信号时）及光/电转换（收信号时）。

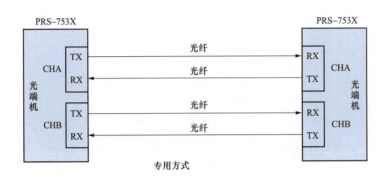

图 6-12　专用光纤通道的构成

（二）复用通道接口

光纤复用通道实际上是将本侧保护信息接入电力通信网络，再传输到对侧保护。以图 6-13 所示深圳南瑞 PRS-753 分相电流差动保护复用 2M 通道的构成为例，外置通信设备 EOC700 可以将保护装置内置光信板传输的 2M 光信号转换为多个 64k 或 1 个 2M 的电信号（该装置即所谓的光电转换器），完成装置与 PCM 或 SDH 设备的接口功能。理论上，一般一个光电转换器只对应一个保护通道。

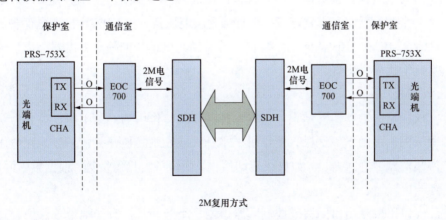

图 6-13　复用 2M 光纤通道的构成

图 6-14 为 PRS-753 保护装置复用 64k 通道的构成示意图，可以看出 64k 复用通道的构成与 2M 复用通道不同之处在于其采用了外置通信设备 EOC700 输出的 64k 电信号，经 PCM 设备后再接入 SDH 设备。

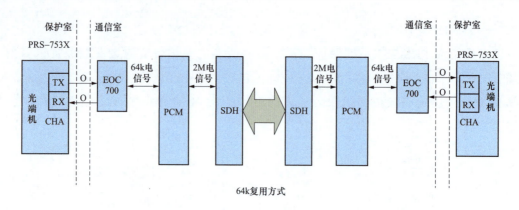

图 6-14　复用 64k 光纤通道的构成

第五节　硬压板与软压板设置规则

一、常规变电站压板设置规则

（一）硬压板的设置及功能

常规变电站保护装置使用的用于实现二次回路开断的硬连片称为硬压板，按照压板接入保护装置二次回路位置的不同，可分为功能压板和出口压板两大类。

1. 功能压板

功能压板实现了保护装置某些功能（如主保护、距离保护、零序保护等）的投、退。该压板一般为弱电压板，接直流 24V。投入此压板，将直流开入到保护装置，启动保护相应功能。投入此类压板前不需要测量。也有强电功能压板，如 BP22B 投充电保护、过流保护等，接直流 220V 或 110V。但进入装置之前必经光电耦合或隔离继电器隔离，转化为弱电开入，其抗干扰能力更好。

2. 出口压板

出口压板决定保护动作的结果，根据保护动作出口作用的对象不同，可分为跳闸出口压板和启动压板。跳闸出口压板直接作用于本开关或联跳其他开关，一般为强电压板。启动压板作为其他保护开入之用，如失灵启动压板、闭锁备自投压板等，根据接入回路不同，有强电也有弱电。

此外，出口压板是出口回路或控制回路中的一个断开点，有一端带着保护装置里的动作接点，另一端始终带负电，当动作接点闭合，压板两端有电压，此时若将压板投入，断路器即跳闸。所以一般投入出口压板时都要测量一下压板两端是否有异极性电压，如有则不能投入。

跳闸压板规定采用红色标识，保护功能压板规定采用黄色标识，备用压板为灰色。

（二）软压板的设置及功能

软压板是指通过装置的软件实现保护功能或自动功能等投退的压板。

与硬压板功能相对应，是一个可更改的状态信号，通常以修改微机保护的软件控制字来实现，比如投入和退出某个保护和控制功能。保护装置中的软压板与保护屏上的硬压板组成"与"的关系来决定保护功能的投退。只有两种压板都投入时，保护功能才起作用，任一压板退出，保护功能也相应退出。

二、智能变电站压板设置

在智能变电站中，由于信号、控制等回路的网络化，硬压板随着电缆回路的减少而减少，而软压板的功能则大大加强。

（一）硬压板的设置及功能

1. 硬压板的设置要求

智能变电站保护装置的硬压板有远方操作硬压板和检修硬压板。

智能终端因其处于开关场就地，液晶面板容易损坏，只设置硬压板。智能终端设有"检修硬压板""跳、合闸出口硬压板""闭锁重合闸硬压板"三类硬压板，非电量保护功能的智能终端还装设了"非电量保护功能硬压板"。

合并单元设有"检修硬压板"。

2. 硬压板的分类及功能

远方操作硬压板：保护装置设置远方操作硬压板，用于实现保护装置远方操作功能控制。

检修硬压板：该压板投入，装置为检修态，相应装置发出的 SV、GOOSE 报文均会带有检修品质标识，下一级设备接收的报文与本装置检修压板状态进行一致性比较判断，如果两侧装置检修状态一致，则对此报文作有效处理，否则作无效处理。装置处于"跳闸"状态时，严禁投入该压板。

跳、合闸出口硬压板：该类压板安装于智能终端与断路器之间的电气回路中，装置处于"跳闸"状态时，该类压板应投入。

非电量保护功能硬压板：负责控制本体重瓦斯、有载重瓦斯等非电量保护跳闸功能的投退。

（二）软压板的设置及功能

软压板是通过装置的软件实现保护功能或自动功能等投退的压板。该压板投退状态应被保存并掉电保持，可查看或通过通信上送。装置应支持单个软压板的投退命令。

1. 软压板的设置要求

继电保护设备应支持远方投退压板、修改定值、切换定值区、设备复归功能。

软压板的设置应满足保护基本功能投退的需要。

软压板的设置应满足保护功能之间交换信号隔离的需要，GOOSE 出口软压板与传统出口硬压板设置点一致，按跳闸、合闸、启动重合、闭锁重合、沟通三跳、启动失灵、远跳等重要信号在 PTRC 和 RREC 中统一加 Strp 后缀扩充出口软压板。

GOOSE 软压板应在发送侧设置。母差应按间隔设置失灵接收软压板，主变压器应设置 GOOSE 失灵联跳接收软压板，线路保护远跳开入 GOOSE 可不设置接收软压板。

智能终端跳合闸出口回路应设置硬压板，智能终端不设 GOOSE 软压板。

合并单元不设置软压板，接入两个及以上合并单元的保护装置应按合并单元设置"SV 接收"软压板。

2. 软压板的分类及功能

软压板的设置应满足现场运行及检修维护的需要，可按以下方式进行分类：

（1）功能投退压板：实现某保护功能的完整投入或退出。

（2）定值控制状态：标记定值、软压板的远方控制模式，如定值切换、修改等操作。

（3）采样数据接收状态：本端是否接收处理合并单元采样数据，即 SV 软压板。

（4）信号复归控制：信号远方复归功能。

（5）GOOSE 软压板：实现保护装置 GOOSE 输入、输出的信号隔离。其中，GOOSE 接收软压板负责控制接收来自其他智能装置的 GOOSE 信号，同时监视 GOOSE 链路的状态，该类压板应根据调度指令的保护状态要求进行投退；GOOSE 发送软压板负责控制本装置向其他智能装置发送 GOOSE 信号。

（6）测控功能压板：实现同期功能、允许远方操作、间隔联闭锁投入及联闭锁解锁。

（7）其他压板：该部分压板设置有利于系统调试、故障隔离，如母差接入隔离开关位置强制压板。

第六节 信 息 流 图

一、虚端子

智能变电站中合并单元、智能终端的应用实现了采样与跳闸的数字化，从整体上促进了变电站二次回路的光纤化和网络化。常规变电站中的硬接线在智能变电站中也变为通过光纤、交换机传递信息（GOOSE、SV 信号）。为了便于形象地理解和应用 GOOSE、SV 信号，提出了虚端子概念。

虚端子是描述 IED 设备的 GOOSE、SV 输入、输出信号连接点的总称，用以标识过程层、间隔层及其之间联系的二次回路信号，等同于传统变电站的屏端子。虚端子主要是通过 Ref+中文描述来标识，主要是变电站设计阶段了解装置接口的一个依据。GOOSE 虚端子与传统节点映射如图 6-15 所示。

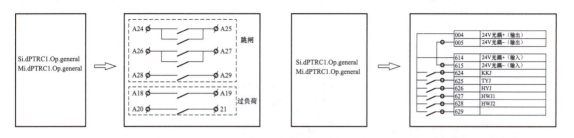

图 6-15　GOOSE 虚端子与传统节点映射

相应地，代替了常规变电站二次回路的 SV/GOOSE 链路被称为"虚回路"。智能变电站虚回路中传递的"信息流"对应常规变电站二次回路中传递的电流、电压、开关量及各类信号。

二、500kV 智能变电站典型间隔信息流

图 6-16 所示为某 500kV 变电站一个完整串及主变压器三侧的信息流图（图中以第一套为例）。

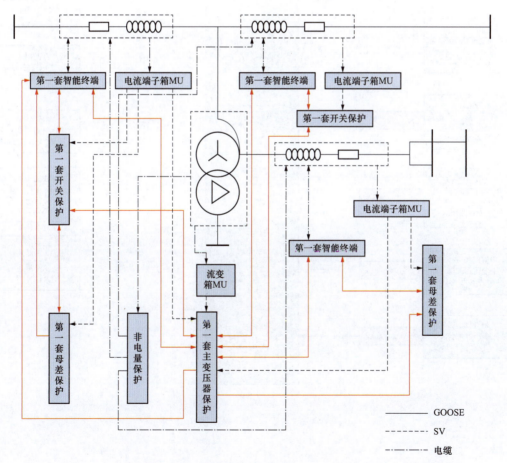

图 6-16　500kV 完整串及主变压器三侧的信息流示意图（第一套）

（一）主变压器保护信息流

主变压器间隔保护信息流如图 6-17 所示。

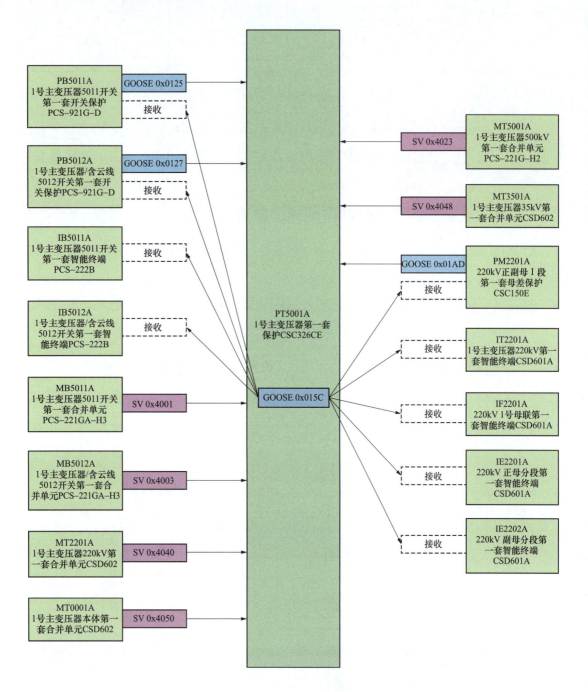

图 6-17　主变压器间隔保护信息流

（二）500kV 母线保护信息流

500kV 母线保护信息流如图 6-18 所示。

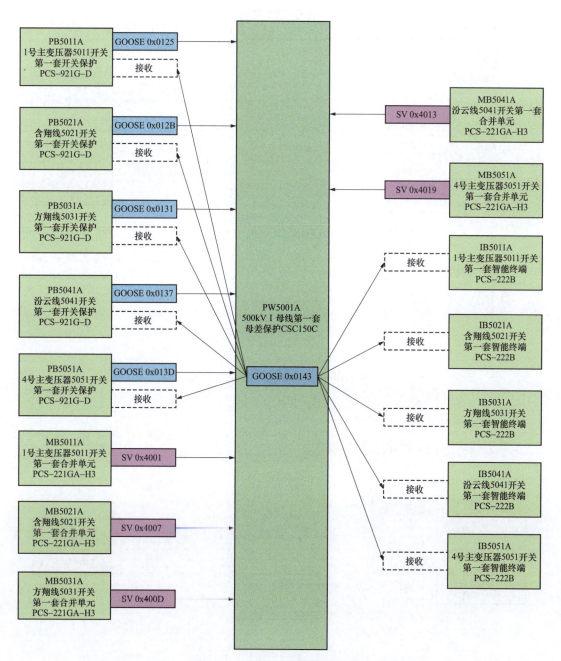

图 6-18　500kV 母线保护信息流

（三）500kV 线路保护信息流

500kV 线路保护信息流如图 6-19 所示。

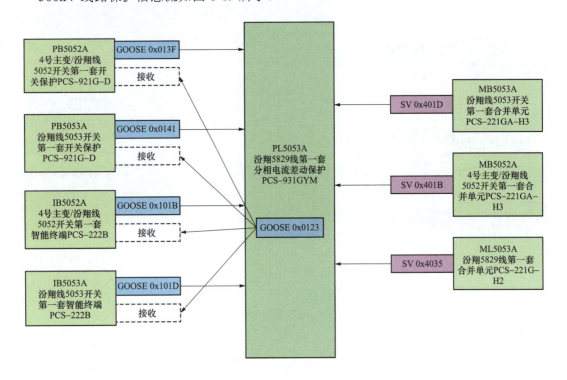

图 6-19　500kV 线路护保护信息流

（四）220kV 线路保护信息流

220kV 线路保护信息流如图 6-20 所示。

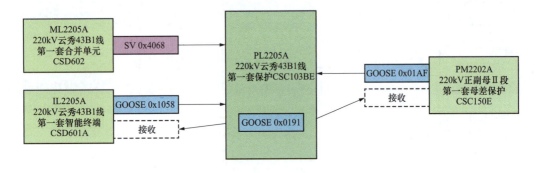

图 6-20　220kV 线路保护信息流

（五）220kV 母线保护信息流

220kV 母线保护信息流如图 6-21 所示。

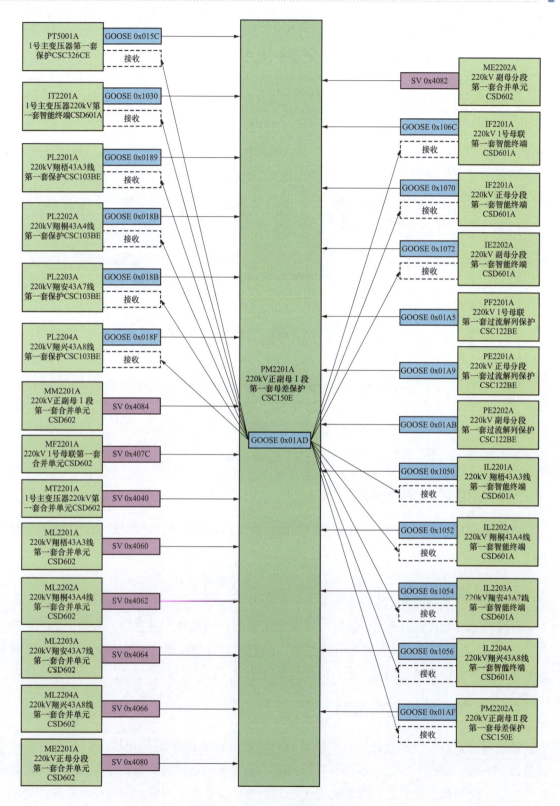

图 6-21 220kV 母线保护信息流

第七节 交换机组网方式

交换机组网方式如图 6-22 所示。

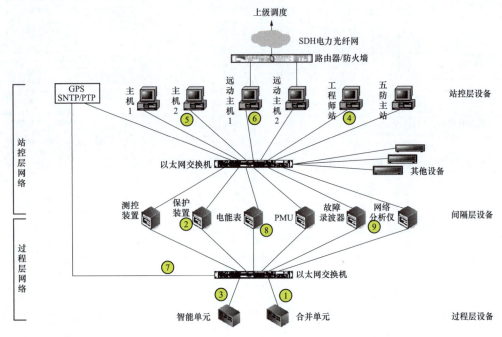

图 6-22 交换机组网

一、站控层/间隔层网络

可传输 MMS 报文和 GOOSE 报文；500kV 变电站站控层/间隔层网络宜采用双重化星形以太网络。

二、过程层网络

可传输 GOOSE 报文和 SV 报文；双重化配置的保护装置应分别接入各自 GOOSE 和 SV 网络，单套配置的测控装置等宜通过独立的数据接口控制器接入双重化网络，对于相量测量装置、电能表等仅需接入 SV 采样值单网。

三、介质与传输距离限制

过程层交换机与交换机之间、交换机与装置之间采用多模光纤（MMF）；如果传输距离超过 275m，应采用 50/125μm 多模光纤或者单模光纤；站控层交换机与交换机之间采用光纤级联，交换机与装置之间（如果无 GOOSE 等关键任务）可采用双绞线，注意双绞线的传输距离一般不宜超过 10m。

第七章　安全自动装置

电力系统发生短路等事故时，首先应由继电保护动作切除故障。一般情况下故障切除后系统可继续运行。如果故障很严重或者处理不当，则可能造成故障扩大而导致严重后果。为此，电力系统中还配备必要的安全自动装置。

安全自动装置是指在电网中发生故障或出现异常运行时，用于防止电力系统稳定破坏、防止电力系统事故扩大、防止电网崩溃及大面积停电及恢复电力系统正常的，起控制作用的各种自动装置的总称，如安全稳定控制装置、精确负荷控制系统、自动重合闸、备用电源或备用设备自动投入装置、自动切负荷装置、低频和低压自动减载装置等。

安全自动装置应满足可靠性、选择性、灵敏性和速动性的要求，下面以安全稳定控制装置、精确负荷控制系统为例进行介绍。

第一节　安全稳定控制装置

一、安全稳定控制装置原理

安全稳定控制装置（简称稳控装置）是保证电网安全稳定运行的重要防线。它是当系统出现紧急状态后，通过执行各种紧急控制措施，使系统恢复到正常运行状态下的控制装置。电力系统安全稳定控制包括预防控制、紧急控制和恢复控制。

（一）装置介绍

某系统 A 站、B 站为 500kV 变电站，C 厂为发电厂。在发生线路故障时，为解决剩余线路的过载问题，有效提高 C 厂功率送出能力，需要在 C 厂配置安全稳定控制装置。稳控装置需具备与 B 站稳控装置通信功能，接收 B 站稳控装置发送的切机命令，执行切机、快关汽门、电气制动、切负荷等操作。系统接线示意图如图 7-1 所示，通道配置图如图 7-2 所示，数据交换示意图如图 7-3 所示。

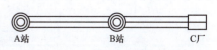

图 7-1　系统接线示意图

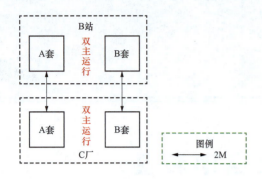

图 7-2　通道配置示意图　　　　　　　图 7-3　数据交换示意图

（二）系统组成及功能介绍

主站（子站）系统采用双重化配置，共有三个屏柜组成，包括 A 套系统屏、B 套系统屏及主站（子站）通信屏，两套系统并列运行。每套稳控装置采用复用单通道模式。装置的输入量包括 500kV 线路、主变压器三相电流、三相电压信号。

B 站监测 A 站与 B 站间 AB××1 线、AB××2 线、AB××3 线运行情况（500kV 元件投停判别）；判断 AB××1 线、AB××2 线、AB××3 线跳闸，判断剩余单线过流，并根据控制策略表 7-1 向 C 厂发切机命令。

C 厂监测 B 站与 C 厂间 BC××4 线、BC××5 线、BC××6 线运行情况（500kV 元件投停判别）；判断 BC××4 线、BC××5 线、BC××6 线跳闸，判断剩余单线过流，并根据控制策略表 7-2 执行切机措施，按照机组允切压板、机组优切压板的投入情况选切机组。接收 B 站切 C 厂机组台数命令，按照机组允切压板、机组优切压板的投入情况选切机组。

表 7-1　　　　　　　　　　　　　B 站安全稳定控制装置策略表

系统一次运行方式	潮流断面	切机动作定值（MW）	故障形式	延时	安控装置动作形式
正常方式（含 B 站 500kV 母线检修方式）	AB××1 线、AB××2 线、AB××3 线三线剩余运行单线（送出方向）	2450	AB××1 线、AB××2 线、AB××3 线三线任两线故障或无故障跳闸	5s	切除 C 厂 1 台机组
				10s	切除 C 厂 1 台机组

表 7-2　　　　　　　　　　　　　C 厂安全稳定控制装置策略表

系统一次运行方式	潮流断面	切机动作定值（MW）	故障形式	延时	安控装置动作形式
正常方式（含 C 厂 500kV 母线检修方式）	BC××4 线、BC××5 线、BC××6 线三线剩余运行单线（送出方向）	2500	BC××4 线、BC××5 线、BC××6 线三线任两线故障或无故障跳闸	5s	切除 C 厂 1 台机组
				10s	切除 C 厂 1 台机组
AB××1 线或 AB××2 线或 AB××3 线单线检修方式	AB××1 线、AB××2 线、AB××3 线三线剩余运行单线（送出方向）	2500	AB××1 线、AB××2 线、AB××3 线运行两线中任一线故障或无故障跳闸	5s	切除 C 厂 1 台机组
				10s	切除 C 厂 1 台机组

500kV 元件投停判别采集线路、主变压器高压侧的电气量，同时对接入单元分别设置了检修压板，某元件检修压板投入时，装置判为该元件检修停运，对该元件不再做任何故障判断和异常判断，不参与任何逻辑计算和故障判断，故障断面功率计算时，认为此元件的功率为 0，不把它计算在内。元件投停的判据为：

（1）有功功率大于投运功率定值 P_{ty}；

（2）任一相电流大于投运电流定值 I_{ty}；

（3）元件未发生故障，任一相电压大于 $70\%U_n$。

满足以上（1）～（3）任一条件且元件检修压板未投入后，延时 T_{ty} 判别元件投运；均不满足（1）～（3）或元件检修压板投入后，判别该元件停运。

当元件判别为停运，且元件检修压板未投入，报"××元件检修压板未投入"告警，不闭锁装置逻辑。在运行人员完成汇报调度等相关工作后投入检修压板，信号自动复归。

稳控装置原理如图 7-4 所示。

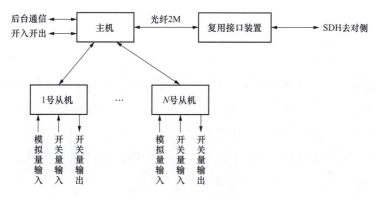

图 7-4 稳控装置原理图

二、安全稳定控制装置调试

稳控系统的检验工作主要由装置检验、策略检查、传动试验三部分组成，见表 7-3。

表 7-3　　　　　　　　　　　稳控系统的检验工作

校验类型	校验内容	常规变电站	智能变电站
装置检验	主要完成稳控系统内各主站、子站、测量站、执行站等稳控装置本体及其相关部分二次回路的检验	应至少包括外观检查、上电检查、二次回路检查、采样精度测试、开入开出量检查、定值核对及检验、基本判据检验、事件记录检查及与主站联调等	应至少包括外观检查、上电检查、采样精度及异常测试、通信断续测试、开入开出信号检查、虚端子信号检查、定值核对及检验、基本判据检验、事件记录检查及与主站联调等
策略检查	主要完成稳控系统稳定控制策略及站间通信功能检验	应至少包括站间通道检验、站间信息交互检查、运行方式判别、控制策略检查、双套装置间的数据交换功能验证、主辅闭锁功能检查、系统整组动作试验等	同常规变电站

续表

校验类型	校验内容	常规变电站	智能变电站
传动试验	主要完成稳控装置与一次设备之间的开关传动、直流调制及闭锁等功能和相关部分二次回路的检验	新安装稳控装置传动试验应通过模拟稳控装置动作方式进行，不得采用短接出口回路方式。当稳控装置与一次设备同步停运时，应及时完成稳控装置与停电一次设备的传动试验。应结合直流设备停电检修，同步开展相关稳控装置直流调制、闭锁功能的传动试验	同常规变电站

三、安全稳定控制装置管理规定

新、改（扩）建稳控装置投入运行前，调度控制中心和设备运维单位应完成调度运行规定、现场运行规程的编写或修编工作。

稳控装置的投退以及定值更改，必须经值班调度员下达指令。任何人未经值班调度员许可，不得擅自改变稳控装置的运行状态。设备运维单位必须按照现场运行规程及有关规定，对稳控装置进行监视、巡检。

稳控装置发生异常或动作时，运维单位应及时向相应调度控制中心值班调度员汇报。值班调度员接到运行人员装置异常的汇报后，立即根据该装置调度运行规范中有关异常处理的原则进行处理。若对上级调度的稳控装置有影响时，应按要求汇报上级调度。调控机构应配合安排系统运行方式，便于消缺工作。

在稳控装置工作时影响到其他专业设备，或其他专业设备工作时影响到稳控装置的（特别是在共用 TA 回路的装置上进行试验或工作），运维单位必须在工作申请及方案中明确对其他专业设备、稳控装置的影响。

通信检修维护工作若影响稳控装置工作，应事先征得相应调控机构同意，并向相应调控机构上报设备停役申请。通信检修维护工作开始前，应确认受影响的稳控装置已改信号后方可工作。

双套配置的稳控装置，原则上不允许两套同时退出运行。若因某些特殊情况导致两套稳控装置异常或故障退出时，值班调度员应立即按照调度运行规范进行处理，并采用双套稳控装置退出运行后的控制措施。

稳控装置紧急缺陷消缺时间不超过 24h；重要缺陷消缺时间不超过一个星期；一般缺陷消缺时间不宜超过一个月。

四、安全稳定控制装置缺陷处理

（一）处理原则

稳控装置发生故障，应退出该故障装置，并退出对侧厂站相应的通信压板。

（1）稳控装置动作时处置如下：

1）现场值班人员应立即向相关调度值班调度员汇报装置动作情况、告知省调控中心；及时打印动作报告，记录装置动作信号，将其报送调度。

2）稳控装置发生故障，应退出该故障装置，并退出对侧厂站相应的通信压板。

（2）稳控装置通道异常告警处置如下：

1）应退出相应异常通道两侧稳控装置对应的通信压板，稳控装置对应的通信功能退出，同时不再监测该通道的运行情况。

2）处理通道异常时，应退出该异常通道对应的稳控装置。

（二）典型异常

1．电压采样异常

（1）检查流程：

1）用万用表检查装置背板接线电压是否正常。

2）若不正常，为外回路问题，对外回路进一步检查消缺。

3）若正常，可判定为采样插件故障，需更换采样插件。

（2）风险点分析：

1）采样数据异常影响稳控装置逻辑判断，可能造成稳控装置误动。

2）更换采样板引起电流回路开路和电压回路短路。

3）误切机组。

（3）安全措施：

1）对运行的电流回路进行可靠短接。

2）对稳控装置的出口回路进行隔离。

3）退出对侧厂站相应的通信压板。

（4）处理流程：

1）办理工作票、申请退出对应稳控装置，并退出对侧厂站相应的通信压板。

2）对运行的电流回路进行可靠短接，划开电压电流回路端子并将运行侧进行隔离。

3）退出稳控装置的出口回路。

4）对稳控装置断电。

5）更换采样插件。

6）稳控装置上电并对该采样插件相关的采样量进行测试并对精度进行调整。

7）恢复电压电流回路安措，检查稳控装置采样正确。

8）测量出口回路电压正确并恢复安措。

9）工作票终结，汇报调度稳控装置恢复运行。

2．通道异常

（1）检查流程：

1）用光功率计检查装置收发功率是否正常。

2）若不正常，则为通信插件故障，需对通信插件进行更换。

3）若正常，可判定为外部通道异常，对外回路进一步检查消缺。

（2）风险点分析：

1）本套安全稳定装置功能失去。

2）误切机组。

（3）安全措施：

1）对稳控装置的出口回路进行隔离。

2）退出对侧厂站相应的通信压板。

（4）处理流程：

1）办理工作票，申请退出对应稳控装置，并退出对侧厂站相应的通信压板。

2）退出稳控装置的出口回路。

3）查明原因，更换异常通信插件、通道光纤或通信设备。

4）检查稳控装置通道延时、误码是否在规定范围内。

5）测量出口回路电压，正确时恢复安措。

6）工作票终结，汇报调度稳控装置恢复运行。

第二节　精准负荷控制系统

一、精确负荷控制系统原理

（一）系统介绍

精确负荷控制系统是解决受端电网直流故障造成功率缺额导致低频等稳定问题的安全稳定控制系统，是上级电网频率紧急协调控制系统的重要组成部分。系统由精控主站、精控子站、用户就近变电站、精控终端组成。精控主站与上级电网频率紧急协调控制系统的协控总站（简称频率协控总站）通信，上送本级电网可中断负荷总量，当直流闭锁时，接收频率协控总站发来的负荷精准控制命令，并结合频率防误判据，切除本级电网可中断负荷。精确负荷控制系统原理如图 7-5 所示。

主站（子站）系统采用双重化配置，共由三个屏柜组成，包括 A 套系统屏、B 套系统屏及精控主站（子站）通信屏，两套系统并列运行。精控主站 A 套—精控子站 A 套通道以及精控主站 B 套—精控子站 B 套通道分别采用 2M 单通道配置，精控子站 A、B 套至就近变电站采用 2M 单通道配置，就近变电站至精控终端采用专用光纤通道或无线专网接入。

精控主站装置实时监测本站两段 500kV 母线 A 相频率。主要功能是汇集 8 个精控子站的可中断负荷总容量并上送至上级频率协控总站；接收频率协控总站的切负荷命令后根据直流故障信息，按"二取一"原则（在精控主站双套均正常时，第一、二套采用"二取一"

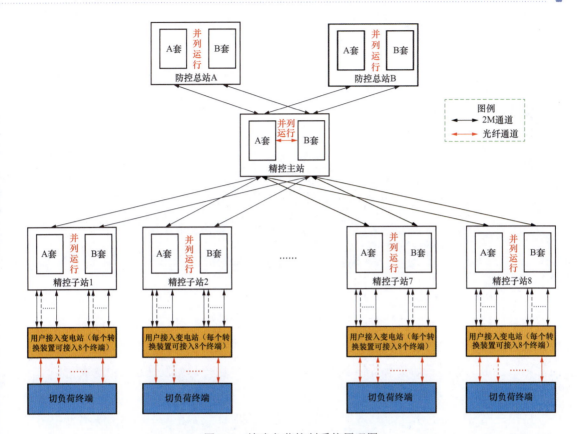

图 7-5 精确负荷控制系统原理图

原则，即精控主站第一或第二套收到任一总站切负荷命令后，根据就地频率判据进行防误判别后，计算确定子站应该切除的负荷层级和负荷量进行决策出口，向所辖精控子站发出切负荷命令。若本站频率防误判据不满足，则两套装置都不动作），结合本站频率防误判据，分层级切除 8 个子站所辖可中断负荷；设置负荷恢复策略，根据频率定值及延时，向各个终端发送恢复负荷提醒。

精控子站采用双重化配置，8 个子站分别安装于各地区对应 500kV 变电站（控制本地区可中断负荷），通过采集两段 500kV 母线 A 相电压来计算并监测频率，两套装置按双主方式运行。主要功能是将主站所辖终端负荷分 6 层级并分类上送至精控主站，接收精控主站切负荷层级命令，结合本站频率防误判据，切除对应层级负荷；具备接收主站负荷恢复层级命令，结合本地频率延时确认，向精控终端发送恢复负荷提醒。

每个精控终端可控制 8 路断路器，根据大用户终端断路器的数量，每个大用户终端站配置 1～2 台精控终端。装置模拟量输入：采集电压、电流，并计算有功、无功、功率因数、频率。状态量输入：至少 24 路采集开关状态等信号；跳闸信号输出（继电器空接点）：至少 8 路。合闸信号输出（继电器空接点）：至少 8 路。精控终端原理图如图 7-6 所示。

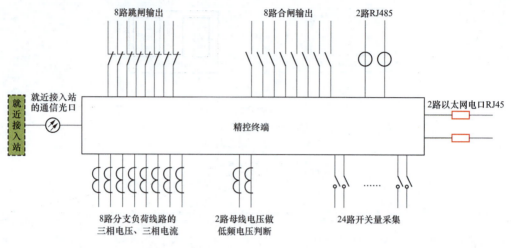

图 7-6　精控终端原理图

（二）频率协控总站功能

频率协控总站接收直流协控主站、抽蓄切泵主站及负荷控制主站的信息，监视各直流、抽蓄机组及负荷的实时运行状态。当发生直流故障时，根据直流损失量采取提升直流、切抽蓄电站泵工况机组及切负荷等措施。同时向其他频率协控总站发送运行状态信息。

（三）精控主站系统功能

精控主站柜间交换 8 个子站各层级负荷信息，实时比较本柜与另柜 8 个精控子站 6 个层级负荷量信息，取双套装置中数值大者上送至频率协控总站作为精控主站的决策依据。同时接收频率协控总站的切负荷总量，按照切负荷原则切除各子站所辖可中断负荷。

精控主站接收频率协控总站切负荷容量命令。在精控主站双套均正常时，A、B 套采用"二取一"原则，即精控主站第一（或第二）套收到任一总站切负荷命令后，根据就地频率判据进行防误判别后，计算确定子站应该切除的负荷层级和负荷量进行决策出口，向所辖精控子站发出切负荷命令。若本站频率防误判据不满足，则两套装置都不动作。

精控主站采用双重化配置，采集主站 500kV Ⅰ、Ⅱ母电压，实时监测系统频率。两套装置按双主方式运行。可实现的功能如下：

（1）远方精准切负荷：接收频率协控总站的远方切负荷命令，按"二取一"原则，结合就地频率防误判别后，计算确定各子站应该切除的负荷层级和负荷量，并向相关精控子站发出切负荷命令。

（2）就地精准切负荷：在未接入频率协控总站运行前，采用分别经精控主站和精控子站 500kV 母线就地低频判据"二取一"双确认原则。当频率低于整定值时，就地低频切负荷分 6 个延时逐级切除 6 个层级负荷直至系统频率恢复到整定值以上。

（3）可中断负荷汇集上送：计算 8 个精控子站的 6 层级可中断负荷总容量并上送至频率协控总站。

（4）可中断负荷量交互：两套装置通过通信交换 8 个子站各层级负荷信息，取两套装置中数值大者作为精控主站的决策依据。投入"A、B 套装置间互通压板"时，A、B 套装置间可中断负荷量交互。

（5）负荷恢复提醒：精控主站配置"负荷恢复提醒"操作按钮及"负荷恢复提醒"功能压板。在人工操作"负荷恢复提醒"时，经本地频率确认满足条件后，开放负荷恢复提醒功能，下发"负荷恢复提醒"信号至各精控子站。投入"负荷恢复提醒功能压板"时，上述功能投入。

（6）预置模式：投入"试验压板"，装置处于预置模式（试验模式）下，精控主站向精控子站发送预置切负荷命令，此时精控终端将不执行精控主站的切负荷命令，终端收到预置命令不实际出口，仅经过子站上送切负荷反馈信号至精控主站，以验证通道正常。

（四）精控子站系统功能

（1）执行精控主站远方切负荷：接收精控主站执行的频率协控系统切负荷层级命令，结合本站频率防误判据，切除对应层级负荷，按最少过切原则切除。同一启动周期内收到两次及以上切同一层级容量命令，则按照补切原则执行。

（2）执行精控主站就地切负荷：精控子站接收到精控主站下发的就地低频轮次命令，同时精控子站就地判出相同低频轮次，确认该低频轮次有效后切除相应层级的负荷。

（3）可中断负荷计算上送：将本站所辖精控终端可中断负荷分 6 个层级统计，并计算每个层级可中断负荷总量上送至精控主站。

（4）负荷恢复提醒：接收精控主站负荷恢复提醒信号，结合本地频率延时确认，经大用户接入装置向精控终端发送负荷恢复提醒信号。投入"负荷恢复提醒功能压板"时，上述功能投入。

（5）可中断负荷量交互功能：精控系统 8 个精控子站实时比较两套精控子站装置间 6 个层级负荷量信息，可中断负荷量取大值，确保两套装置的可中断负荷信息一致。投入"A、B 套装置间互通压板"时，A、B 套装置间可中断负荷量交互。

（6）预置模式：投入"试验压板"，装置处于预置模式（试验模式）下，精控子站向精控终端发送预置切负荷命令，此时精控终端将不执行精控主站的切负荷命令，终端收到预置命令不实际出口，仅向子站上送切负荷反馈信号，以验证通道正常。

（五）精控终端功能

（1）精控终端能对切负荷跳闸出口压板投退情况进行实时监视，并能送到上级控制子站，控制子站通过控制主站调度数据网送至浙江调度 D5000 系统，并转发至负控集中管理系统，在浙江调度 D5000 系统和负控集中管理系统上，实现远方监视各个大用户跳闸出口压板投退情况，防止大用户跳闸出口不投的行为，加强对大用户的监控。另外，还能根据大用户的跳闸出口压板投退情况，进一步优化切负荷控制策略，跳闸出口压板没有投入的负荷支路，可切负荷量统计不再统计在内，使得实施切负荷时更加精准，防止切负荷量控制措施不足，并可进行可切负荷量不足告警。

（2）精控终端应具备光纤接入硬件模块，实现与就近接入站的光纤通信，进行可切负荷量和装置运行信息及跳闸出口压板投退信息的上传；接收上级控制子站发来的控制命令实现毫秒级紧急切除负荷功能。

（3）精控终端具备就地低频切负荷功能，至少具有 6 个基本轮和 2 个特殊轮。

（4）精控终端应具备预置控制功能，控制子站通过带测试位的预置控制命令，实现对精控终端的远程批量验证测试而不影响大用户负荷支路的供电功能，实现大用户的即插即用时的测试。

（5）精控终端应具备动作事件记录功能。至少能保存 8 次装置切负荷的动作记录，以验证装置每次动作的正确性。

（6）精控终端可采集 8 回负荷支路的电压、电流，计算有功功率后上送控制子站。精控终端收到切负荷命令后，切除负荷线路；收到提醒负荷恢复命令后通过声光提醒用户自行恢复负荷。

（7）精控终端与就近接入站大用户接入装置通过专用光纤的方式进行通信。

二、精确负荷控制系统调试

精控装置的单体调试工作主要包括：①二次工作安全措施布置；②保护柜检查、清扫及装置外观接线检查；③压板检查；④屏蔽接地检查；⑤绝缘测试；⑥保护装置逆变电源测试；⑦通电初步检查；⑧开关量输入检查；⑨装置采样检查。

联调试验分为 A、B 套互校测试、主站—子站信息交互测试、终端—子站信息交互测试、远方切负荷策略验证、就地低频切负荷策略验证。

A、B 套互校测试：检查主站 A、B 套间，子站 A、B 套间通信状态；检查 A、B 套间传输可切负荷量的正确性。由于试验过程中，需操作退出相应通道压板，在各项试验完成后，需恢复通道压板，并确认通道正确性。

主站—子站信息交互测试：检查各子站上送主站可切负荷量信息是否正确；记录可切量时，需退出主站 A、B 套互通压板后再观察。本项试验完成后，需恢复通道压板，并确认通道正确性。

终端—子站信息交互测试：检查试验终端上送子站可切负荷量信息是否正确；检查试验终端上送子站校验码和出口压板状态是否正确。记录可切量时，需退出子站 A、B 套间互通压板后再观察。本项试验完成后，需恢复通道压板，并确认通道正确性。

远方切负荷策略验证：验证精准切负荷系统接入频率协控总站时的远方切负荷策略，检验主站，子站，终端的动作行为。本项试验内容，切负荷总量由模拟总站下发，系统可切负荷量使用试验终端接入的实际负荷，试验前需确认系统各装置间通信状态正常；确认可切负荷；确认所有终端跳闸、合闸出口软、硬压板均在退出位置；确认试验终端其优先级及负荷层级设置；确认主站、子站切负荷就地频率判据定值设置；确认未参加策略验证的终端已退出（退出子站侧至该终端通道压板，使其不参与切负荷逻辑）。

就地低频切负荷策略验证：验证精准切负荷系统在不接入频率协控总站时，系统的就地低频切负荷策略，检验主站、子站、终端的动作行为。本项试验内容，需在主站侧及子站侧使用继保测试仪模拟母线电压频率的下降过程，触发接地低频切负荷功能。试验前需做好主站侧，子站侧电压回路的安全措施（屏上试验使用的电压回路空气开关拉开，电压端子划开并用绝缘胶带包好），防止二次试验电压返送至一次侧及电压回路的短路。试验时在主、子站侧同步加量，模拟电压频率下降。

系统可切负荷量使用试验终端接入的实际负荷，试验前需确认所有终端跳闸、合闸出口软、硬压板均在退出位置；确认主站、子站侧试验电压回路已安全隔离；确认系统各装置间通信状态正常；确认可切负荷；确认试验终端负荷层级设置；确认主站、子站就地切负荷功能定值设置；确认未参加策略验证的终端已退出（退出子站侧至该终端通道压板，使其不参与切负荷逻辑）。

试验后需恢复电压回路的安全措施，并确认电压量正确接入主、子站。

三、精确负荷控制系统运行规定

精确负荷控制系统（包括精控主站、精控子站）由省调调度管辖，网调许可；大用户接入装置和精控终端由地、县（配）调调度管辖。

精确负荷控制系统在投入跳闸状态时，按照先投入精控主站、后投入 8 个精控子站的顺序操作；在由跳闸状态改为信号状态时，按照先退出 8 个精控子站、后退出精控主站的顺序操作。

精确负荷控制系统投退操作不涉及大用户接入装置和精控终端的状态变更。

精确负荷控制系统投入运行前，省调应与现场核对装置是否正常，并经网调许可省调将精确负荷控制系统投相应状态命令执行完毕后，省调应向网调汇报精确负荷控制系统运行状态。

集控当值监控员监控到精确负荷控制系统的动作情况，应立即汇报省调当值调度。当值调度应及时汇报网调，并通知精控主站、精控子站所在运维站运维人员，运维人员应及时对精控主站和精控子站装置进行就地检查并将详细动作情况汇报省调调度，省调当值调度将精确负荷控制系统详细动作情况汇报网调。

精确负荷控制系统精控主站、精控子站在未纳入集控集中监控前或者监控权限下放期间，由精控主站、精控子站装置所在变电站运维人员负责装置的运行监控。

省调在接到网调"中断负荷可恢复"通知后，应许可运维人员在精控主站装置上下发"负荷恢复提醒"命令，并通知相关地调，由地调通知地区营销。变电站运维人员在精控主站装置的人机交互界面下发"负荷恢复提醒"信号，经精控主站和精控子站就地低频判据校核无误后，通过大用户接入装置发至各动作精控终端，精控终端收到信号后发提醒信息。

精确负荷控制系统发生故障或异常时，现场运维人员应按现场规定处理，并应立即向设备所属调度值班员汇报，同时通知集控当值监控员。

精确负荷控制系统精控主站、精控子站装置中的任何一套因故障或检修单独退出运行，不影响精确负荷控制系统的功能。第一套（第二套）精控主站故障或者检修时，所对应的第一套（第二套）8 个精控子站需退出运行。

精确负荷控制系统精控主站（精控子站）第一、二套间通信故障时，双套装置不再交互可切量，现场运维人员应向省调当值调度汇报异常情况，并向省调申请退出两套装置间互通压板，同时通知集控当值监控员，由省调当值调度许可现场运维人员退出第一、二套装置间互通压板。

精确负荷控制系统精控主站至精控子站的两个通道同时发生故障，该子站装置立即闭锁，省调发令将该精控子站的两套装置改信号，现场运维人员应尽快恢复精控主站至精控子站的通道通信，保证可切负荷量满足系统的需求。

精确负荷控制系统某个精控子站的单套装置至某一大用户接入装置的通道发生故障，系统仍然可以正常投运。当出现某个精控子站的两套装置与某个大用户接入装置的通道同时发生故障时，可切负荷量会相应减少，运维人员应及时检查通道异常的原因，尽快恢复，保证可切负荷量满足系统的需求。

精确负荷控制系统精控主站和精控子站就地低频判据分别检测装置所在变电站 500kV 两段母线频率，当由于 TV 断线导致两段母线频率均越限时，装置闭锁切负荷功能。现场运维人员应向省调当值调度申请将闭锁的装置改信号后处理。

精确负荷控制系统大用户接入装置、精控终端的运行管理规定由所辖地市公司调控中心和地区营销部门拟定。

四、精确负荷控制系统缺陷处理

（一）处理原则

精确负荷控制系统发生故障或异常时，现场运维人员应按现场规定处理，并应立即向设备所辖调度值班员汇报，同时通知当值监控员。

精确负荷控制系统精控主站、精控子站装置中的任何一套因故障或检修单独退出运行，不应影响精确负荷控制系统的功能。A 套（B 套）精控主站故障或者检修时，所对应的 A 套（B 套）8 个精控子站需退出运行。

精确负荷控制系统精控主站（精控子站）A、B 套间通信故障时，双套装置不再交互可切负荷量，现场运维人员应向当值所辖调度汇报异常情况，并向调度申请退出两套装置间互通压板，同时通知当值监控员，由当值所辖调度许可现场运维人员退出 A、B 套装置间互通压板。

精控主站至精控子站的两个通道同时发生故障，该子站装置立即闭锁，所辖调度发令将该精控子站的两套装置改信号，现场运维人员应尽快恢复精控主站至精控子站的通道通信，保证可切负荷量满足系统的需求。

精确负荷控制系统某个精控子站的单套装置至某一大用户接入装置的通道发生故障，系统仍然可以正常投运。当出现某个精控子站的两套装置与某个大用户接入装置的通道同时发生故障时，可切负荷量会相应减少，运维人员应及时检查通道异常的原因，尽快恢复，保证可切负荷量满足系统的需求。

精确负荷控制系统精控主站和精控子站就地低频判据分别检测装置所在变电站 500kV 两段母线频率，当由于 TV 断线导致两段母线频率均越限时，装置闭锁切负荷功能。现场运维人员应向当值所辖调度申请将闭锁的装置改信号后处理。

（二）典型异常

1. 电压采样异常

（1）检查流程：

1）用万用表检查装置背板接线电压是否正常。

2）若不正常，为外回路问题，对外回路进一步检查消缺。

3）若正常，可判定为采样插件故障，需更换采样插件。

（2）风险点分析：

1）采样数据异常影响精确负荷控制系统逻辑判断，可能造成精控系统误动。

2）更换采样板引起电压回路短路。

3）误切负荷。

（3）安全措施：

1）对精确负荷控制系统装置的出口回路进行隔离。

2）退出对侧厂站相应的通信压板。

（4）处理流程：

1）办理工作票、申请退出对应精确负荷控制系统装置，并退出对侧厂站相应的通信压板。

2）对运行的电流回路进行可靠短接，划开电压电流回路端子并将运行侧进行隔离。

3）退出精确负荷控制系统装置的出口回路。

4）对精确负荷控制系统装置断电。

5）更换采样插件。

6）对精确负荷控制系统装置上电，并对该采样插件相关的采样量进行测试，对精度进行调整。

7）恢复电压回路安措，检查精确负荷控制系统装置采样是否正确。

8）测量出口回路电压正确并恢复安措。

9）工作票终结，汇报调度精确负荷控制系统装置恢复运行。

2. 通道异常

（1）检查流程：

1）用光功率计检查装置收发功率是否正常。

2）若不正常，则为通信插件故障，需更换通信插件。

3）若正常，可判定为外部通道异常，对外回路进一步检查消缺。

（2）风险点分析：

1）本套安全稳定装置功能失去。

2）误切负荷。

（3）安全措施：

1）对精确负荷控制系统装置的出口回路进行隔离。

2）退出对侧厂站相应的通信压板。

（4）处理流程：

1）办理工作票，申请退出对应精确负荷控制系统装置，并退出对侧厂站相应的通信压板。

2）退出精确负荷控制系统装置的出口回路。

3）查明原因，更换异常通信插件、通道光纤或通信设备。

4）检查精确负荷控制系统装置通道延时、误码是否在规定范围内。

5）测量出口回路电压，正确后恢复安措。

第八章　故障录波装置和保护信息子站

电力系统发生故障时，继电保护装置产生的事件和录波信息、故障录波装置记录产生的录波信息，是判断系统故障性质和继电保护装置动作行为的重要信息源。

为分析电力系统事故和安全自动装置在事故过程中的动作情况，以及为迅速判定线路故障点的位置，在500kV变电站中应设有故障录波装置和保护信息子站。故障录波装置用来记录电力系统稳态过程和暂态过程。保护信息子站负责与站内接入的继电保护装置进行通信，完成规约转换和信息收集、处理、控制、存储。

故障录波装置和保护信息子站均接入继电保护故障信息系统，按要求向主站发送继电保护故障信息。该系统由安装在调度端的主站系统、安装在厂站端的子站系统和供信息传输用的电力系统通信网络及接口设备构成，能够完成故障信息收集、处理、控制、存储和发送，并能将信息向其他系统传送。

第一节　继电保护故障信息系统

一、继电保护故障信息系统的要求

（一）基本要求

继电保护故障信息系统的功能定位在于对电网保护动作和运行状态信息的收集与处理，并对保护装置的动作行为进行详细分析，是继电保护人员、调度人员等其他人员快速分析、判断保护动作行为和处理电网事故的技术支持系统。

系统整体设计应符合电力系统安全要求，不能影响电力系统一、二次设备的正常运行。系统硬件和有关的接口设备技术性能指标符合国际工业标准，并能充分满足故障信息采集、管理和分析应用的功能要求和业务范围内的特殊功能要求。软件应建立在统一而完整的数据库平台上，通过数据库接口软件和用户接口软件在统一的图形界面和用户浏览器窗口下进行集中的数据库管理、实现各种计算、统计分析和管理功能。

在进行系统结构设计时，应预留标准数据访问网络接口，以便以后为其他系统提供数据发布和资源共享。本系统因规模扩大需要增加设备、软硬件升级需要更新时，应能满足该系统在线过渡和升级，即软硬件的变更不能影响系统正常运行，至少应满足无损过渡和升级，不得造成实时信息及历史信息发生不可修复的更改、缺失、毁灭。

在系统正常运行期间，主站的任何故障均不应引起各子站及子站所连接保护装置的误动作。系统应具备系统运行工况监视的功能，如网络出现通信不正常问题应给出提示信息，对系统异常具备自恢复能力。

（二）网络结构要求

1. 信息传输与处理

继电保护故障信息系统所传输的信息必须符合 Q/GDW 273—2009《继电保护故障信息处理系统技术规范》中继电保护故障信息处理系统主—子站系统通信规范的格式和传输规约的要求。

500kV 变电站内的保护信息子站装置和故障录波装置应能同时向网调主站、省调主站和地调主站等多个主站传送信息。对于不同级别主站应能根据要求进行所需信息的定制。

继电保护故障信息系统能将筛选后清晰简单的故障信息送到调度台，以便调度员快速分析、判断事故，并能以 Web 发布方式将整理过的故障信息在 Web 服务器上发布，供其他部门和人员查询。所有故障录波文件应以 COMTRADE 格式存储及传输。

继电保护故障信息系统一次接线图可以直接采用主站系统绘制的一次接线图，也可以采用直接召唤方式从保护信息子站获取 500kV 厂站一次接线图。

2. 系统安全分区和防护

继电保护故障信息主站系统位于安全防护 II 区。500kV 变电站内故障录波装置和保护信息子站装置均位于安全防护 II 区。对于安全 I 区的继电保护装置，不允许通过网络口直接连接到保护信息子站，必须采取逻辑隔离措施方可接入。

故障录波装置和保护信息子站装置可以直接接入安全 II 区非实时交换机，以 Windows 为操作系统的装置在接入时需满足数据网关于安全防护的规定。

3. 双重冗余组网方式

在条件允许的情况下，主站系统推荐采用双重化的冗余配置。推荐使用数据库服务器、通信服务器、工作站、打印机和网络都双重化的配置，推荐的组网方式如图 8-1 所示。主站系统通过逻辑隔离措施将数据镜像到对端的镜像服务器上，由镜像服务器负责和其他系统进行通信，也可以使用串口的方式直接和主站系统通信交换数据。

4. 内、外网隔离

继电保护故障信息处理系统主站使用电力系统专用的逻辑隔离措施对内、外网数据通信进行隔离，主站数据可以单向通过逻辑隔离措施以 Web 形式对外网发布，外网无法连接主站系统内部各个环节，保证主站系统的安全性。

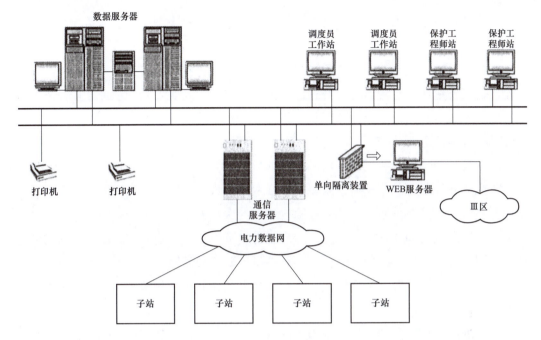

图 8-1　双重冗余推荐组网方式（双数据服务器+双通信服务器+双网）结构

（三）保护信息主站功能要求

1. 子站信息接入

220kV 及以上电压等级变电站的子站系统分别接入省调主站及地调主站，500kV 及以上电压等级变电站的子站系统还应接入网调主站。当厂站端保护信息子站收到接入保护装置传来的保护事件、异常及开关量变位时，将分别向省调主站和地调主站转发信息。

主站系统应具备良好的可扩展性和易维护性，能同时连接多个不同厂家的不同子站。变电站信息配置工作可以根据实际情况在子站或在主站完成。配置信息应符合 Q/GDW 273—2009《继电保护故障信息处理系统技术规范》中继电保护故障信息处理系统主—子站系统通信规范的要求。保护信息主站在子站接入主站时应严格按照通信规范中的要求，对保护配置和一、二次设备建模结果进行审核，包括各个保护信息点号的核对，模型配置中一、二次设备命名的规范性与正确性，配置信息与现场实际情况是否相符等。对设备的命名描述统一参照 NB/T 42088—2016《继电保护信息系统子站技术规范》进行。

2. 运行监视

（1）电网运行监视。

主站系统收到来自子站的事件信息，支持分层、分类、分级告警，用户能够按装置和事件类型设置是否告警及告警方式，告警方式包括图形闪烁、推事故画面、语音报警、音响报警、入历史事件库、入实时告警窗等多种处理手段。提供故障简报告警。

分层告警：当电网发生故障时，在地理图上反映发生故障的厂站/线路，厂站/线路图标闪烁告警。进入厂站接线图后，接线图上发生故障的元件和保护图标闪烁告警。

分类告警：可以根据保护信息类型显示告警，保护信息类型一般可分为保护告警、保护动作、保护自检、故障简报、故障波形等。

分级告警：可以根据子站对于保护信息分级后的优先等级告警。

实现运行情况统计、异常情况统计、故障情况统计以及其他数据统计功能。支持多种查询方式访问统计结果。以报表形式显示统计分析结果。

（2）在线故障分析功能。

当电网发生故障时，收到的各子站上传的故障信息实时地在监视画面上显示，以图形画面方式或语音提示方式推出事故报警提示和故障简报。

主站系统的故障事件整理功能将故障时的单台保护的事件信息、录波信息进行关联整合，形成单装置级的动作报告，动作报告应包括以下内容：保护名称、故障绝对时间、故障相别、测距信息、保护事件信息序列，每条事件信息的相对时间、每条事件信息的故障参数（阻抗值、故障电流、故障电压等）、启动前开入量状态和压板状态、动作中开入量变位状态、保护的录波波形等。

根据故障时动作的多套保护产生的信息内容应整理出相应于一次故障的故障简报，以线路故障为例，故障简报内容应包括变电站名称、故障线路、故障时间、故障相别、重合闸是否成功等，还应包括此站内每套相关保护的动作简报，包括保护的所有动作元件、测距等信息。

整合故障时录波联网系统采集的数据，包括录波简报和录波文件，录波简报包括变电站名称、录波器名称、故障间隔、录波起始时间、故障时刻、故障类型、跳闸相别、故障位置、故障范围、重合闸是否成功、故障最大电流、故障最小电压等信息，录波文件应符合 COMTRADE99 标准。

根据上述信息形成此次故障的完整故障报告，完整故障报告应包含以下信息：故障简报、所有动作的保护装置的保护动作报告、相应站内集中录波器的录波简报等。

所有的故障信息均应以故障为索引记录至主站系统数据库供以后检索。

（3）设备信息监视。

正常情况下，对各子站端的继电保护装置的运行状况和整定参数进行监测，对运行设备的参数进行查询。监视操作可以采用图形导航方式、目录检索方式。

主站系统能显示电网带有保护配置的一次接线图，并根据需要显示地理接线图、通信状态图，图元外观符合国家标准或得到用户认可，能在图形界面上方便地查看一、二次设备的属性，特别是保护和录波装置要求能查看其能提供的所有准实时和历史数据，能召唤装置内的信息，能提供方便的图模一体化的绘图建模工具，能支持图形描述文件的导入导出。

对子站系统的操作命令（如数据库操作、用户管理等）以方便、简捷的形式实现。

对具体装置的操作：用户选择保护装置或故障录波装置图标可以给出操作类型选项提

示，操作类型应包括对该套装置和其在数据库的信息操作的各种命令。

对数据库信息的查询：至少支持以树型目录分类方式显示信息（录波文件、动作报告、装置参数等）。提供可由用户组合的查询条件模块。树型结构可以采用"省调→地调→变电站→间隔→二次设备"的完整或部分结构。

3. 通信状态监视

可实时监视子站通信数据。自动显示与各子站的通信状况，记录至数据库。子站通信状态有变化以告警形式提示用户，提示信息应包括时间、装置名称、通信变位描述等，子站画面中相应的图元也应有明显变位提示。

能够对站内保护装置通信异常给出告警提示，提示信息应包括时间、装置名称、通信变位描述等，装置画面中相应的图元应有明显的变位提示，变位信息也应记录至数据库。

以上两类告警信息应与保护装置本身的装置告警信息相区别，不能混淆。

（四）录波主站功能要求

1. 录波装置接入

220kV 及以上电压等级变电站内的故障录波装置信息直接接入省调主站及地调主站录波通信服务器。录波设备建模和通信调试必须严格按照 Q/GDW 10976—2017《电力系统动态记录装置技术规范》的规定执行。录波装置接入主站前，必须通过与主站系统的一致性测试。

2. 故障分析

主站系统根据变电站故障录波装置记录的故障录波数据和实际故障线路的物理参数、录波装置数据通道和线路的对应关系，离线地进行故障选线、故障选相。

主站系统能够利用接收到的故障录波装置录波数据，自动或手动完成单端和双端测距计算。

（1）故障信息归档。

系统接收各录波装置主动上送的故障简报信息，实时记录至主站数据库，作为历史数据供查询。故障录波装置记录的录波数据，应保存在变电站内的录波装置管理机内，由主站根据需要调取。为提高波形传送效率，系统应具有断点续传功能。

主站系统能够对接收到的信息按同一次故障进行准实时的自动归档，形成事故报告并将结果存档，归档内容包括故障时间、故障元件、故障类型、保护动作事件报告和录波报告、重合情况及故障录波装置录波报告等。事故报告内容包括故障时间、故障元件、故障类型、保护动作情况、重合情况及故障距离等。可以按时间、故障元件查询已归档的汇总结果、事故报告。

（2）波形分析。

在主站端可以对调取成功的录波数据进行各种故障分析。包括根据采样点绘曲线图、相量图的绘制、阻抗轨迹绘制、序分量的计算、序分量功率及方向的计算、谐波分析等功能。

能从故障录波信息中智能提取故障起始时间、故障持续时间、故障相别、故障类型、故障前后相量等故障简况，能识别多重故障，在重负荷线路、含互感线路、长线路、带过渡电阻接地、系统振荡、区外故障等情况下均能正确识别故障类型。

录波文件应为标准格式的 COMTRADE 文件，通道的排列、颜色可由用户选择设置，能够进行波形显示、波形同步、波形测量、波形峰值查找、波形突变查找、谐波分析、相量分析、序分量分析等，自由设置显示通道及时间段，时间坐标可无极缩放，每个通道的幅值坐标可独立无极缩放，提供方便的用户自定义函数功能，利用故障时的模拟量通过公式生成器拟合成新的量，并可对新生成的量进行分析。

二、继电保护故障信息系统的网络结构

继电保护故障信息系统是一个对电力系统继电保护装置信息、录波装置信息进行采集、传输、处理、分析的分布式、准实时系统。系统主要为调度、继保等专业人员进行运行分析和故障分析服务，系统结构应满足实现此需求，具体系统结构参见图 8-2。整个系统由设在网调、省调、地调的主站端服务器群（主站系统）和变电站、发电厂端的保护信息子站和故障录波装置（子站系统），通过电力数据网组成。系统分为保护信息系统和录波联网系统两大部分，两个系统分别单独组网，在主站端对两个独立系统的数据进行整合。

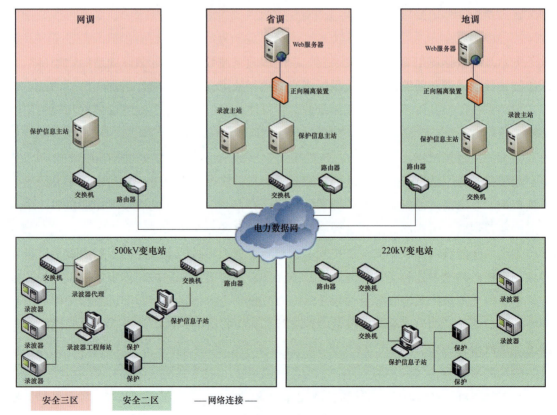

图 8-2　继电保护故障信息系统结构

（一）电力调度数据网

继电保护故障信息系统的子站端与主站端间的通信建立在电力调度数据网基础之上，需要理解继电保护故障信息系统各设备间的连接关系，必须对电力调度数据网有一定的了解。电力调度数据网采用 IP 路由交换设备组网，采用 IP over SDH 技术体制。网络架构采用层次化设计，分为核心层、汇聚层和接入层三层。接入层的接入节点位于各变电站内，即变电站电力数据网屏或调度数据网屏。网络中传输的业务按照安全等级进行横向隔离、纵向分层，划分为安全 I 区和安全 II 区。安全 I 区承载实时数据传输和控制业务，安全 II 区承载准实时和非实时信息，包括电能计量及继电保护故障信息等。安全 III 区处理非实时信息，如 I 、 II 区的 Web，便于办公网的计算机访问。网络纵向分为网调数据网和省级数据网两大级，即二级网、三级网，各 220kV 变电站接入节点网络属于三级网，500kV 变电站接入节点属于二级网。

（二）主站网络结构

主站系统的硬件配置可根据系统安全和接入数据要求采用不同配置，但必须能够满足信息采集和整理的稳定性和可靠性的要求。主站典型的硬件配置可参见图 8-3 和图 8-4，主站系统具体实施过程中根据数据业务量和功能分配可以增加或减少若干硬件，但必须符合控制区和管理区之间正向隔离的要求，以保证系统的安全性。

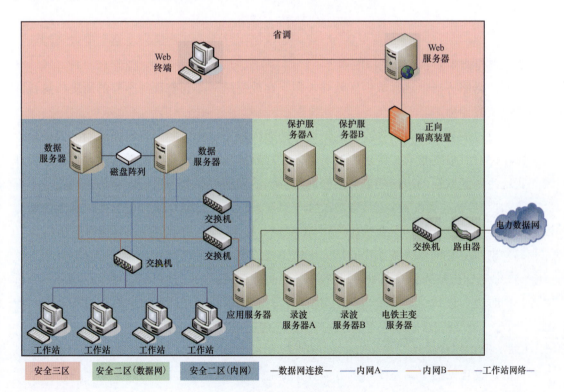

图 8-3　省调主站系统结构

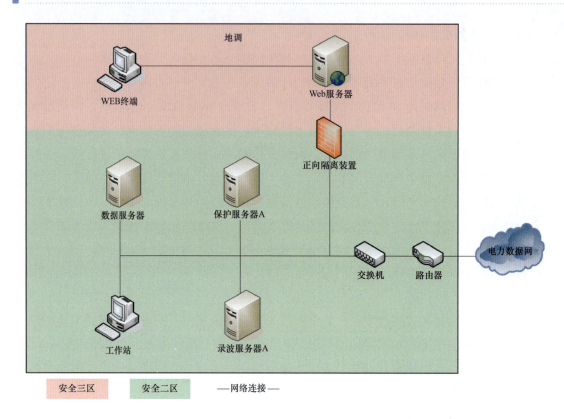

图 8-4 地调主站系统结构

图 8-3 和图 8-4 中各硬件功能如下：

（1）数据服务器上运行数据库软件，用来存放系统采集和整理的所有的历史信息，并具备系统恢复能力。

（2）应用服务器运行向客户端提供服务的应用程序，实现对所有数据及功能的权限管理、操作控制、信息整理、维护与发布管理；并且还承担将控制区的数据单向传送给管理区，实现两区间数据同步的任务，两区间的数据流向应遵循电力系统安全防护规范，不可反向流入控制区。应用服务包括各种故障信息管理软件、故障信息分析软件，并为以后与控制区的其他支撑系统和专业系统（如 SCADA、EMS 等）的信息交互预留网络接口。

（3）电铁主变压器服务器用于接入电铁主变压器录波数据。

（4）继电保护故障信息 Web 服务器系统负责向管理区的直接用户提供专业信息和分析服务，同时也向公共用户发布相关发布信息，管理区的实时信息和非实时信息应基本与控制区一致。

（三）子站网络结构

目前，变电站内子站系统可以分为保护信息子站和故障录波子站，子站系统将变电站内各微机保护装置、故障录波装置组网。微机保护由保护管理单元统一管理，保护信息经保护管理单元处理后，接入电力数据网发往省调主站或地调主站。故障录波装置经交换机组网后，接入电力数据网发往省调主站或地调主站。

1. 故障录波子站

在早期变电站网络结构中，故障录波装置是接入保护信息子站中再将数据发往主站的。现在这种结构已逐渐淘汰，站内的录波装置独立组建专有的录波网络，通过交换机直接接入电力数据网，将数据直接发送至主站，不再通过保护信息子站中转，在网络结构上与保护信息子站相互独立。站内不同电压等级的故障录波装置均统一接入Ⅱ区站控层交换机，相关网络结构如图 8-5 所示。

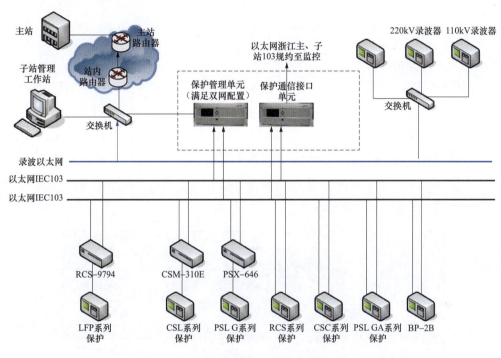

图 8-5 典型子站网络结构

2. 保护信息子站

保护信息子站组网应满足双网结构，通过以太网 103 规约接入保护管理单元。对于原有利用串口 103 方式组网的已建成子站，保持原有接入方式，不作变更。保护管理单元要求使用嵌入式装置，满足双网配置。变电站本地的子站管理工作站统一接收子站各种信息，满足本地管理和监视需求。整个子站系统网络结构清晰，并预留监控系统获得数据的网络接口。具体网络结构如图 8-5 所示。

（四）至网调主站数据流向

网调和省调接入的数据业务相同，网调主站需接入 500kV 变电站中 220kV 及以上电压等级的保护信息和录波信息。至网调主站的信息流向如图 8-6 所示。其中，220kV 及以上电压等级保护信息和录波信息→站内二级网路由器（L1）→网调端二级网路由器（L2）→网调主站。

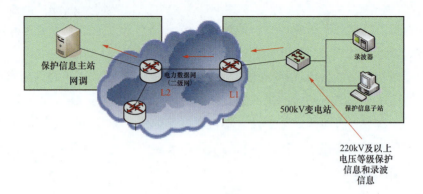

图 8-6　至网调主站信息流

（五）至省调主站数据流向

根据电力系统典型分层结构，省调和地调对不同电压等级的变电站控制和监视是严格按照分层分级管理的。

省调主站需接入 500kV 变电站中 220kV 及以上电压等级的保护信息和录波信息。至省调主站的信息流向如图 8-7 所示。其中，220kV 及以上电压等级保护信息和录波信息→站内二级网路由器（L1）→网调端二级网路由器（L2）→省调端二级网路由器（L3）→省调端三级网路由器（L4）→省调主站。

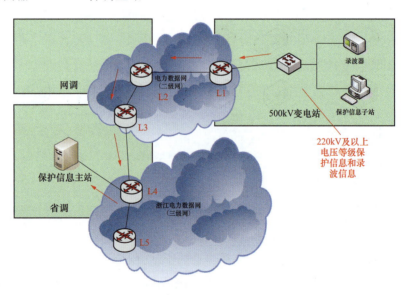

图 8-7　至省调主站信息流

（六）至地调主站数据流向

随着 500kV 变电站下放至各个地市公司，500kV 变电站中所有电压等级数据均需送至地调，而原先送至省调的数据则保持不变。

原先地调主站只需接入 500kV 变电站中 220kV 及以下电压等级的保护信息和录波信

息，但随着 500kV 变电站的下放，站内 220kV 以上电压等级的保护信息和录波信息也需要接入地调主站中。至地调主站的信息流如图 8-8 所示。其中，全站保护信息和录波信息→站内二级网路由器（L1）→网调端二级网路由器（L2）→省调端二级网路由器（L3）→省调端三级网路由器（L4）→地调端三级网路由器（L5）→地调端四级网路由器（L6）→地调主站。

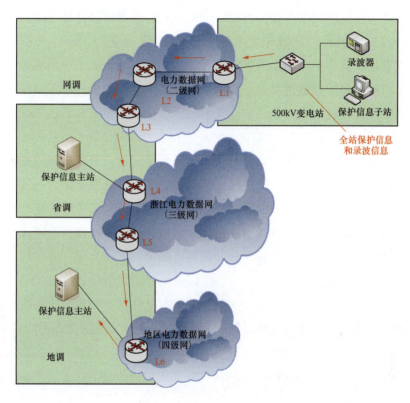

图 8-8　至地调主站信息流

第二节　故障录波装置和保护信息子站的配置

一、故障录波装置的要求

（一）一般要求

故障录波装置的额定电气参数、准确度、变差、配线端子要求、电磁兼容及绝缘性能等一般技术要求需满足 Q/GDW 10976—2017《电力系统动态记录装置技术规范》中 5 的要求。

故障录波装置应采用装置化的嵌入式结构及嵌入式操作系统，应采用非 Windows 操作系统。录波装置的工作单元应配有足够的、失电不丢失数据的存储单元，其录波及向外传送信息应不依靠带有转动硬盘的工控机或类似装置。故障录波装置能够接收标准时间同步信号，优先采用 IRIG-B 信号。

（二）功能要求

1. 功能单元

故障录波装置宜由数据采集单元、数据处理单元和管理单元三部分组成。

数据采集单元应能适应下列接入方式：①交、直流模拟量和开关量的接入；②数字信号的接入（SV 和 GOOSE）；③装置可采用模拟和数字混合接入。

数据处理单元应具备触发记录数据和连续记录数据的功能，应能备份存储不少于 200 次的电网故障的触发记录全通道文件。对于触发记录，装置的采样率不小于 4000Hz。

管理单元应能就地调取触发记录和连续记录的数据，并显示分析结果。

2. 数据记录

装置的数据记录方式分为连续数据记录和触发数据记录。两种记录形成的数据文件应分别命名储存，两种数据记录格式应符合 COMTRADE 文件的规定，以方便与其他故障分析设备交换数据。对于有电网故障的触发记录文件应能将故障间隔的相关通道（包括电压、电流、开关量等）提取出来形成分通道文件上送。对于 3/2 断路器接线方式，当装置接入的是分开关电流时，分通道文件应保存分开关电流通道。

触发记录全通道文件、分通道文件和连续记录文件均应至少包含 DL/T 553—2013《电力系统动态记录装置通用技术条件》中规定的 CFG、DAT、DMF 三种文件，包含故障的触发记录全通道文件、分通道文件同时应包含 HDR 文件，文件后缀名不应大小写混合。

连续数据的记录应采用非故障启动的连续记录方式，对采集通道的数据应进行连续记录。数据记录频率不应小于 1000Hz，数据存储时间不应小于 7 天。上送主站的连续记录单个文件时长不宜超过 2min。

当电网有大扰动时，装置应自动启动进入暂态记录过程。其中，A 时段记录大扰动开始前的状态数据，输出原始记录波形及有效值，记录时间可整定，装置可整定范围不小于 0.1s；B 时段记录大扰动后的状态数据，输出原始记录波形及有效值，记录时间可整定，装置可整定范围不小于 3s。A、B 段数据记录采样频率不应小于 4000Hz。

3. 触发条件

故障录波装置触发记录的启动判据应包括：电压突变启动、电压越限启动、负序电压越限启动、零序电压越限启动、谐波电压启动、电流突变启动、电流越限启动、负序电流越限启动、零序电流越限启动、频率越限启动、零序电压突变启动、零序电流突变启动、过励磁启动、直流电源电压突变启动、开关量变位启动、手动和远方启动。

4. 数据分析

故障录波装置的分析软件应具有信号合并功能，可生成自产零序波形、3/2 断路器接线和电流波形。

基础分析功能：应包括记录数据波形的显示、缩放、还原、叠加、标注等分析功能；显示开关量变位、通道参数等记录数据的相关功能；谐波分析、序分量分析、向量分析、频率分析、功率分析（有功功率、无功功率、功率因数）、阻抗分析、非周期分量分析等分析功能。

打印功能：可选择通道、时间段进行打印，可压缩打印。

基于 CFG、DAT 和 DMF 文件的高级分析功能：应包括显示启动元件、启动时间的启动原因分析功能；对记录数据配置参数的显示功能；对记录数据进行故障分析和线路测距的功能；变压器差流分析、过励分析功能。

装置宜具有原始报文分析功能：主要包括 SV、GOOSE 报文解析；SV、GOOSE 时序检查；SV 波形还原；GOOSE 事件序列展示；SV 双 A/D 偏差分析；SV 发送均匀度分析；端口流量分析；报文分类；异常定位；特征检索；导入 SCD 并能自动关联对象。

故障录波装置应具备对 25 次及以下谐波的分析功能。

故障录波装置应具有文件过滤功能，即自动判断录波文件为故障启动还是非故障启动，并且可以按配置要求仅将由故障启动的录波文件自动发送到主站端。

5. 定值整定

故障录波装置的定值分为设备参数定值、录波参数定值、间隔定值、频率定值。一次元件参数分为线路参数、变压器参数。

6. 数据远传

故障录波装置应具有远传功能，要带有两个独立的网口以能配置两个不同网段的 IP 地址，应能支持多用户同时通过以太网访问故障录波装置。故障录波装置应配置至少四个独立的网口，以组成相互独立的录波网分别向网调、省调、地调和就地继电保护故障信息子站系统传送故障录波信息。

二、故障录波装置的配置原则

500kV 厂站内 220kV 及以上电气模拟量必须接入故障录波装置，保护装置与通道设备的输入输出联系、分相和三相跳闸、启动失灵、启动重合、合闸、远跳、断路器位置等均应按开关量接入故障录波装置。

为采集和方便分析，宜将同间隔、同串、同段母线等紧密关联的模拟量信号（SV）和开关量信号（GOOSE）记录在同一台故障录波装置中，允许不同装置重复记录同一信号。

交流电流量应采用保护级电流互感器二次绕组。无独立录波绕组时应串接在保护装置回路的末级。500kV 故障录波装置电流回路不应跨小室配置。

故障录波装置应记录继电保护装置、安全自动装置、测控装置、操作箱及智能终端等的开关量信号。从断路器机构引取断路器辅助接点作为断路器位置开入，开关量应采用直流 220V 或 110V 强电开入。从智能终端引取 GOOSE 开关量，包括智能终端跳合闸出口的硬接点信号。

500kV 智能变电站故障录波装置宜按双重化配置。500kV 智能变电站采样值传输可采用网络方式或点对点方式。

故障录波装置应具备独立组网和通信管理功能，录波数据应能直接传送至主站端。

（一）母线故障录波装置

500kV 变电站采用 3/2 断路器接线时，应单独配置母线故障录波装置。用于采集母线电压模拟量和母线保护动作、失灵经母线保护跳闸等开关量。

母线故障录波装置接入全站边断路器电流和母线电压，电流取自第二套母差保护后。

模拟量（SV）信号记录包括：①各段母线电压 U_a；②边断路器电流 I_a、I_b、I_c、$3I_0$；③变电站内各组保护用直流电源母线正对地和负对地的直流电源电压量。

开关量（GOOSE）信号记录包括：①母线保护；②差动动作；③失灵经母线保护跳闸（适用于 3/2 断路器接线）。

（二）主变压器故障录波装置

500kV 变电站具有主变压器专用小室的应配置独立的录波装置，最多可以将两台主变压器接入到同一台故障录波装置。主变压器与线路处于同一小室的，每个线路主变压器串配置一台录波装置。500kV 3/2 断路器接线方式下，主变压器单断路器直接接于母线，该主变压器单独配置一台故障录波装置。

对于 3/2 断路器接线，主变压器故障录波装置需采集主变压器的 500kV 侧 4 个电流量和 4 个电压量，220kV 侧的 4 个电流量和 4 个电压量，低压侧的 4 个相电压和 A、B、C 三个相电流（如果录波装置使用单独的 TA 二次侧，则接入故障录波装置的电流采用星形接线形式，否则，接入故障录波装置的电流与进入主变压器大差动保护的电流取自同一个 TA 二次侧，即仅录取线电流），剩余一个电流通道接入主变压器中性点零流。此外还需采集各断路器位置、保护动作、电气量保护和非电气量保护跳闸信号等开关量。

主变压器故障录波装置模拟量电流采用主变压器套管 TA，原则上主变压器差动保护电流回路后不接故障录波装置。

模拟量（SV）信号记录包括：

（1）各段母线电压 U_a、U_b、U_c、$3U_0$（3/2 断路器接线仅采集单相母线电压 U_a）；

（2）各间隔电压 U_a、U_b、U_c、$3U_0$；

（3）变压器各侧绕组（含自耦变公共绕组）分支电流 I_a、I_b、I_c、$3I_0$；

（4）变压器各侧中性点零序电流，间隙电流 I_0、I_j；

（5）双断路器接线的各断路器电流 I_a、I_b、I_c、$3I_0$；

（6）变电站内各组保护用直流电源母线正对地和负对地的直流电源电压量。

开关量（GOOSE）信号记录包括：

（1）变压器保护：跳相关侧断路器；作用于跳闸的非电量保护动作；启动失灵联跳。

（2）断路器保护：三相跳闸；失灵保护动作；闭锁重合闸信号。

（3）操作箱：三相跳闸。

（4）智能终端：三相跳闸；三相跳闸反校；双点断路器位置。

（5）相关一次设备的断路器位置。

（三）线路故障录波装置

对于 3/2 断路器接线方式，线路故障录波装置交流电流量应采集线路的 4 个电流量（3 个相电流和零序电流，若线路保护采用分电流接入则为 8 个电流量）和线路电压互感器的 4 个电压量（3 个相电压和零序电压）。对于双母线接线方式，线路故障录波装置除采集间隔交流电流量外还应记录相应的母线电压。此外还需采集各断路器位置、保护动作、重合闸动作、分相跳闸信号等开关量。

线路故障录波装置模拟量电流与第二套线路保护共用一组 TA 二次侧。3/2 断路器接线方式下，若线路保护电流为分电流接入，故障录波装置也应满足分电流接入的条件。同时要求故障录波装置独立采集中间断路器电流（接在断路器保护后）。如同串主变压器和线路分接两台故障录波装置，则将中间断路器电流接入到线路故障录波装置。

模拟量（SV）信号记录包括：

（1）各段母线电压 U_a、U_b、U_c、$3U_0$（3/2 断路器接线仅采集单相母线电压 U_a）；

（2）各间隔电压 U_a、U_b、U_c、$3U_0$；

（3）线路间隔电流 I_a、I_b、I_c、$3I_0$；

（4）双断路器接线的各断路器电流 I_a、I_b、I_c、$3I_0$；

（5）变电站内各组保护用直流电源母线正对地和负对地的直流电源电压量。

开关量（GOOSE）信号记录包括：

（1）线路保护：分相跳闸；重合闸动作（适用于集成重合闸功能）；启动远跳。

（2）断路器保护：分相跳闸；失灵保护动作；重合闸动作；闭锁重合闸信号。

（3）操作箱：分相跳闸；合闸。

（4）智能终端：分相跳闸；合闸；分相跳闸反校；合闸反校；双点断路器位置。

（5）相关一次设备的断路器位置。

三、保护信息子站的要求

（一）一般要求

保护信息子站的绝缘性能、机械性能、电磁兼容和环境影响等应符合 NB/T 42088—2016《继电保护信息系统子站技术规范》中 4.8～4.15 的要求。

（二）功能要求

1. 基本功能

保护信息子站是安装在厂站端负责与站内接入的继电保护装置进行通信，完成规约转换和信息收集、处理、控制、存储，并按要求向主站系统发送信息的硬件及软件系统。

保护信息子站硬件可配置主机、网络交换机、数据存储设备、保护管理单元、通信管理设备、网络隔离设备、对时接口设备、维护工作站及其他附属设备。保护信息子站应保证接入设备的退出或故障不应影响子站系统与其他设备的正常通信。新设备的接入不应改变现存的网络结构，不影响其他设备的正常运行。保护信息子站应支持 IRIG-B 码、脉冲等对时方式，优先采用 IRIG-B 码对时。对时精度的误差应不大于 1ms，应配套配置子站信息管理、查询软件，支持配置信息、日志记录的查看、检索及分类统计。子站系统本身的任何异常或与保护装置的通信异常不应影响保护的正常运行。

2. 保护信息子站与保护装置的连接及通信

保护信息子站与保护装置宜采用以太网方式通信。保护信息子站应能从保护装置中正确取得如下信息：

（1）保护装置参数；

（2）保护装置当前定值区号及各区定值（保护装置支持）；

（3）保护装置采集的模拟量及开入量状态；

（4）保护装置的动作信息，包括保护启动、出口、复归；

（5）保护装置的开入变位及异常告警信息；

（6）保护装置的录波文件，对于保护装置采用扰动数据上送的同一次故障的分段录波，子站生成录波文件时应进行合并，录波文件格式应满足 COMTRADE 格式要求；

（7）数字化保护装置的中间节点信息（包括中间文件和描述文件）；

（8）保护装置的其他信息。

保护信息子站应具备定值自动召唤（召唤周期可由用户设定）及定值核对功能，当子站发现保护定值与基准定值不对应时，应向主站发送定值不对应事件。

保护信息子站应能监视子站与保护装置的通信状态，并对通信异常记录进行存储。当通信状态改变时，应向主站发送相应事件。

保护信息子站应能对保护装置进行"检修态"标识，相应的运行状态改变应主动上送主站系统；在"检修"状态下，保护相关信息只送子站端，不送主站端。

3. 保护信息子站与主站系统的连接及通信

保护信息子站可以同时连接的主站数量不应少于 8 个，并能满足不同调度机构的信息定制及安全防护要求。

保护信息子站向主站端传送保护信息时，应保留保护报文的原始时标，报文的语义不得丢失。保护信息子站应支持录波文件的断点续传功能。

保护信息子站配置发生变化时，子站应主动上送配置变化事件至主站。

4. 信息分类与存储

保护信息子站应按照保护运行信息、自检及告警信息、动作信息和录波信息等，实现保护信息的分类存储、检索。

保护信息子站应采用数据库存储保护装置信息，并实现灵活、方便、快速的数据查询。保护信息子站应能通过软件实现就地的实时及历史数据查询。保护信息子站应为所连接的所有保护装置预留足够的缓存和信息存储空间，短时间内出现大量保护报文时不得丢失信息。

四、保护信息子站的配置原则

500kV 变电站应配置保护信息子站，实现保护故障录波数据和保护动作报告的采集和上送。

保护信息子站组网方式可采用与监控系统共网或独立组网方式，前者已经逐渐淘汰，目前主流为独立组网方式。

对于保护信息子站采集信息独立组网方式，子站系统应满足下列要求：

（1）应能适应各种保护装置的通信接口，可采用以太网网口或 RS-485、RS-232 串口形式；当采用串口通信时，每个 RS-485 通信口接入的设备数量不宜超过 6 个。

（2）应支持目前电力系统中使用的各种主要介质，优先采用光纤连接方式；传输规约宜采用 DL/T 860《变电站通信网络和系统》系列标准或 DL/T 667《继电保护设备信息接口配套标准》。

（3）应支持对保护装置的规约进行转换。

（4）配备足够数量的串口、以太网口，须满足厂站内设备同时接入的要求。

500kV 变电站宜配置双机子站，双机配置的子站可采用双主工作方式或主备工作方式。双主工作方式下，子站双机同时与保护装置通信。子站双机均支持与主站进行通信。主备工作方式下，子站双机中可仅一台机与保护装置通信，当主机异常，自动切换到备用机。子站双机应有完善的主备判断机制，当主机正常运行时，备用机拒绝主站的 TCP 连接。

保护信息子站一般由主机、工作站及相关网络通信设备构成。主机硬件可采用嵌入式设备或服务器实现。500kV 变电站主机可采用服务器实现。典型的保护信息子站系统如图8-9 所示。

保护信息子站主机负责与主站及接入子站系统的保护装置通信。保护信息子站宜配置工作站或具备工作站功能的显示终端。子站工作站或显示终端的运行应独立于子站主机。子站工作站用于现场调试和就地信息显示，负责就地调取、显示和分析保护装置信息，查询历史信息，完成子站主机及网络通信设备等装置的配置。

500kV 变电站内的保护装置均应接入保护信息子站。子站应根据各级调度主站需求，转发相应装置的信息。保护信息子站与所有保护装置宜采用直接连接方式，不经过保护管理机转接。在保护装置需经过规约转换才能与子站正常通信时，可采用保护管理机转接。保护信息子站的网络通信采用工业级以太网交换机，交换机的以太网接口应满足工程需要且预留一定数量的备用接口，用于小室间连接时应具备光纤通信接口。

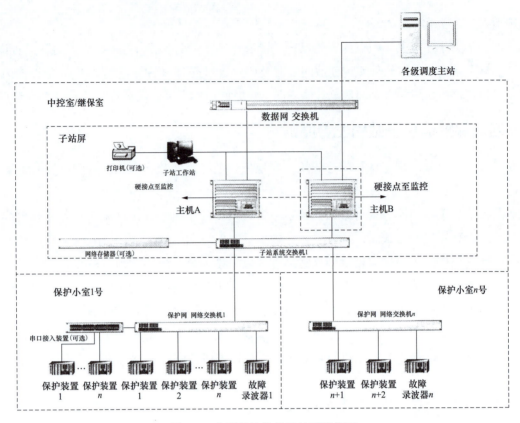

图 8-9 典型保护信息子站系统框图

第三节 故障录波装置和保护信息子站的测试

一、故障录波装置

故障录波装置应经出厂检验和型式试验合格后方能应用于现场工作，出厂检验和型式试验应满足 Q/GDW 10976—2017《电力系统动态记录装置技术规范》中 10.2.2 和 10.2.3 的要求。故障录波装置的现场检验应用于新安装装置、运行中装置或装置现场维修后的检查。装置现场检验的项目、要求和方案应符合 DL/T 995《继电保护和电网安全自动装置检验规程》的规定。

故障录波装置的气候环境试验、电磁兼容试验、直流电源试验、振动和碰撞试验、绝缘试验及准确度和变差试验均应符合 DL/T 553—2013《电力系统动态记录装置通用技术条件》的要求。

（一）功能性试验

1. 电压、电流线性范围检查

在装置各电压回路加入测试电压，各电流回路加入测试电流，电压回路、电流回路的测量范围和测量误差应满足 DL/T 553—2013《电力系统动态记录装置通用技术条件》中 4.5.2、4.5.3 的要求,各直流电源电压回路的测量范围和测量误差满足 Q/GDW 10976—2017《电力系统动态记录装置技术规范》中 5.3.4 的要求。

2. 零漂检查

装置各交流回路不加任何激励量(电压回路短路、电流回路开路或各电压、电流输入回路输入量均为 0),检查实时波形画面的零漂值,手动启动暂态录波,检查离线分析画面的零漂值。

装置记录的电压零漂值不应超过 $\pm 0.05V$,电流零漂值不应超过 $\pm 0.01 I_N$。

3. 交流电压、电流相位一致性检查

对于模拟量输入故障录波装置,在装置各交流电压回路和各交流电流回路通入同相位的额定电压、额定电流,手动启动触发记录,验证各通道间的相位差。

对于数字量输入故障录波装置,分别在组网模式和点对点模式下进行本项测试,且对所有过程层数字采样接口同时施加同相位的额定电压、额定电流,手动触发记录,验证各 SV 通道间的相位差。

装置记录的各路电压和电流波形相位应一致,相互之间的相位误差应不大于 2°。

4. 谐波分析能力检查

在交流电压回路中通入 $20\% U_N$ 的谐波电压(2~25 次),手动启动触发记录。装置应满足:应具有对 25 次及以下谐波分析功能;模拟量输入故障录波装置和混合信号输入故障录波装置记录的 25 次及以下谐波分量测量误差不应超过 $\pm 5\%$;数字量输入故障录波装置,当点对点方式下有 SV 丢失同步信号时或失步时,12 次及以下谐波分量测量误差不应超过 $\pm 5\%$;其他情况下 25 次及以下谐波分量测量误差不应超过 $\pm 5\%$。

5. 开关量的分辨率检查

用空触点闭合/断开方式检查开关量的分辨率,调整空触点闭合/断开时间为 10/10ms。从上升沿的 50% 到下降沿的 50% 为闭合时间,从下降沿的 50% 到上升沿的 50% 为断开时间。在给装置施加外部时钟同步信号的条件下,借助北斗主时钟设备的空接点信号(正分闭合)为装置接入硬开入信号,通过检查装置对硬开入打上的时标来检测开关分辨率绝对时间误差。

装置测量的闭合、断开时间误差应不大于 $\pm 1ms$,开关分辨率绝对时间误差不超过 $\pm 1ms$。

6. 有功及无功功率记录性能的检查

对装置施加额定电压、额定电流,电压电流相角差分别为 0°、45°、90°。读取并记录装置实时画面显示的有功功率、无功功率和功率因数,手动触发记录,读取并记录数据文件中显示的有功功率、无功功率和功率因数。每个测点测试 5 次。对于数字量输入故障录波装置,应分别在组网模式和点对点模式下进行本项测试。

装置的有功功率、无功功率测量误差应不大于 1.5%的视在功率。

7. 频率记录性能的检查

对装置施加额定电压，输入电压频率分别为 40、50、55Hz。读取并记录装置实时画面显示的频率值和对应的电压有效值，手动触发记录，读取并记录数据文件中显示的频率值和对应的电压有效值。每个测点测试 5 次。对于数字量输入故障录波装置，应分别在组网模式和点对点模式下进行本项测试。

装置的频率量误差不应超过±0.01Hz，装置应能记录暂态及动态过程中的频率变化过程。电压频率在 40～55Hz 范围内波动时，电压有效值的测量误差不应超过±1%。

8. 手动和远方启动检验

在装置面板手动启动触发记录，检查相应触发记录存储的数据文件是否正确；通过仿真客户端远方启动触发记录，检查相应触发记录存储的数据文件是否正确；检查装置启动记录完成后告警信号能否自动复归。

装置应具有通过面板按键或键盘启动触发记录的功能，应具有通过已建立连接的远方计算机手动启动触发记录的功能。

9. 网络负荷试验

组网方式下，通过网络性能测试装置分别增大 SV 网、GOOSE 网的信息流量，报文接入 400Mbit/s 时，装置性能不应受影响。

10. 数字采样回路准确度检查

将装置各端口接入同一 SV 采样值，装置的录波数据准确度应准确反映实际输入，满足使用要求。录波数据时标分辨率应不大于 1us，各个数据采集端口之间的时标偏差不应大于 1us。装置处理 SV 转换为 COMTRADE 文件格式时，转换误差应满足电压通道不超过 $0.02U_N$，电流通道不超过 $0.005I_N$。

11. SV 与 GOOSE 记录同步性能检查

分别在组网模式和点对点模式下进行试验，按装置记录容量配置 SV 和 GOOSE，同时模拟所有 GOOSE 变位和 SV 突变，检验装置是否正确记录 GOOSE 的变位序列和时间间隔，并检验 GOOSE 与 SV 数据的同步偏差是否小于 1ms。

12. 记录数据的安全性检查

启动触发记录后，切断装置的工作电源，装置能可靠地保存切断电源前的记录数据。按装置上的任意一个开关或按键不应丢失或抹去已记录的信息。在任何情况下不得出现死机现象。

13. 数据文件检索及查找方式检查

应至少具有按照日期及时间或按照故障跳闸对所记录的数据文件进行检索功能。按照日期及时间进行检索：输入日期及时间范围即可自动找出相应故障文件；按照故障跳闸进行检索：可自动找出有断路器动作跳闸的相应故障文件。

14. 记录数据的输出及传送功能检查

线路故障跳闸时，应能生成故障信息简表，故障信息简表应满足 Q/GDW 10976—2017《电力系统动态记录装置技术规范》中附录 C 的要求。装置应能实时监视正常运行时的母线、线路及其他设备的 U、I、P、Q、f。记录数据的传输应采用 COMTRADE 文件格式。远传功能应满足要求：装置应能以被动方式及人工方式传送记录数据；装置应能实现远方启动；检查数据传送过程中如遇通道中断装置应能正确处理。

15. 时钟同步功能检查

装置应具有由外部同步时钟信号进行同步的功能。在同步时钟信号中断的情况下，装置在 24h 内的计时误差应不超过 ±500ms。

16. 频繁启动录波能力检查

模拟不定时反复给装置加各类激励量（如突变量、开关量变位等），每次激励的间隔时间应超过装置单次录波的最大时长（使装置能复归前一次激励触发的录波），在 1h 内激励次数不少于 300 次。

装置设置 A 段长度 500ms、B 段 9500ms，模拟每 5s 给装置施加一次激励量（如突变量、开关量变位等），连续激励 100 次。

装置内存容量应满足在规定的时间内连续发生定次数的故障时能不中断地存入全部故障数据的要求，且装置不应出现死机，能完整记录全部激励触发的启动。

（二）整组试验

1. 数据记录方式检查

模拟线路单相永久性故障，其顺序为：0.0s 单相故障，0.1s 切除故障，1.0s 重合于故障，1.1s 故障再切除。装置的数据记录时间、记录方式及采样速率应满足 DL/T 553—2013《电力系统动态记录装置通用技术条件》中第 5 章的要求。

2. 连续扰动记录检查

模拟故障：

（1）模拟在 10min 内线路上相继发生两次永久性故障，紧接着系统开始长过程振荡，待振荡平息后线路上又相继发生三次永久故障，每次故障包括如下过程：故障发生，故障切除，重合于永久性故障，再次切除故障；

（2）在 10min 内线路上相继发生两次永久性故障，紧接着系统开始长过程振荡，在振荡过程中线路上又相继发生三次永久性故障，每次故障过程同（1）；

（3）在 20s 内，线路上相继发生五次永久性故障，紧接一次 10min 长过程振荡，每次故障过程同（1）。

以上三个过程连续进行，装置应能可靠正确记录全部故障数据。

3. 大短路电流记录能力检查

模拟在线路出口处连续两次三相短路，每次短路持续时间为 0.04s，两次短路时间间隔为 1s，控制合闸角，使某相短路电流的非周期分量达到最大。进行上述试验两次，试验时短路电流工频有效值分别为 $20I_N$ 和 $10I_N$。

装置记录的电流波形不应失真，电流瞬时值测量误差不应大于 ±10%。

4. 故障测距

在线路出口、末端及线路上任意选取一点模拟单相金属性接地、两相金属性短路、单相经不大于 10Ω 过渡电阻接地和两相短路再经不大于 10Ω 过渡电阻接地。

在模拟出口故障时，要求装置的测距误差不大于 2km，无判相错误；在模拟其他点故障时，装置的测距误差不应大于 ±5%，无判相错误。

5. 模拟量长期异常

分别模拟电压回路断线和电流越限，且输入值稳定不变，在此期间模拟 5 次故障过程，每次扰动间隔 10～60min 不等。装置应能可靠记录电压、电流突变和开关量变位扰动。

在长期越限的情况下，装置应能可靠记录电压电流突变和开关量变位扰动。

6. 3/2 断路器接线录波分析功能检查

仿真 3/2 断路器接线方式，将两个分支电流分别接入装置，模拟线路短路故障，检查装置录波功能。装置应能正确记录两个分支的电流，同时输出线路和电流波形。装置判相和测距结果应满足要求。

二、保护信息子站功能性试验

保护信息子站应经出厂检验和型式检验合格后方能投入现场实际使用。检验项目包括绝缘性能检验、机械性能检验、电磁兼容检验等，均应符合 NB/T 42088—2016《继电保护信息系统子站技术规范》中 5.4～5.11 的要求。

保护信息子站的一、二次设备建模及图形建模应与现场情况相符。一、二次设备的命名应清晰、规范，并与调度命名相一致。一次主接线画面应与现场一致，一、二次设备的关联应正确，保护图元与站内保护的关联应正确。

1. 子站系统与保护装置的连接及通信检验

（1）数据采集。

1）装置参数采集。在主站端向子站发送读取保护装置定值命令（读取定值命令包括读保护装置参数），并将读取结果导出，与保护装置本地打印的装置参数进行比对，检查装置参数信息的正确性。

2）定值采集。在主站端向子站发送读取保护装置当前区和非当前区定值命令，并将读取结果导出，与保护装置本地打印的当前区和非当前区定值进行比对，检查定值信息的正确性。

3）模拟量、开关量采集。在主站端向子站发送读取模拟量和开关量命令。检查子站上送的模拟量值和开关量状态是否与实际一致。

4）保护动作信息采集。在主站端查看子站上送的保护动作信息，与保护装置本地保护动作信息比较，检查信息是否一致。

5）开入变位及异常告警信息采集。在保护装置上施加开入变位和告警信号，分别在子站端和主站端查看保护装置的开入变位事件和异常告警信息，并与保护装置本地记录对比。

6）录波列表采集。在主站端召唤子站上送的所有录波列表，并与保护装置本地记录对比。

7）中间节点信息采集。在主站端召唤子站上送的中间节点信息文件，并与保护装置本地记录对比。

（2）定值校对。

定值校对方法如下：

1）被测子站的定值校核周期为12h。

2）修改保护装置的定值。

3）测试周期为48h，每24h对保护装置的定值修改一次。检查子站是否能够正确监测定值改变，并向主站上送定值改变告警。

（3）通信状态监视。

中断并恢复子站与保护装置的通信状态，检查子站是否能够向主站正确上送与保护装置的通信状态。期间不影响子站与其他正常连接设备的通信。

2. 子站系统与主站系统的连接及通信检验

子站系统与主站系统的连接及通信检验方法如下：

（1）至少使用8台主站与子站进行通信，检查子站是否支持与8台主站同时进行通信。

（2）在主站上检查子站上送的信息原始时标和报文语义是否正确。

3. 信息分类与存储检验

信息分类与存储检验方法如下：

（1）检查保护信息分类是否支持保护运行信息、自检及告警信息、保护动作信息、定值信息、开关量变位信息、保护动作报告、录波及中间节点信息；

（2）是否支持保护信息的分类存储和检索；

（3）是否支持历史数据的查询。

4. 守时精度检验

子站应能与外部标准时钟信号（如 IRIG-B 码）进行同步。在同步时钟信号中断的情况下，子站24h内与外部标准时钟的误差不应超过±5s。

第四节　在常规变电站与智能变电站中的区别

一、故障录波装置

（一）网络结构的区别

常规变电站故障录波装置与变电站内外设备网络通信架构如图 8-10 所示，故障录波装置通过电缆采集各种模拟量与开关量信号。目前，故障录波装置经保护信息子站上送信息至主站的方式已经被逐步淘汰，现阶段采用独立组网直接上送的方式。故障录波装置的录波启动事件、装置告警、录波列表与录波文件等信息直接上送至调度主站。

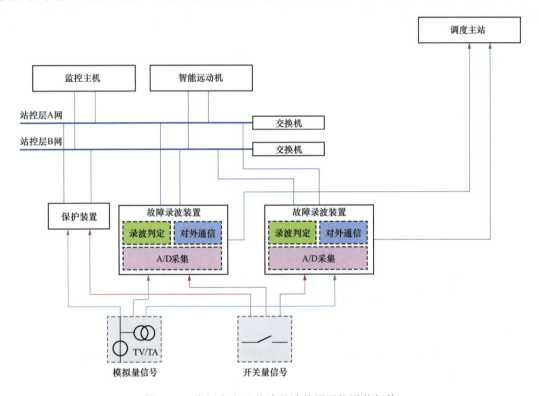

图 8-10　常规变电站故障录波装置网络通信架构

智能变电站故障录波装置与变电站内外设备通信一般存在两种架构，如图 8-11 和图 8-12 所示。图 8-11 为全数字采样，在 2018 年之后网络架构逐步修改为图 8-12 的形式。

（二）配置的区别

对于模拟量输入故障录波装置，应能采集不少于 64 路模拟量信号（包括交流电压、交流电流及直流电源电压采集回路）和不少于 160 路开关量信号。

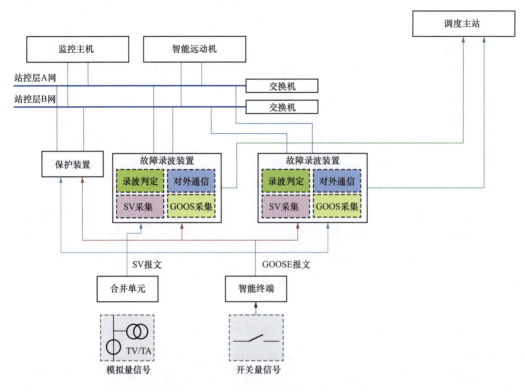

图 8-11　智能变电站故障录波装置网络通信架构（一）

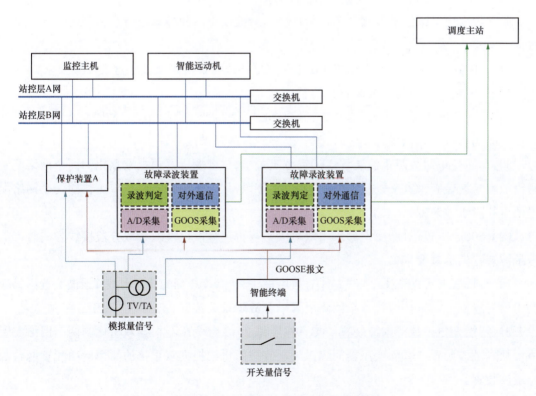

图 8-12　智能变电站故障录波装置网络通信架构（二）

对于数字量输入故障录波装置，报文采集端口应满足智能变电站配置需求，且具备可扩展性。每台装置接入的 SV 控制块个数不应少于 24 个，经挑选的 SV 采集通道不少于 128 路；GOOSE 控制块不应少于 64 个，经挑选的 GOOSE 采集通道不少于 512 路。直流电源电压采集不少于 4 路。最高采样率应与接入的 SV 采样率一致；采用点对点方式接入时，每台装置的采集接口不应少于 25 个百兆光以太网口；采用组网方式接入时，每台装置的采集接口不应少于 8 个。其中，百兆光以太网口不应少于 6 个，千兆光以太网口不应少于 2 个；所有采集端口应采用独立的网络端口控制器实现并且在任何时候均不应对外发送报文，在任何情况下各个采集端口之间均不应出现数据渗透。

对于混合信号输入故障录波装置，应能接入不少于 64 路模拟量信号（包括交流电压、交流电流及直流电源电压采集回路）；接入的 GOOSE 控制块不应少于 64 个，经挑选的 GOOSE 采集通道不少于 512 路；GOOSE 数据采集接口不应少于 2 个；所有采集端口应采用独立的网络端口控制器实现并且在任何时候均不应对外发送报文，在任何情况下各个采集端口之间均不应出现数据渗透。

当采用混合信号输入装置时，配置原则参照模拟量输入装置，但应满足不跨接双重化的两个网络。在工程设计时，应保证 GOOSE 网络 A、B 网的完整性。

接入 SV/GOOSE 报文的故障录波装置不应跨接双重化的两个网络。工程设计时，应保证 GOOSE 网络 A 网和 B 网信息的完整性。

除常规变电站录波装置接入的信号以外，智能变电站故障录波装置需同时记录双 A/D 数据。

（1）500kV 电压等级变电站采用 3/2 断路器接线时，故障录波装置的配置要求如下：

1）应配置母线故障录波装置。

2）常规变电站故障录波装置：①宜按照每 1~2 台变压器配置一台故障录波装置；②除变压器间隔以外，宜按照每 1~2 串设备配置一台故障录波装置。

3）智能变电站故障录波装置：①宜按照每 1~2 台变压器根据双重化的两个网络配置两台故障录波装置；②除变压器间隔以外，宜按照每 3~4 串设备根据双重化的两个网络配置两台故障录波装置。

（2）500kV 电压等级变电站采用双母线、双母单分段以及双母双分段接线方式时，故障录波装置的配置要求如下：

1）常规变电站故障录波装置：①宜按照每 1~2 台变压器配置一台故障录波装置；②除变压器间隔以外，宜按照每 6 个间隔配置一台故障录波装置。

2）智能变电站故障录波装置：①宜按照每 2~3 台变压器根据双重化的两个网络配置两台故障录波装置；②除变压器间隔以外，宜按照母线根据双重化的两个网络配置两台故障录波装置。

二、保护信息子站

（一）网络结构的区别

保护信息系统从无到有、从点到面，不断发展至今，市面上出现了诸多成熟的产品。在常规变电站中从最初代的 CSFM-2002 工控机子站到 CSC-1326 嵌入式子站，再到后来升级的 CSD-1321/CSC-1326D 新平台子站，各类型产品在变电站内均有分布。

早期 CSFM-2002 工控机子站安装 Win2000 系统，辅助 CSM300E 作为规约转换装置实现分布式组网，如图 8-13 所示，或者配合串口服务器实现串口组网，如图 8-14 所示。

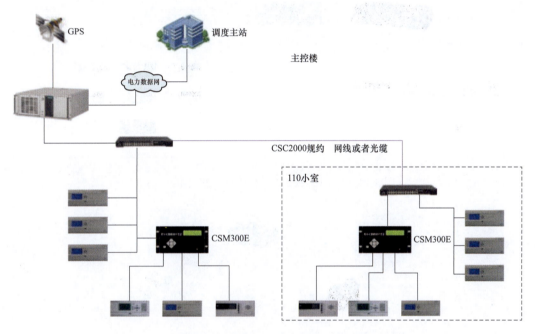

图 8-13 CSFM-2002 工控机+CSM300E 分布式组网模式

500kV 常规变电站中存在集中式和分布式的组网方式，包括全站串口、网串混合的模式。由于 500kV 设备和小室数量多，网络结构复杂，考虑到组网的合理性，主要采用分布式组网方式。图 8-15 为变电站分布式组网模式，图 8-16 为变电站串口光电转换器模式，图 8-17 为变电站接入规约转换装置示意图。

500kV 智能变电站的服务器保护信息子站，无论是子站独立组网，还是共用站内站控层网络，纯粹采用智能变电站 61850 规约的保护信息子站的网络结构相对比较清晰，图 8-18 为共用站控层网络的方式。需注意，目前 500kV 变电站中故障录波装置已经独立组网上送数据至主站，不再接入保护信息子站中转。

（二）配置的区别

早期工控机子站，由于规范和标准的缺失，以及各保护厂家间私有协议的不兼容，导致一定功能的缺失，如故障测距、故障相别判断、故障电压电流等参数上送功能存在不足，一些保护也不具备远方修改软压板等功能。

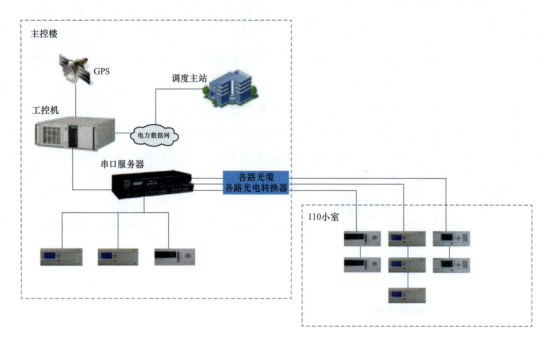

图 8-14　CSFM-2002 工控机串口服务器组网模式

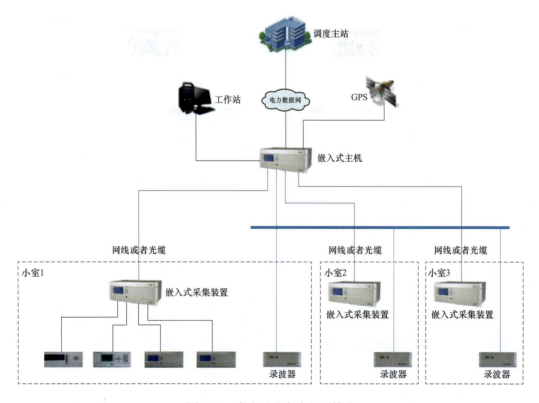

图 8-15　变电站分布式组网模式

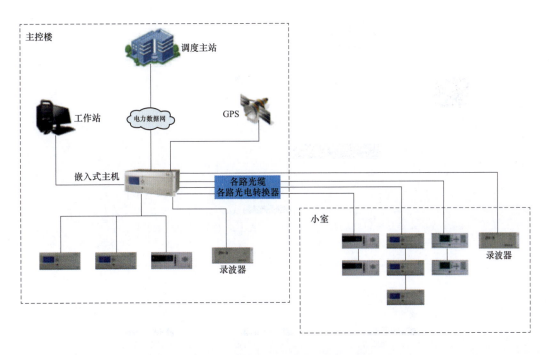

图 8-16　变电站串口光电转换器模式

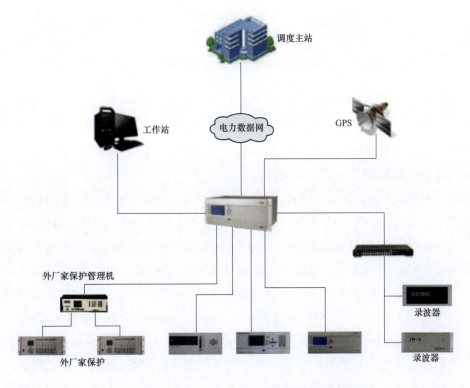

图 8-17　变电站接入规约转换装置示意图

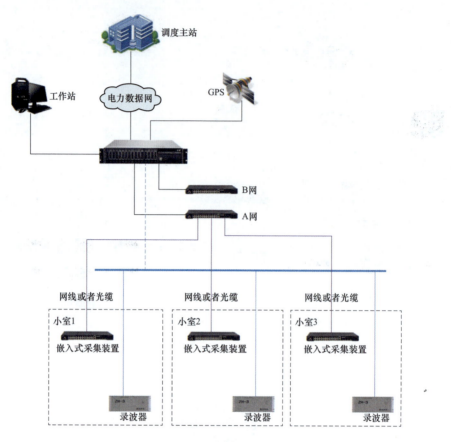

图 8-18　共用站控层网络的服务器子站网络结构

随着技术的革新发展，CSC-1326 嵌入式子站被广泛应用于常规变电站中。其存量最大、时间跨度最大、组网方案最多样、接入规约最为庞杂。随着不断的开发兼容，其具备通过非 61850 规约、串口规约和厂家私有规约等方式接入主流厂家设备，经过联调和实际应用，保护装置规约的通信能力在主体上没有问题。

随着时间的推移，CSC1326 子站插件老化、性能不足、数据容量不够、软件功能不满足等多种原因不断出现，CSD-1321/CSC-1326D 新平台子站顺势推出。其在 CSC1326 基础之上进行升级，通过 CSD1321+CSC1326S 串口服务器+交换机的组合模式，能够实现主从机分布式组网。针对 6 大主流厂家设备，能通过串口、以太网 103、CSC2000 规约实际接入保护信息子站。具备主流主子站 103 转出能力。在常规变电站中，CSD-1321 若整机接入的设备数量不超过 160 台，在规约满足且插件配置合理的前提下，不需要考虑容量问题。

同期，当 500kV 变电站数据容量已经达到一定规模，当前运行的 CSC1326 子站开始遇到性能瓶颈，出现重负载运行时的状态不稳定现象，需要特别考虑数据容量的问题。此时，CSGC3000fis 子站诞生，作为第一代服务器子站，基本不存在数据容量不够的情况。考虑到 500kV 变电站网络结构复杂，也存在 CSGC3000fis+CSC1326 级联的混合模式。

CSGC3000fis 子站作为第一代服务器子站，不仅可以接入常规规约，也支持接入 IEC61850 规约，转出主站 103/61850 规约。之后，因服务器的老化、安全操作系统的需求进行硬件升级，开发出新型号 CSGC3000SA 子站。SA 子站不具备非 61850 规约接入能力，具备 61850 转出功能。

CSD1321 也支持 IEC 61850 规约的接入，在智能变电站中不接入故障录波装置的前提下，支持接入 220 台左右的保护设备。

随着变电站技术的革新发展，电力行业迈入智能变电站时期。与常规变电站相比，智能变电站由于统一采用 IEC 61850 规约，不存在常规变电站中各大厂家私有规约间兼容性不好的问题，极大提高了保护装置接入的稳定性。

第九章　公　用　系　统

　　500kV 变电站中，与二次设备相关的公用系统部分主要包括交直流系统、对时系统和二次接地系统。本章将以典型的 500kV 变电站公用系统配置为基础，主要介绍 500kV 变电站的站用交直流系统基本配置、接线方式、供电方式、巡检要求、故障排查等内容，鉴于 500kV 对时和二次接地系统与 220kV 变电站并无显著差异，相关内容本章仅作简要介绍。

第一节　交　流　电　源　系　统

一、交流电源系统的基本配置

　　500kV 变电站交流电源系统常见的组成设备主要包括站用变压器、低压交流母线、高压断路器、低压断路器、馈线屏、智能控制器、监控仪表，其主要作用是为变压器冷却系统、主变压器调压机构、场地检修电源、直流充电机、机构箱和端子箱（加热驱潮、照明）、隔离开关电动操作电源、生活用电及全站照明等提供交流电源。各设备的主要作用如表 9-1 所示。

表 9-1　　　　　　　　　　交流电源系统主要设备及其功能

序号	设备名称	主　要　作　用
1	站用变压器	将站内高电压（一般为 35kV）转换为低电压 380V
2	高压断路器	接于站用变压器高压侧与高压母线之间，通过开断实现两者之间的接通和隔断
3	低压交流母线	380V 交流系统汇集、分配和传送电能
4	低压断路器	接于站用变压器低压侧与低压交流母线之间，通过开断实现两者之间的接通和隔断
5	馈线屏	接自低压交流母线，实现交流电源的分路分配
6	智能控制器（站用电备自投）	实现故障时交流电源之间的自动切换
7	监控仪表	监视交流电源系统的运行状态，在出现故障时向监控系统发送告警信号

　　为确保可靠供电，500kV 变电站一般配置三台站用变压器，分别为 1、2 号和 0 号站用

变压器，1 号和 2 号站用变压器通过将站内 35kV 降压为 380V 后，分别接至两段低压侧母线上，正常情况下均处于运行状态；0 号站用变压器电源从站外 10kV 或 35kV 电压等级网络中独立引接，正常情况下处于热备用状态，该路电源应尽量专线专供，以保证在变电站内发生重大事故时，能可靠地持续供电。

站用电主要负荷分为 Ⅰ 类负荷、Ⅱ 类负荷、Ⅲ 类负荷。Ⅰ 类负荷是指短时停电可能影响人身或设备安全，使生产运行停顿或主变压器减载的负荷，如变压器风冷装置、载波、微波通信电源、远动装置、微机监控系统、微机保护、检测装置、消防水泵等。Ⅱ 类负荷是指允许短时停电，但停电时间过长有可能影响正常生产运行的负荷，如充电装置、变压器无载调压装置断路器、隔离开关操作电源、断路器、隔离开关、端子箱加热器、空压机、主控楼照明、保护屏柜照明等。Ⅲ 类负荷是指长时间停电不会直接影响生产运行的负荷，如通风机、空调机、电热锅炉、配电装置检修电源等。

不同类型负荷的停运将会对 500kV 变电站的正常运行产生不同的影响，需按照不同缺陷严重等级处理。其中，Ⅰ 类负荷最为紧急，需立即处理；Ⅱ 类负荷直接失去，短时间内不会直接对变电站的正常运行产生影响，但是长时间不处理，也可能给变电站的正常运行带来安全隐患，因此如发生该情况，需要按照严重缺陷短时间内进行处理。

二、典型交流电源系统接线方式

500kV 变电站站用电母线采用按工作变压器划分的单母线接线方式，相邻两段工作母线一般同时供电且分列运行。当任一台工作变压器失电退出时，备用变压器应能自动快速切换至失电的工作母线段继续供电。低压侧额定电压为 380/220V，采用三相四线制，站用变压器低压侧 380V 中性点直接接地运行。目前 500kV 变电站正常运行时的接线方式如图 9-1 所示。

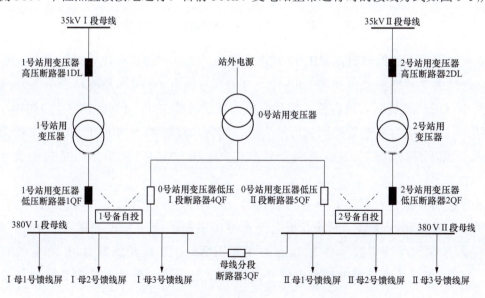

图 9-1　500kV 变电站正常运行时交流电源系统接线方式

正常运行时，1DL、2DL、1QF、2QF 断路器在合位，3QF、4QF、5QF 断路器在分位。1 号站用变压器带站用电 380V Ⅰ段母线运行，2 号站用变压器带站用电 380V Ⅱ段母线运行（图中断路器实心表示合位，空心表示分位），站用电Ⅰ、Ⅱ段母线分列运行，0 号站用变压器运行在热备用状态，对 1、2 号站用变压器进行备用自投。此时的备自投逻辑以 380V Ⅰ母为例，当 380V Ⅰ段母线失压时，1 号备自投装置检测到母线失压，同时未接收到 1QF 的手动分闸或者保护跳闸开入闭锁，将自动断开 1QF 和 3QF 后再合上4QF 断路器。此时，380V Ⅰ段母线的负荷由 0 号站用变压器供电，380V Ⅱ段母负荷由2 号站用变压器供电。

当 1 号 1 站用变压器检修时，交流电源系统的接线方式如图 9-2 所示。

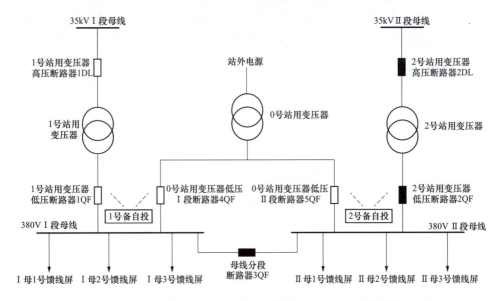

图 9-2　500kV 变电站 1 号站用变压器检修时交流电源系统接线方式

1 号站用变压器检修时，1DL 和 1QF 在分位，合上 380V 交流系统母线分段断路器3QF，此时由 2 号站用变压器带 380VⅠ、Ⅱ段母线运行，0 号站用变压器低压侧的 5QF对站用电Ⅱ段母线进行备用自投。此时的备自投逻辑以 380V Ⅱ母为例，当 380V Ⅱ段母线失压时，2 号备自投装置检测到母线失压，同时未接收到 2QF 的手动分闸或者保护跳闸开入闭锁，将自动断开 2QF 后再合上 5QF。此时，380VⅠ、Ⅱ段母负荷由 2 号站用变压器供电。

2 号站用变压器检修时，运行方式与 1 号站用变压器检修类似，在此不再赘述。当 1 号、2 号站用变压器同时检修时，交流电源系统的接线方式如图 9-3 所示。此时，交流电源系统的运行方式为合上 0 号站用变压器低压Ⅰ段断路器 4QF 和Ⅱ段断路器5QF，380V Ⅰ、Ⅱ段母线电源均由 0 号站用变压器提供，此时 1 号和 2 号备自投功能均应退出。

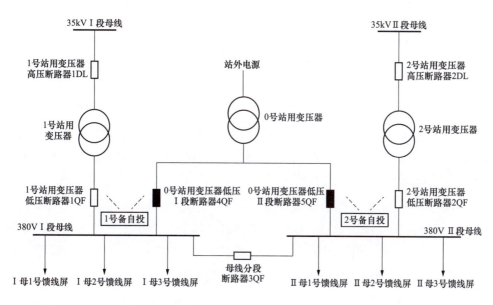

图9-3　500kV变电站1号和2号站用变压器同时检修时交流电源系统接线方式

三、交流电源系统的常见设备

（一）站用变压器

500kV变电站站用变压器联结组别的选择，宜使各站用变压器及站用备用变压器输出电压的相位保持一致。站用变压器通常采用Dyn11联结组别，中性点不接地。采用Dyn11接线的原因是零序阻抗小，其值大约与正序阻抗相等，使单相短路电流增大，缩小与三相短路电流的差异，从而提高了单相短路时保护设备的灵敏度。同时变压器三角形绕组也为三次谐波电流或零序电流提供了通路，使得相电压波形更接近于正弦波，改善了电压波形质量。当低压侧三相负荷不平衡时，联结变压器也不会出现低压侧中性点电压的浮动，从而保证电压质量。

站用变压器容量的选择应大于全站最大计算容量，一般站用变压器带75%负载运行为最佳经济运行区上限。站用变压器分为油浸式和干式，现场宜采用油浸式站用变压器，其空载损耗低于干式。当防火和布置条件有特殊要求时，可采用干式站用变压器，其阻燃性能较好。站用变压器阻抗应按低压电器对短路电流的承受额度来确定，宜采用标准阻抗系列的普通变压器。站用变压器高压侧的额定电压应按其接入点的实际运行电压确定，宜取接入点相应的主变压器额定电压。

站用变压器通常还会采用有载调压方式，当站用变压器高压侧电压发生波动引起二次电压输出偏移额定值时，可通过调节变压器档位实现二次电压的稳定输出。按照规定，500kV变电站高压侧电源电压发生波动时，如果经常引起站用电母线电压偏差超过±5%，则应采用有载调压站用变压器。

（二）站用变压器保护配置

站用变压器故障类型可分为内部故障和外部故障两种。内部故障是指变压器油箱内发生的各种故障，其主要类型有绕组的相间短路、匝间短路、绕组或引出线通过外壳发生接地故障等。

变压器的内部故障，从性质上又分为热故障和电故障两大类：①热故障通常指变压器内部局部过热、温度升高等所引发的故障；②电故障通常指变压器内部在高电场强度的作用下，造成绝缘性能下降或劣化的故障。根据放电的能量密度不同，又分为局部放电、火花放电和高能电弧放电三种故障类型。

站用变压器是一比较特殊的设备，容量较小但可靠性要求非常高，而且安装位置也很特殊，一般就接在主变压器 35kV 母线上。其高压侧短路电流等于系统短路电流，可达十几千安，低压侧出口短路电流也较大。500kV 变电站的站用变压器保护采用保护、测控集成装置，可就地开关柜分散安装，也可组屏（柜）安装。500kV 及以上电压等级站用变压器的保护配置与设计应与一次系统相适应，防止因站用变压器故障造成主变压器越级跳闸。

站用变压器高压侧应装设断路器，其高压侧宜设置电流速断保护和过电流保护，以保护变压器内部、引出线及相邻元件的相间短路故障。保护装置宜采用两相三继电器接线方式。保护动作（电流速断瞬时，过电流带时限）于变压器高压侧断路器跳闸。注意，当站用电高压侧为中性点非有效接地系统时，站用变压器回路的电流互感器应按三相配置。

额定容量为 800kVA 以上的油浸式变压器应装设瓦斯保护，保护动作于信号和跳闸。低压侧中性点直接接地的站用变压器，其单相接地短路保护宜选用中性点零序过电流保护，并在站用变压器低压侧装设专用零序 TA。

综上所述，站用变压器保护一般分电气量保护和非电气量保护。其中，电气量保护包括复合电压闭锁过流保护、附加过流保护、电流速断保护、过负荷保护、高压侧零序电流保护、低压侧零序过流保护等；非电量保护包括本体重瓦斯跳闸、有载重瓦斯跳闸、本体压力释放发信、本体轻瓦斯发信、本体油位异常发信、油温高发信等。

（三）站用电备自投

安全可靠的站用电供电系统是 500kV 变电站稳定运行的根本保障。站用电的可靠性主要通过站用电备自投装置的正确动作给予保障，因此变电站站用电系统备自投方式对变电站的安全可靠运行起到至关重要的作用。

在工程实施过程中，500kV 变电站站用电系统有两级备自投。一级备自投是 0 号站用变压器低压 I 段（II 段）开关分别作为 1 号（2 号）站用变压器低压开关的备用电源，时间通常设置 3s 或者 4s。根据最新技术规程，两段工作母线间不应装设自动投入装置，分段开关长期处于冷备用状态。二级备自投即双电源自动切换装置（ATS），各继保室交流馈线屏、场地交流馈电箱通常采用双电源自动转换开关（ATS），重要站用电负荷通过 380V I、II 段母线构成双回路供电方式，并由 ATS 装置实现站用电负荷两路电源的自动投切转换，时间通常设置 6s 或者 8s。二级备自投动作时间慢于一级备自投，避免进线电源失去情况下二级备自投重复动作，两级备自投的装设情况如图 9-4 所示。

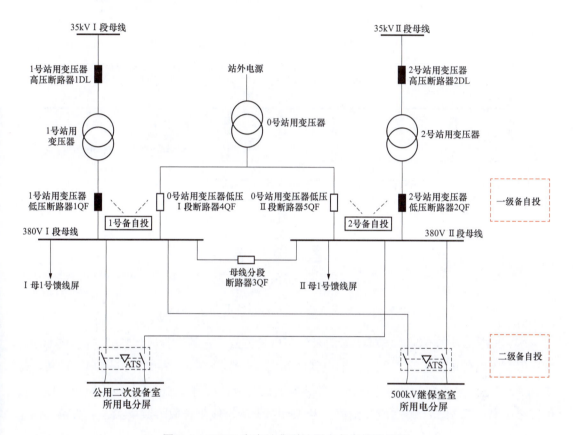

图 9-4　500kV 变电站典型站用电备自投配置图

四、交流电源系统的供电方式

500kV 站用交流电源系统向各负荷点供电的网络接线方式采用辐射式。对重要负荷（I 类负荷、直流充电装置、变压器有载调压装置及带电滤油装置）应采用分别接在两段母线上的双回路供电方式。由两段交流母线供电的负荷，在负荷处的进线开关不能同时合上。例如，500kV 变电站继保室宜设置分电屏，分电屏宜采用单母线接线且应双电源供电，双回路之间宜设置 ATS。断路器、隔离开关的操作电源可按配电装置区域划分，且分别接在两段站用电母线以保证双电源供电，并宜采用辐射型供电方式。辐射型接线的 500kV 交流电源系统供电方式如图 9-5 所示，交流电源系统负荷种类多，整体规模较大，本图只画出部分接线。

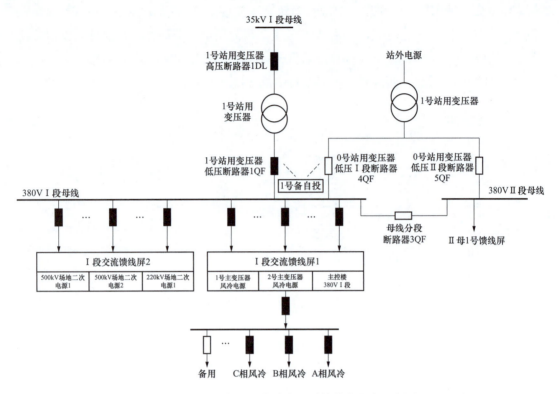

图 9-5　500kV 变电站交流电源系统供电方式示意图

图 9-5 中，以 380V Ⅰ 段母线为例来说明供电方式。正常运行时，380V Ⅰ 段母线由 1 号站用变压器供电，起到汇集并分配电能的作用。一般情况下，在 500kV 变电站的每一段 380V 母线上会配置多个交流馈线屏，各装置通过交流馈线屏从 380V 母线上取电。以 Ⅰ 段交流馈线屏 1 为例，Ⅰ 段交流馈线屏 1 从 380V Ⅰ 段母线上接取多路电源，并为每一路电源配置相应的空气开关。各场地从馈线屏内接取电源，如图 9-5 中 1 号、2 号主变压器风冷电源和主控楼 380V Ⅰ 段电源等。由馈线屏接取电源到场地后，再进一步对电源进行分配，如 2 号主变压器风冷电源再分配为 A 相风冷、B 相风冷、C 相风冷。交流电源系统的供电整体上是一个不断向下、末端逐级分配的过程。对于功率较小的用电负荷可以从末端接取电源，对于功率较大的负荷（如滤油机等）可以从馈线屏直接接取电源。

五、交流电源系统的巡视要求

交流电源系统的巡检主要包括日常巡检和专业巡检。一般情况下日常巡检由运行单位负责，每间隔 1 个月开展一次，主要是对系统设备的运行状态进行巡检。专业巡检由检修人员进行，每间隔 1 年开展一次，除了设备的表面运行状态外，还包括相关技术要求及试验检查。巡检是保障交流电源系统正常运行的重要环节，因此制定合理的巡检项目也是提升巡检质量的重要内容。日常巡检主要包括外观检查、表计检查等项目。

专业巡检的主要项目及检查要求：

（1）外观及物理性检查：交流屏各操作开关、馈线断路器应固定良好，无松动现象；标签标注清晰、正确；屏内端子排接线应无松动现象；装置外形应端正，无明显损坏及变形现象；交流进线屏、馈线屏电缆进线孔应封堵严密；各部件应清洁良好；操作灵活，指示灯指示正确，现场无无较大振动和异常噪声。

（2）一、二次线缆检查：检查二次导线有无损伤、破裂，二次导线工艺处理（不应靠近门锁把手，防止开多次开关门损伤绝缘皮），检查导线连接螺丝有无松动、脱落等。

（3）馈线开关检查：馈线空气开关投退状态与空气开关投退表相关要求是否相符，不应存在环网现象。

（4）表计检查：设备进线和母线电流电压数据显示是否正常，表计读数是否和实测值一致。

（5）指示灯检查：指示灯指示是否正常，没有闪烁、熄灭现象，指示情况与系统目前的运行状态一致。

（6）交流监控单元检验：检查交流监控单元的软件版本，对监控单元定值进行核对，校对监控电源时钟，核对监控单元检测值是否有误差，交流系统内的故障是否与后台故障信号一致。

（7）空气开关级差配合检查：检查空气开关级差配置是否符合要求。

（8）各部件工作情况：监控单元、开关量检测模块是否工作正常、是否告警，设备是否有明显的异常声音。

（9）测温关键点（进线开关、汇流母排、馈线电缆接线处）的温度是否异常。部分接线松动等隐患无法通过肉眼直观发现，同时运行回路也无法接触检查，测温是一种快速准确发现松动发热、放电发热等隐患的简易方法。

（10）交流切换装置自动切换试验（具备备自投）：模拟一路交流失电，交流切换装置应能自动切换到另外一路供电并报警，动作逻辑是否正常。

六、交流电源系统的运行注意事项

正常运行方式下，交流电源系统Ⅰ、Ⅱ段 380V 母线分列运行，当两台工作站用变压器高压侧未并列运行时，一般不得将两段 380V 母线并列运行。在未经试验核算相角前，禁止进行低压侧并列运行，防止不同电源并列引起短路故障。

站用电系统归属变电站自行管辖，但站用变压器高压侧的运行方式则由调度以操作指令或是操作许可的方式确定。正常站用变压器停复役操作，一般分为负荷不停电和负荷短时停电两种操作方法。负荷不停电的操作方法是先将站用变压器 380V 母线分段开关（隔离开关）联络上，然后再退出其中一台站用变压器。负荷短时停电的操作方法是直接将需要操作的站用变压器对应的 380V 电源进线断路器拉开，再拉开相应隔离开关改冷备用，使所在母线的负荷短时停电，然后将 380V 母线分段断路器合上恢复负荷供电。无论采用哪种方式操作，在站用变压器 380V 侧配有备自投装置的交流电源系统中，都必须在操作前将备自投装置退出，防止备自投装置误动造成不同电源的非同期并列。

高压侧配置跌落式高压熔丝保护的站用变压器操作时，要佩戴好绝缘手套和护目镜；停电操作时应先拉中间相再拉两个边相；送电时则应先合两边相后合中间相。遇有大风操作时，应先操作背风相，后操作迎风相。

站用变压器改为检修后，要做好防止倒送电的安全措施。特别是低压侧通过电力电缆连接的站用变压器改检修，必须对电缆进行多次放电，并可靠接地。

（1）站用变压器备用电源自动投装置应满足下列要求：

1）保证工作电源的断路器断开后工作母线无电压且备用电源电压正常的情况下，才投入备用电源；

2）备自投装置应延时动作，并只动作一次；

3）当工作母线故障时，备自投装置不应启动；

4）手动断开工作电源时，不启动备自投装置；

5）工作电源恢复供电后，切换回路应由人工复归；

6）备自投装置动作后应发出提示信号。

防全停应急交流电源系统一般在发生下列两种情况时投入运行：①当一次主系统失电造成交流电源系统全部失电；②当站用电各段 380V 母线均因故障不能运行时。

（2）防全停应急交流电源系统投入运行时应遵循的操作原则：

1）正常运行时，主交流电源系统负责全站交流负荷，应急交流电源系统作备用，两者各自独立运行，不得相互影响交叉。

2）当主交流电源系统失电无法恢复时，必须先将主交流电源系统与各负荷的连接点明确断开后，在验明负荷确无电压后方可将应急交流电源系统接入运行。

3）当主交流电源系统与应急交流电源系统需要同时运行时，两者之间不得通过任何方式并列。

第二节　直流电源系统

一、直流电源系统的基本配置

500kV 变电站的直流电源系统一般由充电设备、蓄电池组、直流母线、绝缘检测仪、直流断路器等设备组成，其主要作用是为保护装置、测控装置、自动装置、断路器控制等提供工作电源。直流电源系统为不间断系统，正常运行时电源来自站用电供电，在站用电失去的情况下，直流电源还可以由蓄电池作为应急备用电源，为站内直流负荷和重要的交流负荷供电。

各设备的主要作用如表 9-2 所示。

表 9-2　　　　　　　　　　直流电源系统主要设备及其功能

序号	设备名称	主要作用
1	充电设备	一般由高频开关电源组成，用以在正常运行状态时将交流 380V 电压转化为直流电压（一般为 220V）供给站内相关设备使用
2	蓄电池	站内直流系统的备用电源，在交流电源系统或者充电设备故障的情况下，给站内直流电源系统短时提供直流电源
3	直流母线	为站内直流电源系统汇集、分配和传送电能
4	直流断路器	接于直流回路之中，通过开断实现设备与电源侧的接通和隔断
5	绝缘检测仪	监视直流电源系统的绝缘状态，在出现直流接地、绝缘降低、交流窜入直流、直流互窜等故障时向监控系统发送告警信号
6	监控仪表	监视直流电源系统的运行状态，向监控系统发送运行数据，在出现故障时向监控系统发送告警信号

二、直流电源系统接线方式

在 500kV 变电站中，线路、变压器、母线保护都采用双重化配置方式，从保护配置、直流操作电源，直到断路器的跳闸线圈都按双重化原则配置，这就要求直流电源也必须是双重化的。故 500kV 直流电源系统一般配置两段 220V 直流母线和两组蓄电池组，采用单母分段的接线方式。同时，根据可靠性要求配置两组蓄电池组及三组充电整流模块。该接线方式的优点如下：

（1）接线简单、清晰。

（2）容易分割成两个互不联系的直流电源系统，有利于提高直流电源系统的可靠性。

（3）方便查找直流电源系统接地。

（4）两段母线之间有隔离开关或熔断器联络，当一组蓄电池因故退出运行时，合上分段联络隔离开关或熔断器由另一组蓄电池供两段母线负荷。

典型的接线方式如图 9-6 所示。

在典型的接线方式下，直流母线通常采用单母分段接线方式。在正常运行状态下，两段母线间的联络隔离开关打开，整个直流电源系统分为两个电气上独立的系统，在每段母线上都接有一组蓄电池和一台浮充电整流器，其中 1 号高频开关整流模块负责为 Ⅰ 段直流母线充电，1 号蓄电池组负责作为 Ⅰ 段直流母线的紧急充电电源，2 号高频开关整流模块负责为 Ⅱ 段直流母线充电，2 号蓄电池组负责作为 Ⅱ 段直流母线的紧急充电电源。与 220kV 变电站不同的是，500kV 变电站还配置了一组备用整流模块——3 号高频开关整流模块，在缺陷处理、设备检修等情况下可以通过调整运行方式由 3 号高频开关整流模块为 Ⅰ 段或者 Ⅱ 段直流母线供电，或者单独对某组蓄电池进行充放电。

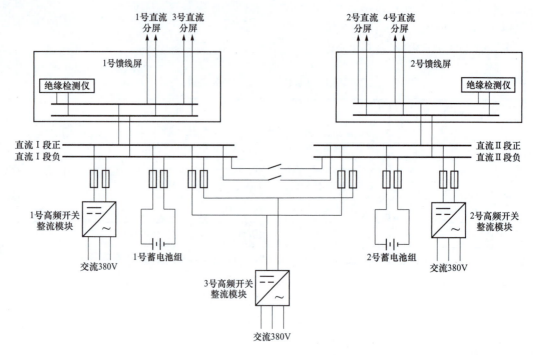

图 9-6　典型的直流电源系统接线方式

500kV 变电站的继电保护设备多采用双重化配置的方式，为确保两套保护的完全独立性，其工作直流电源的供电也应该保持独立，因此，两套保护的工作电源应分别从每段母线上取得直流电源。对于站内没有双重化要求的直流负荷，可任意接在某一段直流母线上，但是从设计阶段就应注意负荷的均衡分配，使正常情况下两段母线的直流负荷接近，防止出现一段母线重载另一段母线轻载的情况。

三、直流电源系统的常见设备

（一）蓄电池组

蓄电池是把电能转变为化学能并储存起来的设备。正常通过在蓄电池两端外加电压，使得电能转换为化学能是蓄电池的充电方式。当蓄电池提供电流给外电路，将化学能转换为电能是蓄电池的放电方式。两种方式是可逆的。

目前，变电站中广泛使用的是铅酸蓄电池，其中 GFM 型阀控式密封铅酸蓄电池最普遍。在环境温度 25℃时其基本电压参数和要求如表 9-3 所示。

表 9-3　　　　　　　　　　　　　　浮充电压和均充电压

标称电压（V）	浮充电压（V）	均充电压（V）
2	2.23～2.28	2.30～2.35
6	（2.23～2.28）×3	（2.30～2.35）×3
12	（2.23～2.28）×6	（2.30～2.35）×6

（二）充电设备

500kV 变电站一般采用双蓄电池组单母分段接线方式，直流电源系统配置有三台充电装置，两台作浮充，一台作备充。

蓄电池组的充电和浮充电设备较普遍使用的是硅整流装置与高频开关电源设备两种。近几年来新建或直流电源系统改造的变电站普遍采用高频开关电源设备。高频开关电源设备一般包括高频开关整流模块、测量监控模块两大部分。

（1）高频开关整流模块。采用功率半导体器件作为高频变换开关，经高频变压器隔离，组成将交流转变成直流的主电路，且采用输出自动反馈控制并设有保护环节的开关变换器，用于电力工程时称为电力用高频开关整流器。

（2）测量监控模块。用于监控、管理直流系统各设备的运行参数及工作状态的测量控制装置，一般具有信息采集处理和人机对话管理功能、显示电压电流及充电方式功能、保护和故障管理功能、与自动化系统通信功能、调节充电装置和蓄电池运行方式的功能。

高频开关电源设备具有稳压、稳流精度高，体积小、效率高，输出纹波及谐波失真小，自动化程度高等优点，同时满足遥信、遥控、遥测的"三遥"功能，是综合自动化和无人值班变电站监控的重要模块，同时还满足对充电的一般要求：

（1）整流装置能满足蓄电池的初充电、事故放电后的充电、核对性放电之后的充电，以及正常浮充电及均衡充电的要求。

（2）整流装置的输出电压调节范围满足蓄电池组在充电、浮充电、均衡充电等运行状态下的要求，满足蓄电池在充电时所需的最高和最低电压的要求。

（3）整流装置输出电流能承担直流母线的最大负荷电流和蓄电池自放电电流。

（4）整流器具有定电流、恒电压性能，能以自动浮充电、自动均衡充电、手动充电三种方式运行。

（5）整流器内设置必要的短路保护、缺相保护、过电压保护和故障信号。

（三）绝缘检测仪

变电站直流电源系统的绝缘监测主要用于实现站内各直流母线及各个直流分支路的绝缘监测。

绝缘检测仪应具备绝缘检测、告警信号发送等性能，在日常运行中实时监控直流电源系统交直流运行状态，包括系统电压、正对地电压、负对地电压、交流窜电电压、母线对地阻抗（包括正对地电阻、负对地电阻）并在液晶显示屏上实时显示。当直流电源系统发生故障，正负对地电压不再平衡并超过预设整定值时，主机液晶屏显示信息，系统接地指示灯和蜂鸣器同时告警。当直流电源系统发生故障，系统电压偏高或者偏低超过预设整定值、交流电压超过预设整定值或正负对地电压不再平衡时，主机液晶屏显示告警信息，指示灯和蜂鸣器同时告警。相关的性能要求如下：

（1）绝缘预警功能：主机的绝缘检测精度不少于 500K，因此可通过检测未接地回路的对地阻抗判断其长期变化的趋势，提供回路接地的预警信息，绝缘降低预警和环路匹配监测。

（2）交流窜电测记及告警功能：装置将交流窜电及接地记录将自动保存在 EEPROM 中以供查阅，该记录包括了窜电或接地的日期时间、接地阻抗、窜电电压、接地回路等信息并可掉电后保存，接地记录数最大保存 1000 条。

（3）有电压平衡功能：当直流电源系统正负母线对地电压的比值超出保护误动风险因数 1.222 时，装置内部通过对地电压偏差补偿桥使直流电源系统对地电压恢复到平衡状态，即正极对地电压与负极对地电压之比大于 0.869，或负极对地电压与正极对地电压之比小于 1.150。

（4）直流互窜检测功能：当直流电源系统发生直流互窜故障时，产品应能发出直流互窜故障告警信息，应能选出直流互窜的故障支路。

（5）蓄电池绝缘状况检测告警功能：装置具备检测蓄电池绝缘降低或接地故障功能，并发出蓄电池接地故障告警信息。

（6）告警信息可通过开关量上传到综合自动化系统或调度自动化系统上位机。

四、直流电源系统的供电方式

直流电源系统的供电采用逐级向下的辐射供电方式，一般在各个二次设备小室内配置独立的直流分屏，直流分屏的数量根据小室内的直流负荷确定，一般最少不少于两面分屏，分别从Ⅰ段和Ⅱ段直流母线取电源。常见的供电方式示意图如图 9-7 所示。

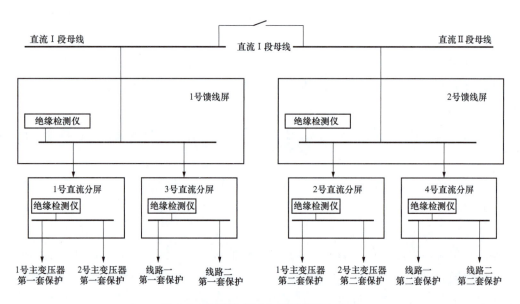

图 9-7 典型的直流电源系统供电方式

直流电源系统正常运行时存在大量分布式的直流负荷，如果所有的负荷均直接从直流母线进行取电，则会在直流充电屏处布置大量的电缆，同时单一的故障可能导致整段母线的供电产生影响，因此，为确保系统整体合理的布局，直流电源系统供电时从直流母线开始以"直流母线—直流馈线屏—直流分屏—直流负荷"逐级进行分散的方式进行。对于负荷功率较小的保护装置工作电源或者断路器操作电源等，取电时只需要在相应的直流分屏和装置间布置电缆接取直流电源。

直流电源系统在正常运行中是对地绝缘系统，如果在运行中发生直流接地的情况，有可能导致断路器误动或者拒动的情况，因此在运行中需要对整个直流电源系统进行回路绝缘的实时监视。目前，绝缘监视主要由绝缘检测仪自动巡检实现。220kV 变电站一般在直流馈线屏内每一段母线配置一套绝缘检测仪。与 220kV 变电站不同的是，500kV 变电站要求在各个直流馈线屏和直流分屏均要独立布置绝缘检测仪，以更快地检测出具体的接地支路，提高接地故障的响应速度。

五、直流电源系统的巡视要求

（一）日常巡视检查项目

（1）蓄电池室通风、照明及消防设备完好，温度符合要求，无易燃、易爆物品。

（2）蓄电池组外观清洁，无短路、接地。

（3）各连片连接牢靠、无松动，端子无生锈，并涂有中性凡士林。

（4）蓄电池外壳无裂纹、漏液，呼吸器无堵塞，密封良好，电解液液面高度在合格范围。

（5）蓄电池极板无龟裂、弯曲、变形、硫化和短路，极板颜色正常，无欠充电、过充电，电解液温度不超过 35℃。

（6）典型蓄电池电压、密度在合格范围内。

（7）充电装置交流输入电压、直流输出电压、电流正常，表计指示正确，保护的声、光信号正常，运行声音无异常。

（8）直流控制母线、动力母线电压值在规定范围内，浮充电流值符合规定。

（9）直流系统的绝缘状况良好。

（10）各支路的运行监视信号完好、指示正常，熔断器无熔断，自动空气开关位置正确。

（二）特殊巡视检查项目

（1）新安装、检修、改造后的直流电源系统投运后，应进行特殊巡视。

（2）蓄电池核对性充放电期间应进行特殊巡视。

（3）直流电源系统出现交、直流失压、直流接地、熔断器熔断等异常现象处理后，应进行特殊巡视。

（4）出现自动空气开关脱扣、熔断器熔断等异常现象后，应巡视保护范围内各直流回路元件有无过热、损坏和明显故障现象。

六、直流电源系统运行注意事项

直流电源系统是变电站内最重要的站用电，一旦失去或者不能可靠供电可能对整个变电站的可靠运行产生重大的影响。在日常的运维中需要对相关注意事项如下：

（1）正常运行时两段直流母线应分列运行，避免两段母线长时间并列运行而降低系统运行可靠性。

（2）正常运行时直流电源系统的电压监视装置、绝缘监察装置均应投入运行。

（3）正常运行时，直流母线电压应保持在额定电压的±5%。

（4）在Ⅰ、Ⅱ段直流母线运行中，如因直流电源系统工作需要转移负荷时，允许用Ⅰ、Ⅱ段母线联络隔离开关进行短时间并列。但必须注意的是，两段母线应电压一致且绝缘良好，无接地现象。工作完毕后应及时恢复，以免降低直流电源系统可靠性。

（5）直流电源系统在正常运行方式下，Ⅰ、Ⅱ段直流母线不允许通过负荷回路并列，以免因合环电流过大而熔断负荷回路熔丝，造成负荷回路断电而引起的异常或事故。

（6）充电机在正常浮充运行时，其调节方式均应在自动稳压方式，尽可能避免手动调节方式，以减少交流电压的变化，自动稳流一般在对蓄电池均衡充电时使用。

（7）蓄电池应采用"浮充电"方式运行。所谓"浮充电"运行，即蓄电池与充电设备并联运行，负荷由硅整流充电设备供电，同时以很小的浮充电流向蓄电池充电，以补偿蓄电池的自放电损耗，使蓄电池处于充足电状态。正常浮充电流一般为 0.3～0.5A，可监视直流母线电压来控制浮充电流。浮充电流必须经常保持稳定，当不具备自动稳压、稳流条件时，浮充电流要加强监视，并且随时调整到正常值。

（8）对于浮充电运行的蓄电池，虽然整组蓄电池都处在同样条件下运行，但由于某种原因，有可能造成整组蓄电池不平衡。在这种情况下，应采用均衡充电的方法来消除电池之间的差别，以达到整组蓄电池的均衡。

第三节　交流不停电电源 UPS

一、UPS 系统的基本配置

在变电站交流电源系统故障的情况时站内交流电源失去，此时直流电源系统仍能在短期内可以依靠蓄电池组继续供电，但是此时交流电源系统缺乏相应的供电电源。因此，需要在 500kV 变电站配置交流不停电电源系统 UPS，为变电站内的监控系统、电力数据传输系统等不能中断供电的重要负荷提供电源。按照原理的不同 UPS 一般可分为离线式、在线互动式和在线式。

（1）离线式 UPS。正常运行时 UPS 仅为备用性质，交流电源直接供电给用电设备也为电池充电，一旦交流电源供电品质不稳或停电了，交流电源的回路会自动切断，蓄电池的直流电会被转换成交流电，接替供电的任务，直到交流电源恢复正常。离线式 UPS 的典型结构如图 9-8 所示。

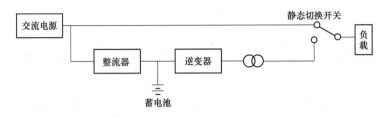

图 9-8　离线式 UPS 的典型结构

（2）在线互动式 UPS。当交流电源正常时，由交流电源直接向负荷供电；当交流电源电压偏低或偏高时，由稳压电路稳压后向负荷供电；当交流电源异常时，由蓄电池逆变后向负荷供电，在线互动式 UPS 切换时间一般小于 4ms。在线互动式 UPS 的典型结构如图 9-9 所示。

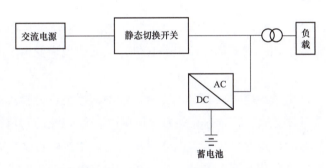

图 9-9　在线互动式 UPS 的典型结构

（3）在线式 UPS。在线式 UPS 运行时交流电源和用电设备是隔离的，交流电源不会直接供电给用电设备，而是到了 UPS 就被转换成直流电，再分两路，一路为蓄电池充电，另一路则转回交流电，供电给用电设备。交流电源供电品质不稳或停电时，蓄电池从充电转为供电，直到交流电源恢复正常才转回充电，UPS 在用电的整个过程是全程介入的。在线式 UPS 的典型结构如图 9-10 所示。

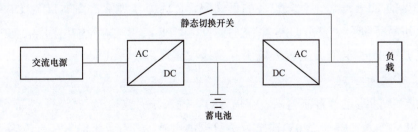

图 9-10　在线式 UPS 的典型结构

500kV 变电站的 UPS 一般采用在线式，即正常交流输入经整流及逆变后输出交流，交流输入失电或整流部分故障时，原处于浮充运行的蓄电池组立即无切换地经逆变器输出交流。在线式 UPS 配置交流输入、交流输出和直流输入三个接口，主要由整流器、逆变器、隔离变压器、静态开关、手动旁路开关等设备组成。各设备的主要功能如下：

（1）整流器。整流器将交流电源输入变为直流输出，它主要有两个用途：①将交流电转化为直流电经过滤波处理后供应给负荷设备或是逆变器；②为蓄电池起到一个充电电压的作用。

（2）蓄电池。蓄电池是 UPS 储存电能的装置，它由若干个电池串联而成，其容量大小决定了其维持放电的时间。其重要功能是：交流电源正常时将电能转换成化学能储存在电池内部；交流电源故障时将化学能转换成电能供应给逆变器或负荷。在变电站内与站内直流系统蓄电池组共用，一般不额外配置 UPS 专用蓄电池组。

（3）逆变器。逆变器将交流电源经整流后的直流电或蓄电池的直流电转换为电压和频率都比较稳定的交流电，作为站内紧急交流电源，主要供给监控后台、电力数据网设备等重要的交流电源设备使用。

（4）静态开关。UPS 中静态开关的作用是旁路开关，为零开关时间。在 UPS 输出出现故障时切断故障电源输出切换到外部交流电源直供，从而实现逆变器输出和旁路输出之间的不间断切换。

正常工作状态下，由站用电源向其输入交流，经整流器整流为直流滤波后再送入逆变器，变为稳频稳压的工频交流，经静态开关向负荷供电。当 UPS 的站用输入交流电源因故中断或整流器发生故障时，逆变器由蓄电池组供电，直流电源经过逆变转为交流电源，再通过静态开关和滤波输出稳压稳频的交流。当 UPS 装置内的逆变器或者整流器故障时，UPS 逆变模块自动退出回路，同时启动静态开关自动切到旁路输入方式，站用交流电源直接经过静态开关到滤波电路输出交流。

二、UPS 系统的接线和运行方式

500kV 变电站的 UPS 系统一般按照双重化方式配置，通过 UPS 馈线屏向交流负荷供电，典型的 UPS 系统接线方式如图 9-11 所示。

目前常见的 UPS 均以一体化设备的形式配置，为方便理解，图 9-11 对 UPS 内部的基本原理模块进行了细分。整个 UPS 系统主要包括 UPS 装置、输入输出回路、UPS 馈线屏、交流负荷，其中 UPS 装置及其输入输出回路均按照双重化方式配置。

（一）正常运行方式

UPS 的输入回路包括直流输入、交流 380V 输入、旁路输入三个部分。正常运行时，通过交流 380V 输入转换为 220V 输出为负荷提供电源。站用旁路输入和直流输入备用，静态开关切在非旁路位置。

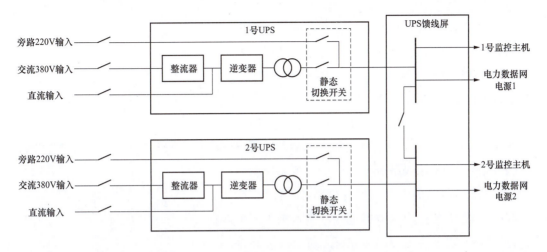

图 9-11　典型的 500kV 变电站 UPS 接线方式

（二）蓄电池运行方式

一旦交流电源发生异常时，将储存于蓄电池中的直流电转换为交流电，此时逆变器的输入改由电池组来供应，逆变器持续提供电力，供给负载继续使用，达到持续供电功能。UPS 的电力来源是电池，而电池的容量是有限的，因此 UPS 不像交流电源能持续不断供应电力，所以无论多大容量的 UPS，在其满载的状态下，其所供电的时间必定有限，若要延长放电时间，须购买长延时 UPS。

（三）旁路运行方式

当在线式 UPS 遭遇电源超载、旁路命令（手动或自动）、逆变器过热或机器故障，UPS 一般将逆变输出转为旁路输出，即由交流电源直接供电。由于旁路时，UPS 输出频率相位需与交流电源频率相位相同，因而采用锁相同步技术确保 UPS 电源输出与交流电源同步。旁路开关双向可控硅并联工作方式，解决了旁路切换时间问题，真正做到了零时间切换，控制电路复杂，一般应用在中大功率 UPS 上。如 UPS 过载时，必须人为减少负荷，否则旁路断路器会自动切断输出。

（四）手动旁路维护方式

当 UPS 进行检修时，通过手动设置旁路保证负荷的正常供电，当维修完成后重新启动 UPS，此时的 UPS 转为正常运行。

三、UPS 的巡视要求及典型操作

（一）UPS 的巡视要求

（1）监视 UPS 运行参数。输入交流电压为 220V（380V），50Hz；输入直流为 220V；输出单相交流 220V，50Hz，运行温度 0～40℃。正常运行时，监视运行参数，应在铭牌规定的范围内。

（2）检查 UPS 各切换开关位置是否正确，运行良好。

（3）保持 UPS 及母线室温度正常，清洁，通风良好。

（4）检查 UPS 内各部分无过热、松动现象；各灯光指示正确。

（二）UPS 的典型操作

1．UPS 投入运行前的检查

（1）收回有关工作票，拆除与检修有关的临时安全措施，检查盘内应清洁、无杂物，检测绝缘，应符合要求。对新投入和大修后的 UPS 整流器，在投运前还应核对相序和极性。

（2）检查 UPS 接线是否正确，接头有无松动。

（3）检查 US 各开关，应均在"断开"位置。

（4）检查 UPS 柜内整流器电源，输入电压应正常。

（5）检查 UPS 各元件，应完好，符合投运条件。

2．UPS 投入运行的操作

（1）合上 UPS 交流输入开关、直流输入电源开关、内部旁路开关。

（2）按下 UPS 逆变开关启动 UPS 装置，进行自检。

（3）逆变器运行灯亮，大约 10s 后向负荷供电，检查输出电流电压是否正常。

3．UPS 退出运行的操作

（1）合上 UPS 外部旁路回路电源开关。

（2）按下 UPS 逆变开关按钮，使逆变器停止，全部报警器复位。

（3）断开直流输入电源开关。

（4）断开交流输入电源开关和内部旁路开关。

（5）全面检查，灯光熄灭，电源均断开。

4．UPS 切至旁路的操作

（1）检查 UPS 旁路回路正常，处于备用状态。

（2）按下 UPS 逆变开关，使 UPS 转入备用电源供电。

（3）8s 后 UPS 切至旁路运行，"旁路"指示灯亮。

（4）检查灯光指示是否正确，输出电压是否正常。

（5）拉开正常交流、直流输入电源开关。

当逆变装置出现异常或者逆变装置的进线电源发生故障时，应迅速隔离故障 UPS，由正常运行的 UPS 带全部负荷。注意：进行切换前应将所有支路开关拉开。具体操作参照典型操作票。事故照明 UPS 故障时，由旁路交流电源供电。

第四节　交直流电源系统典型缺陷

变电站交直流电源系统在电网的运行中起到很重要的位置，如果交直流电源系统出现故障对运行的稳定有很大的影响。下面列举一些变电站中出现的交直流电源系统故障案例。

一、直流接地缺陷

1. 缺陷概况

某 500kV 变电站监控后台突然出现直流电源Ⅰ、Ⅱ段同时接地和 220kV 3、4 号母联 2034 断路器（简称 2034 断路器）C 相分位遥信变位，站内绝缘监测装置报直流电源Ⅰ、Ⅱ段负极绝缘降低，监控后台曾出现过多次直流接地告警。

2. 风险分析

直流接地（直流绝缘故障）是直流电源系统最常见的故障，同时也是较为复杂和消除难度大的缺陷。500kV 变电站在馈线屏和分屏均配置了绝缘检测仪，正常情况可以初步判断出接地支路。在判断出支路后，可以使用直流接地查找仪进行具体回路的查找，首先在处理缺陷时将仪器仪表主表的正负和接地三根线接至运行中的直流系统，存在一定的误接线导致直流系统失电的风险。

3. 安全措施

接线前先检查仪表端接线是否正确，并用万用表测量仪表各个端口之间绝缘是否正常；再逐个将正、负、地三根线接至需要查找直流母线的正负和屏内接地点，注意一次只能单根接线，严禁采用双手各持一根线的方式进行。

4. 处理过程

通过对监控后台的报文进行分析，现场检修人员发现 2034 断路器 C 相位置的信号变位的报文是硬接点动作引起，初步怀疑 2034 断路器 C 相位置信号的电缆芯绝缘有问题。据此判断，检修人员现场采取拆除电缆芯的方式对 2034 断路器 C 相分位电缆芯进行绝缘测试，发现 2034 断路器 C 相分位电缆芯对地绝缘为 0，证实了 2034 断路器 C 相分位遥信变位的报文是因为电缆芯接地引起。根据此检查结果，紧急向调度申请 2034 断路器停电检查。

2034 断路器停电后，现场检修人员首先对 2034 断路器 C 相分位整根电缆两端进行拆除，并对所有电缆芯进行相间绝缘和对地绝缘测试，发现除 C 相分位这根电缆芯对地绝缘低，其余电缆芯绝缘均为良好。拆掉包扎的绝缘胶布和相色带后发现故障点位置（如图 9-12 所示）。

进一步分析原因，发现 2034 断路器 C 相分位电缆芯绝缘低是因为在制作电缆头时将 2034 断路器 C 相分位的电缆芯割伤（刚割伤时绝缘没问题），运行几年后包裹电缆芯的屏蔽层铜网和电缆接地线发生锈蚀产生了铜绿，破损的电缆芯通过铜绿间接与接地线导通从而导致接地。

这种由设备老化引起的故障接地点多发生在户外一次设备

图 9-12 2034 断路器 C 相位置信号电缆破损

辅助接点、继电器等元件上，二次保护装置电源一般都经过逆变、降压、整流等回路处理，形成低压直流回路，发生此类接地故障的可能性不高。

直流接地缺陷的处理原则：

（1）发生直流接地时，如直流回路有工作时，应立即停止其在二次回路上的所有工作。

（2）直流接地时，由绝缘检查装置显示母线正对地电压、负对地电压、支路号的接地电阻值，以及正极绝缘阻值和负极绝缘阻值，并现场用万用表测量对地电压情况。

（3）无绝缘检查装置时，可直接采用拉路的方法，确定接地点。

（4）可以确定接地的支路号（一路或几路都可检测）时，将接地支路号汇报调度，由检修人员根据支路号进一步查找接地点。处理直流接地如需退出相关保护、控制回路直流熔丝，须征得相关调度同意，并将可能误动的保护停用，再进行处理，待直流恢复送电后，保护无异常再投入保护。

（5）查找接地工作不得少于两人，在监护下有序进行工作。

（6）取下直流熔丝时先正后负，恢复时相反。

（7）拉断直流电源时间不得超过 3s，防止故障时无保护动作。

（8）发生接地时，一般不得将直流Ⅰ、Ⅱ段并列，以防故障扩大。

二、交流窜入直流系统

1. 缺陷概况

某日，某 500kV 变电站 2 号主变压器第一套保护、第二套保护，2 号主变压器低压电抗器电容投切装置，3 号主变压器第一套保护，3 号主变压器 1 号电容保护，3 号主变压器 3 号低压电抗器保护间隔陆续报装置故障，现场检查相应空气开关均跳开。

2. 风险分析

多套保护同时发生故障，导致站内大量设备失去保护，如此时发生故障将导致保护无法动作，扩大停电范围。

3. 安全措施

应对相关保护及时改信号状态，避免保护装置误动。

4. 处理过程

检查发现，2 号主变压器第一套保护中的 RET521（大差动保护）、REL511（500kV 后备距离），第二套保护中的 REL511（220kV 后备距离）装置电源板故障，板件上的电容鼓包，部分电容器内电解液少量溢出。对直流充电机检测发现，1 号直流充电机 1、6、7 号共 3 块充电模块不同程度异常。更换充电模块后恢复正常。

异常事件发生时，变电站现场正在开展 GPS 同步时钟改造工作，存在使用电动螺丝刀情况。为确认电动螺丝刀使用过程是否会对直流系统产生影响，将当天使用电动螺丝刀进行多项检测。检测结果显示，该电动螺丝刀在电源插头带电后，螺丝刀头对地可以量到约

27V 交流电压，螺丝刀在转动过程中可以量到约 24V 的交流电压，并存在一定的高频分量，如图 9-13 所示。因为电动螺丝刀头在使用过程中始终对地存在交流电压，可能导致交流通过端子排窜入直流系统。

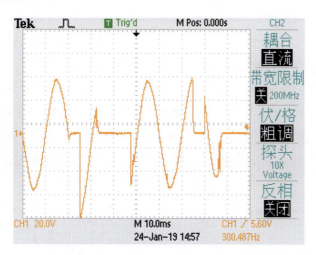

图 9-13　电动螺丝刀转动过程中产生的工频及高频噪声干扰

GPS 屏更换工作安措恢复后，由厂家人员对全屏进行端子排紧固螺丝的操作，在此过程中使用的电动螺丝刀绝缘下降，在使用刀头带交流电压的螺丝刀松紧对时回路螺丝时，将交流电和高频信号窜入了相应保护装置的直流电源中，造成保护装置元器件损坏（压敏电阻、电容等），引起电源板短路过流并最终导致空气开跳闸。在紧固螺丝的过程中，直流电源检测系统多次报警，报警间隔时间约为 20s，且每次报警持续时间为 2～3s。报警的间隔与持续时间与电动螺丝刀紧固螺丝的频率和速度一致。

第五节　对　时　系　统

一、对时系统的基本组成

500kV 变电站的事件记录、信号时标等功能均需要依靠全站对时系统。在发生故障或者异常告警时，确保全网的保护装置及自动装置具有统一时钟，准确记录每次事故的时间，以便事故调查，并准确定性。对时系统的时间同步装置是利用卫星精确的时间信号，通过软、硬件的处理，将国际标准时间转换为当地标准时间，对用户设备进行授时的时间同步系统。变电站的对时系统一般由以下几部分组成：

（1）时间同步装置。是接收和发送时间同步信号和时间信息的基准时间装置，它一般包括信号接收器、中心处理单元、同步脉冲发生电路及为适应各种厂家而设计的各种接口等几个部分。

（2）时间信号输出单元。一般同步装置本体应能提供足够数量的不同类型的时间同步信号，当输出单元不够时，可以增加扩充单元来满足被授时装置的需要。

（3）时间信号的传输根据不同的接口来选择不同的通道。一般有光纤、同轴电缆、屏蔽双绞线、音频通信电缆等。

（4）各种被授时设备。变电站内各种需要授时的设备，如故障录波装置、事件记录装置、同步相量测量装置、测控保护装置及各类智能单元等。

目前，常用的授时信号有秒脉冲（PPS）、分脉冲（PPM）、时脉冲（PPH），串行数据授时的串行报文授时和 IRIG-B 授时，网络授时 NTP（RFC1305）、SNTP（RFC2030）。常见的授时信号接口包括无源接点、TTL 电平、RS-232、RS-422/485、AC、光纤。不同的授时信号和接口的授时精度也存在着差异，常用时间同步信号的准确度如表 9-4 所示。

表 9-4 常用时间同步信号的准确度

授时信号	无源接点	TTL 电平	RS-232	RS-422/485	AC	光纤
1PPS	3μs	1μs	—	1μs	—	1μs
1PPM	3μs	1μs	—	1μs	—	1μs
1PPH	3μs	1μs	—	1μs	—	1μs
串口时间报文	—	—	约 10ms	约 10ms	—	约 10ms
IRIG-B（DC）	—	1μs	—	1μs	—	1μs
IRIG-B（AC）	—	—	—	—	20μs	—

500kV 及以上变电站一般均配置 2 台时间同步系统、4 台扩展时钟装置。站内主时钟柜一般设于小室，在小室和其他保护小室内均设置一块扩展时钟柜。主时钟柜有两种时间同步系统输入，即主时钟和北斗主时钟互为备用，主时钟柜负责接收 GPS 及北斗天线时钟，并通过两根光缆将 GPS 及北斗天线时钟信号送至各扩展时钟柜，各扩展时钟通过输出接口模块将时钟信号送至站内不同的测控、保护、录波等各类二次设备。任意一个小室的扩展时钟出问题均不影响其他小室对时，故采用这种方式系统可靠性更高。目前对时系统结构一般包括基本式、主从式、主备式。

1. 基本式

基本式的对时系统结构由一套主时钟、光缆或电缆、时间信号用户设备接口等组成，其结构如图 9-14 所示，当时钟同步系统授时对象较少或授时对象分布较为紧凑时，通常会采用这种结构，只需要一台主时钟，这台主时钟接收 GPS 及北斗卫星信号，同时还可以接收外部有线时间基准信号，如 IRIG-B 码信号、PTP 信号、1pps 信号等。

2. 主从式

主从式对时系统结构由一套主时钟和多套从时钟、光缆或电缆、时间信号用户设备接口等组成，主从式时钟同步系统结构如图 9-15 所示，相较基本式结构，这种结构更灵活，也更适应较为分散的授时对象。从时钟与主时钟之间采用光缆连接，可以方便地拉开物理距离，而不必过多地考虑信号的衰减和误差等因素。

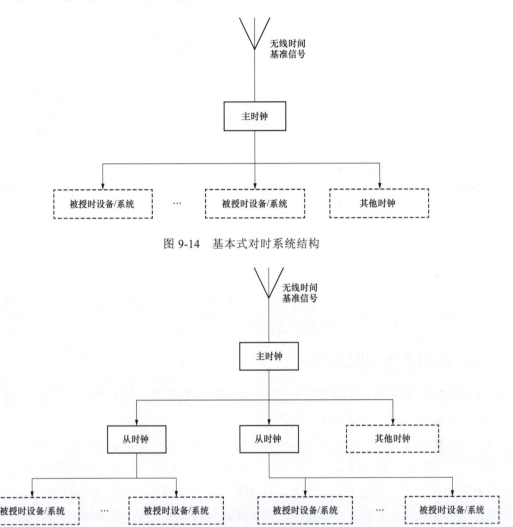

图 9-14　基本式对时系统结构

图 9-15　主从式对时系统结构

主从式结构不足主要是多了一级从时钟，好处就是主时钟到各授时设备之间的连线更少，施工更加容易，授时精度也更高，因为每台从时钟都可以设置时间误差，因此该方案还是有好处的，但是架设成本较高，这个需要客户和厂家多沟通看成本是否合适。

3. 主备式

任一主时钟均以无线时间基准信号（天线信号）作为主用信号，当任一主时钟无法正常接收无线时间基准信号时，应能接收另一主时钟的 B 码时钟信号作为备用基准时间信号，主备式时钟同步系统结构如图 9-16 所示，这种结构既有充分的灵活性，能够适应较为分散的授时对象，又增加了信号源的数量，保证了基准信号的可靠性。

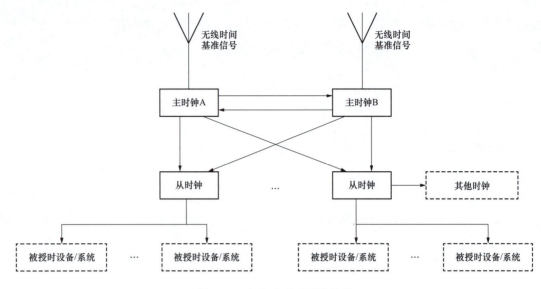

图 9-16 主备式对时系统结构

该时钟同步方案应用最为广泛，在比较重要的场合基本都是采用主备授时方案，不但大大增加了系统的冗余性，还使得输出信号的路数更多，再加上从时钟的配置，使得施工难度大大降低，授时精度也得到大幅度提高。

二、对时系统的安装调试

变电站对时系统相对保护装置来说回路简单，安装过程侧重于天线安装工艺、各类缆线的规范标识、装置上电调试等工序。

时间同步装置的授时天线是变电站时钟的接收器，它的安装工艺会影响对时系统时间的正确性，必须通过各种措施来实现系统天线接收信号的完整正确，天线必须保证有足够的视野来接收信号，安装的最佳位置应该是在它的上空与水平线呈 45°角以外无障碍物的地方，避免安装在变电站进出母线下，减少强磁电对天线卫星接收的影响，天线高出屋面距离不要超过正确安装必需的高度，尽可能减少雷击危险。

对可能出现腐蚀和与墙壁发生摩擦的天线的传输线裸露部分，尽可能使用海绵、泡沫等软物体裹住裸露部分；天线施放的时候，需注意把天线连接装置的 BNC 连接头用塑料带及绝缘胶布可靠包裹，避免安放过程中造成损坏，影响天线收信效果，且连接头要配防雷器，防止雷电窜入 GPS 时钟。

天线的传输线不能弯折，尽量呈弧度放线，传输线放线在主控室内的电缆层时，要用扎带将它固定住，传输线到达屏柜后进入放线槽，需用扎带固定在放线槽内。

装置通电后，首先检查主时钟屏是否正确接收到卫星，然后检查屏内信号输出是否无误，最后检查保护小室需对时装置的对时信号是否正常。在检测 GPS 时钟的输出时，需先用万用表直流电压档来测试各个端子信号输出电平。如电平输出无电压，则确定此输出是无源脉冲，无源脉冲可用自制的脉冲信号灯直接观察，正常显示为 1s 闪一次，脉冲信号测试仪只可测试无源脉冲，不能测试其他信号，以免造成对装置的损坏。

有源脉冲及其 B 码对时信号可用万用表直流电压档检查电压是否 1s 有一次变化，有源脉冲用万用表直流档测试为每秒一个电压变化，如 24V 有源脉冲电压每秒都会从 24V 跳动一下；B 码信号电平用万用表直流档测量为一个 –0.5～–2.0 之间不停变化的值。

三、对时系统的常见故障

根据近年来对 GPS 时钟缺陷出现情况进行的统计来看，常见的故障问题有：

（1）接触不良，电源线接触不好导致装置运行不正常闪屏或 GPS 输出信号线接触不好导致装置对时不准；

（2）天线中断，天线外露部分被咬断或腐蚀，GPS 时钟屏面板不显示接收到的卫星数，GPS 时钟报天线告警后台报 GPS 异常；

（3）信号不稳，光纤熔接稠合度不好或天线焊接不好运行 1～2 年后信号衰减，均会导致此类现象发生；

（4）装置老化，GPS 时钟运行年限过长，内部元器件失效造成无法运行。

针对第一类缺陷，紧固二次接线即可恢复，在安装过程中一定要做好紧螺丝的工作，同时也要注意对厂家内部配线紧固一遍。第二类缺陷需要重新敷设天线，并做好天线外露部分的防腐蚀及小动物噬咬措施。第三类缺陷就要在尾纤熔接请工艺水平高的人员进行，工艺要满足运行要求，光纤通道标识规范，这将为今后更换备用尾纤及重新熔接提供方便，因厂家发货时已将天线头可靠焊接，尽量不从中剪断天线重新焊接，如天线确实较长，可将其盘绕整理好即可，这样可避免天线焊接不好造成信号衰减的现象。第四类缺陷，对坏的模块进行更换即可恢复。

第六节 二次接地网

500kV 变电站的二次接地网是提高二次设备抗干扰能力的重要组成部分，其目的是防止电位差干扰对二次设备的影响，将各点可能产生的电位差降到最低。当一次系统发生接地短路或避雷器动作时，都会有大电流流入变电站的接地网，再通过接地网分散进入大地，使得接地网中电流流入点和其他地方的电位不同，这一电位差将会对二次回路产生干扰，良好的二次接地网可大幅降低这个干扰对二次设备正常运行的影响。

一、二次接地网的基本要求

变电站等电位接地网布设的位置应包括主控室、继电保护室、屏柜（含继电保护屏、测控屏、故障录波屏等）、电流互感器（TA）和电压互感器（TV）端子箱、GIS 汇控柜（开关端子箱）。其中，重点是继电保护所属屏柜，因其直接影响断路器出口操作回路。

二次等电位网独立组网，在变电站控制室及保护小室应独立敷设与主接地网单点连接的二次等电位接地网，二次等电位接地点应有明显标志。等电位接地网布设完毕后，必须与主接地网有一点连接。若不与主接地网相连，等电位接地网接地电阻不能满足设计要求；若与主接地网多点相连，当主接地网电位不平衡时，不平衡电压也会被引入到等电位接地网中，从而对二次设备产生干扰。

二次地网要求沿二次电缆沟道敷设专用铜排，贯穿主控室、保护室至开关场的就地端子箱、机构箱等处的所有二次电缆沟，形成室外接地网。室内接地网要求在保护室屏柜下层的电缆室（或电缆沟道）内，沿屏柜布置的方向逐排敷设截面积不小于 $100mm^2$ 的铜排（缆），将铜排（缆）的首端、末端分别连接，形成保护室内的等电位地网。该等电位地网应与变电站主地网一点相连，连接点设置在保护室的电缆沟道入口处。为保证连接可靠，等电位地网与主地网的连接应使用 4 根及以上，每根截面积不小于 $50mm^2$ 的铜排（缆）。如 500kV 变电站具有多个分散布置的保护小室，每个小室均按照上述要求设置与主地网一点相连的等电位地网。小室之间若存在相互连接的二次电缆，则小室的等电位地网之间应使用截面积不小于 $100mm^2$ 的铜排（缆）可靠连接，连接点应设在小室等电位地网与变电站主接地网连接处。保护小室等电位地网与控制室、通信室等的地网之间亦应按上述要求进行连接。具体如图 9-17 所示。

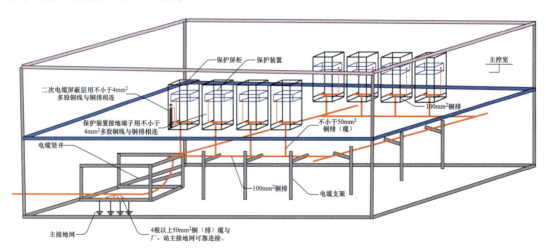

图 9-17　变电站保护室二次接地网示意图

二、继电保护屏柜的接地要求

保护屏柜下部应设有截面积不小于 $100mm^2$ 的接地铜排（不要求与保护屏绝缘），屏上设有接地端子，并用截面积不小于 $4mm^2$ 的多股铜线连接到该接地铜排上，接地铜排应用截面积不小于 $50mm^2$ 的铜缆与保护室内的接地网相连。保护室内的接地网经截面积不小于

100mm^2 的铜缆在控制室电缆夹层处一点与主地网引下线可靠连接。

保护屏柜内部的铜排上应均匀排列多个 M6 连接孔和一个 M10 连接孔，每个连接孔均配有垫圈、垫片和螺帽。继电保护装置或其他二次装置机箱外壳接地线和二次屏柜门接地线采用专用黄绿相间 4mm^2 多股软铜线连接至该接地铜排上。电流互感器二次回路的 N 线采用专用黄绿相间 4mm^2 多股软铜线连接至该接地铜排上；电缆屏蔽线编成辫状，压接上铜鼻子后，连接到该接地铜排上。接地示意图如图 9-18 所示。

应特别注意，屏柜内的交流供电电源（照明、打印机和调制解调器）的中性线（零线）不能接入等电位接地网。

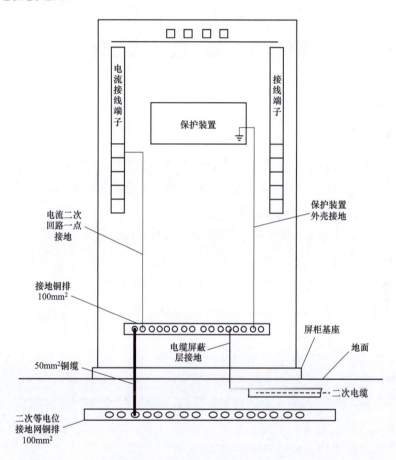

图 9-18　继电保护屏接地示意图

第十章 设 备 验 收

第一节 交 接 试 验

一、验收准备

（一）基本条件

竣工验收是全面考核变电站建设工作、检查变电站是否符合设计和工程质量要求的重要环节，对促进工程及时投产、确保工程顺利移交有重要作用。开展二次设备竣工验收之前，施工单位应确保施工现场具备下列基本条件：

（1）所有二次接线安装结束，二次回路检查试验完成，相应的现场一次设备具备联动试验条件；

（2）测控装置、保护装置、PMU装置、电能量采集终端、时钟同步装置等设备的站内调试工作均已完成；

（3）整组传动试验已完成，调试整定单已经执行并完成校验；

（4）监控系统站控层设备及各项应用功能调试完成；

（5）电力调度数据网及二次安防设备调试完成，与各级调度通道调试已完成；

（6）远动装置、PMU装置、电能量采集终端、继电保护故障及录波信息子站调试完成，与各级调度主站联调已完成；

（7）出厂验收时遗留问题已全部处理完毕；

（8）施工单位各级自验收、整改工作已完成；

（9）备品备件、专用工器具移交完成；

（10）设备命名标识牌和光纤、熔丝、空气开关、压板等正式标签挂设完成；

（11）各阶段需提供的资料已全部提交；

（12）验收申请及相关资料已提交并通过相关专业部门审核。

注：上述内容为推荐性内容，若实际工程工期异常紧张，不具备整站移交验收条件，建设单位验收人员可根据实际情况安排分区域验收。

（二）资料检查

开展二次设备竣工验收之前，施工单位应完整收集下列资料并提交建设单位验收组人员以备检查：

（1）经设联会确认的设备清单：包括用途、型号、厂家、数量、软件版本；

（2）设联会纪要，图纸交底纪要；

（3）工程技术联系单及设计变更通知单；

（4）经设联会确认的厂家组屏图、相关设备模型和接口文件、装置说明书；

（5）与现场实际相符的工程竣工图纸，包括厂家组屏图、保护配置图、原理图、电缆接线图、光缆接线图、虚端子表、五防逻辑表、远动信息表、远动参数配置表、交换机端口配置表（包括交换机管理端口配置表）等；

（6）所有电流互感器、电压互感器变比和相关一次设备参数；

（7）全站电流互感器二次绕组极性、变比的实际接线示意图；

（8）全站电压回路中性点实际接线示意图；

（9）完整的现场试验报告；

（10）整定单（正式或调试整定单）；

（11）保护信息子站、故障录波器网络接线示意图；

（12）全站监控系统结构示意图、监控系统设备通信状态图、MMS网、SV网及GOOSE网交换机端口分配表（包含管理端口）；全站设备源MAC地址表、IP地址分配表等；

（13）全站闭锁逻辑表；

（14）调控信息对应表、告警直传信息表及信息核对记录资料；

（15）与现场相符的全站SCD文件备份及其说明，各单体装置配置文件备份及其说明，监控系统配置文件备份及其说明。

二、保护及相关设备验收

（一）通用验收内容

二次设备交接试验通用验收内容如表10-1所列。

表10 1　　　　　　　　　二次设备交接试验通用验收内容一览表

序号	验收内容	验收方法	验收要求
1	保护定义顺序	现场核查	保护配置顺序符合调度部门发文要求，若不符合要求需通过联系单形式与设计及调度部门确认是否整改
2	保护整定单（正式或调试整定单）	现场核查	收到部分已核对，调试整定单问题已反馈，核对内容包括设备参数，TA、TV变比，装置型号、版本号、校验码，跳闸矩阵整定与实际接线，整定说明部分等
3	竣工版SCD文件，虚端子表	资料检查、现场核查	配置文件符合要求

序号	验收内容	验收方法	验收要求
4	厂家配置文件检查	资料检查	厂家配置文件与现场实际一致
5	交换机检查	现场核查	交换机数量及端口配置合理
6	屏柜回路接线及端子排检查	现场核查	电流电压回路截面、端子排接线、端子排型号、压板接线等符合要求
7	装置光口及光纤检查	现场核查	装置收发光功率、光纤类型、光纤接头、预置光缆、光纤标签、尾纤等检查符合要求
8	空气开关检查	现场核查	直流空气开关、交流电压空气开关：本级和上级空气开关型号报告记录与实际相符，满足级差要求
9	二次回路绝缘检查	现场核查	交流（电机电源、交流控制电源等）、直流（装置直流电源、信号电源、控制电源）、电流二次回路、电压二次回路使用 1000V 绝缘电阻表测量数据不小于 1MΩ
10	断路器本体继电器及功能校验	继电器抽检，功能核查	防跳、三相不一致相关功能正确
11	保护模拟量校验	使用继电保护测试仪试验	装置显示正确
12	保护开关量校验	现场核查	根据不同厂家装置实际情况检查，边断路器位置、中间断路器位置、远传、投检修态等开关量可正确开入装置
13	MMS 远方控制功能检查	现场核查	功能检查正确

1. 继电保护装置按供应商排列的命名顺序要求

继电保护装置按供应商排列的命名顺序应按照相应电压等级设备调度管理部门的发文要求，若不符合要求需通过联系单形式与设计及调度部门明确是否存在特殊考虑及是否整改。

例如，针对 500kV 线路、断路器、母线、主变压器保护的供应商，国家电网华东电力调控分中心对第一、第二套保护定义的优先级要求为（参见《国家电网华东电力调控分中心〔2017〕197 号》文附录）：南瑞继保电气有限公司、北京四方继保自动化股份有限公司、许继电气股份有限公司、国电南京自动化股份有限公司、长园深瑞继保自动化有限公司（南瑞科技股份有限公司）。

例如，针对 220kV 线路、母线保护的供应商，国网浙江省电力有限公司调度控制中心对第一、第二套保护定义的优先级要求为（参见《浙电调字〔2010〕7 号》）：北京四方继保自动化股份有限公司、国电南京自动化股份有限公司、许继电气股份有限公司、南瑞继保电气有限公司、长园深瑞继保自动化有限公司、其他。

2. 智能变电站工程配置文件验收要求

工程配置文件是智能变电站验收的重要依据，功能上等同于传统二次回路。配置文件的验收要求主要有以下两个方面：

（1）SCD 文件及虚端子表验收要求。

1）全站 SCD 配置文件、IED 工程配置文件应与设计一致且包含版本信息及修改记录（整组传动以后的修改应有记录，应有修改的时间、内容），SCD 配置工具及相关软件应齐全；

2）各电压等级抽取典型间隔，逐条核对 SCD 文件与虚端子表是否一致；

3）SCD 文件需经过电科院配置文件管控系统检测，无错误（具体内容见第十二章）；

4）GOOSE 的虚端子信息应与 SCD 文件一致，发布、订阅正确，可以"一对多"但不得"多对一"；

5）文件里信息命名与实际装置一致，装置的间隔描述信息应使用调度规范命名；

6）SCD 信号名称应按信号回路图实例化；

7）装置 GOOSE、SV 虚端子配置与设计、实际装置一致；

8）装置 GOOSE 软压板配置与设计、实际装置一致；

SCD 文件中使用的装置 ICD 模型与装置厂家提供的 ICD 文件一致。

（2）厂家配置文件验收要求。

检查保护装置 ICD 模型文件、全站虚端子接线联系表、IED 名称和地址（IP、MAC）分配表、全站网络拓扑结构图（后台需有相应界面）、交换机端口配置图（贴于屏柜后面）、全站链路告警信息表［后台关联正确，报告体现（可原始报告、截图等）］、装置压板设置表、IED 设备端口分配表（贴于屏柜后面）、交换机 VLAN 划分表（厂家提供）、二次设备软件版本等资料应齐全完整，与现场实际一致。

3. 交换机配置验收要求

应根据间隔数量合理分配交换机数量，每台交换机的光纤接入数量不宜超过 16 对，并配备适量的备用端口。任意两台 IED 设备之间的数据传输路由不应超过 4 个交换机。

4. 屏柜回路接线及端子排检查要求

电流回路（包括电缆接线及厂家内部配线）应采用 4mm² 线芯，不得低于 2.5mm²；电压回路（包括电缆接线及厂家内部配线）应采用 2.5mm² 线芯，不得低于 1.5mm²（参见 GB 50171—2012《电气装置安装工程盘、柜及二次回路接线施工及验收规范》6.0.2 款）。

长期带电的正、负电源端子排之间，以及正电源与合闸或跳闸回路的端子排之间，应以至少一个空端子排隔开（参见 DL/T 5136—2012《火力发电厂、变电站二次接线设计技术规程》7.4.7 款）。

设计人员在绘制图纸时应考虑二次接线的合理排布，使得每个端子的每一接线孔仅接 1 根导线，如端子之间需短接，应尽量使用连接片短接、改用双层端子排等方式解决（参见 DL/T 5136—2012《火力发电厂、变电站二次接线设计技术规程》7.4.8 款）。

开入端子采用黄色可断开刀闸型端子，开出端子（主要指断路器跳合闸回路）采用红色可断开刀闸型端子，交流电压采用蓝色试验端子，交流电流采用灰色试验端子。

压板应开口向上，相邻间距足够，保证在操作时不会触碰到相邻压板、继电器外壳、挡板螺丝等，穿过保护柜（屏）的压板导杆必须有绝缘套，屏后必须用弹簧垫圈紧固，智能终端上的跳合闸线圈侧应接在出口压板上端。

5. 智能变电站装置光口及过程层光纤检查要求

光口检查要求：波长 1310nm 光接口发送功率：-20dBm～-14dBm；波长 850nm 光接口发送功率：-19dBm～-10dBm（百兆口）或-9.5dBm～-3dBm（千兆口）；波长 1310nm 光接口接收灵敏度：-31dBm～-14dBm；波长 850nm 光接口接收灵敏度：-24dBm～-10dBm（百兆口）或-17dBm～-3dBm（千兆口）。

光纤类型检查要求：采用多模光纤。

光纤接头检查要求：不允许对接，LC 接头无断裂情况，ST 接头可正常卡入。

预置光缆检查要求：对接卡头处已牢固对接，并用螺丝固定在柜边，穿入柜内的光缆无明显过于严重的弯折，布置位置及角度合理；光缆无铠装，但应有防鼠咬措施，外壳有一定强度和硬度。

光纤标签检查要求：应悬挂在光纤两头，标签上信息包含光缆编号、起点屏柜、终点屏柜、使用芯数/剩余芯数；跳纤纤芯粘贴标签信息包含纤芯编号、起点位置（板卡、光纤口）、终点位置（板卡、光纤口）、功能简述等；同一根光纤内的备用纤芯合并整理并粘贴标签（参见 GB/T 37755—2019《智能变电站光纤回路建模及编码技术规范》）；

尾纤检查要求：尾纤的连接应完整且预留一定长度，多余部分不应直接塞入线槽，应采用盘绕或弧形缠绕方式用软质材料固定，不得承受较大外力的挤压或牵引，备用尾纤应有保护措施；室内软光缆（尾纤）弯曲半径静态下不应小于缆径的 10 倍，动态下不应小于缆径的 20 倍；熔纤盘内接续光纤单端盘留量不少于 500mm，弯曲半径不小于 30mm；尾纤施放不应转接或延长，应有防止外力伤害的措施，不应与电缆共同绑扎，不应存在弯折、窝折现象，尾纤表皮应完好无损，接口干净无异物、连接应可靠。

6. 空气开关检查要求

本级和上级空气开关之间应存在一定的级差配合，实际操作中常见的配合如下（参考文献：DL/T 5136—2012《火力发电厂、变电站二次接线设计技术规程》7.2.9 款）：

直流空气开关：用于装置电源、控制电源、信号电源等，一般终端设备（如继电保护屏、交换机屏、操作箱屏、智能组件柜等）处为 B 型（B2、B6、B10 等），直流馈电屏处为 C 型（C16、C25 等）；直流空气开关的负载电流在任何运行工况下应与空气开关特性相匹配，如控制回路应满足一个跳合跳过程源头控制电源空气开关不跳闸；

交流电压空气开关：用于电压互感器二次回路，一般终端设备（如继电保护屏柜、智能组件柜等）处为 B1 或 B2 型，上一级为 B5 或 B6 型。

7. 二次回路绝缘检查要求

验收阶段主要针对以下二次回路进行绝缘测试，即电源回路、电流电压回路、直流控制回路和信号回路，各回路要求如下：

（1）交直流电源回路：交流电源（电机电源、交流控制电源等）、直流电源（装置直流电源等),测试时首先将电源可靠断开,用 1000V 绝缘电阻表测量,绝缘电阻值不小于 1MΩ,测试结束后及时接地放电(参见 GB 50171—2012《电气装置安装工程盘、柜及二次回路接线现场施工及验收规范》3.0.11 款);

(2)电流、电压、直流控制回路:电流二次回路、电压二次回路、断路器直流控制回路等,测试时首先将电压、电流回路的接地点拆开,然后用 1000V 绝缘电阻表测量回路对地的绝缘电阻,其绝缘电阻应大于 1MΩ,测试结束后及时接地放电(参见 DL/T 995—2016《继电保护和电网安全自动装置检验规程》5.3.2.4-c)款);

(3)信号回路:信号二次回路,用 1000V 绝缘电阻表测量电缆每芯对地及对其他各芯间的绝缘电阻,其绝缘电阻应不小于 1MΩ,测试结束后及时接地放电(参见 DL/T 995—2016《继电保护和电网安全自动装置检验规程》5.3.2.4-d)款)。

8. 断路器本体继电器及功能检查要求

断路器防跳功能检查要求:防跳功能应由本体实现,分位防跳和合位防跳均需试验,试验方法为先将分合命令短接再点公共正电源,且在储能结束前需持续短接,如果发现断路器存在连续跳跃现象需及时松开短接线防止烧线圈;操作箱防跳应取消。

断路器三相不一致功能检查要求:一般应有功能压板和出口压板,压板功能需分别进行试验;时间继电器延时根据上级管理部门要求整定,通过观察后台或者保护装置报文计算实际延时时间;三相不一致动作后应报出相关信号至监控后台;双跳圈的断路器,两组三相不一致跳闸回路应分别进行试验。

检查弹簧未储能/液压低闭锁节点应串入合闸回路,防止极端情况下合闸线圈烧毁。

9. 保护模拟量校验

幅值特性校验:①零漂要求:$-0.01I_n < I < 0.01I_n$,$-0.05V < U < 0.05V$;②幅值要求:电流测量误差相对误差不大于 5%或绝对误差不大于 $0.02I_n$,电压测量误差相对误差不大于 5%或绝对误差不大于 $0.002U_n$。

相位特性校验:相位特性应在额定二次电流和额定二次电压下进行试验,误差要求:显示相位与外加值误差小于 ±3°。

10. 保护开关量校验

保护装置开关量分为功能投退型开入和保护开入两种,应根据实际情况采用模拟投退、模拟短接或模拟输入数字量等方式进行验证,不应缺漏。

11. MMS 远方控制功能检查

验证保护装置"远方操作"硬压板及"远方控制""远方修改定值""远方切换定值区"三块远方软压板的功能是否正确,验证后台遥控装置内功能软压板、GOOSE 出口软压板、GOOSE 接收软压板、SV 接收软压板功能及对应关系是否正确。

(二)500kV 线路保护验收内容

500kV 线路保护交接试验验收内容如表 10-2 所列,验收人员可根据验收组人员安排、技术力量及现场实际情况有侧重地开展，建议以整组传动和二次回路验收为主。

表 10-2　　　　　　　　　　　500kV 线路保护验收内容一览表

序号	验收内容	验收方法	验收要求
1	铭牌数据	现场核查	装置铭牌数据记录正确，装置型号、额定电压、额定电流、电源电压等数据与设计相符
2	保护版本及定值	现场抽查	装置软件版本与相关文件相符，与整定单一致，与对侧线路保护版本相匹配；定值与整定单一致
3	开关量校验	现场核查	根据不同厂家装置实际情况检查，边断路器位置、中间断路器位置、远传、投检修态等开关量可正确开入装置
4	模拟量校验	使用继电保护测试仪试验	装置显示正确
5	保护装置功能校验	使用继电保护测试仪试验	保护功能正确动作，定值正确
6	整组传动试验	现场核查	传动功能正确，双套保护及检修机制检查正确
7	屏柜回路接线及端子排检查	现场核查	电流电压回路截面、端子排接线、端子排型号、压板接线等符合要求
8	装置背板	现场抽查	装置背板插件、插排已紧固
9	装置光口及光纤检查	现场核查	装置收发光功率、光纤类型、光纤接头、预置光缆、光纤标签、尾纤等检查符合要求
10	空气开关检查	现场核查	直流空气开关、交流电压空气开关：本级和上级空气开关型号报告记录与实际相符，满足级差要求
11	二次回路绝缘检查	现场核查	直流（装置直流电源、信号电源）、电流二次回路、电压二次回路使用 1000V 绝缘电阻表测量数据不小于 1MΩ
12	装置对时检查	现场核查	对时正常
13	MMS 远方控制功能检查	现场核查	功能检查正确
14	保护通道	现场抽查	符合相关要求
15	电压互感器端子箱内继电器检查	现场核查	符合相关要求

表 10-2 中 500kV 线路保护特有验收内容的具体要求如下。

1. 500kV 线路保护功能校验

保护功能校验应以保护说明书和调试（或正式）整定单为依据开展校验，校验过程中同步检查相关功能软压板、控制字、信号灯和报文等的正确性。

（1）主保护：纵联差动保护。

校验功能：稳态Ⅰ段（高值）、稳态Ⅱ段（低值）（若有）、零序差动，应正确动作。

动作时间要求（含出口继电器时间，不含通道传输时间）：Ⅰ段（高值），不大于 30ms；Ⅱ段（低值），比Ⅰ段多一段延时（如 15ms）；零差，一般延时 40ms 或 100ms。

（2）后备保护：距离保护。

校验功能：相间距离Ⅰ段、相间距离Ⅱ段、相间距离Ⅲ段、接地距离Ⅰ段、接地距离

Ⅱ段、接地距离Ⅲ段，应正确动作。

动作时间要求（在 0.7 倍整定值下试验，含继电器出口时间）：相间距离Ⅰ段、接地距离Ⅰ段，不大于 30ms；Ⅱ段、Ⅲ段定值以定值单为准。

（3）其他后备保护。

包括零序反时限过流、后加速功能校验、反方向故障、远跳就地判别等，应根据说明书及定值单要求进行试验并正确动作。

（4）异常告警功能。

包括 TA 断线功能、TV 断线功能检查，应根据说明书功能描述进行试验并正确动作。

2. 500kV 线路保护整组传动试验

整组传动是验证保护装置、二次回路和一次设备三者联动功能正确性的试验。500kV 线路保护一般与 500kV 断路器保护、智能终端、合并单元等设备联合开展分相传动试验，500kV 线路保护跳两台断路器跳闸回路应分别单独进行传动，传动时需关注断路器动作情况、保护开入（断路器位置、远传开入等）、保护出口（启动断路器失灵保护出口、闭锁重合闸、跳闸出口等）及保护动作行为的正确性。主要检查内容如下：

（1）常规保护整组传动要求：模拟各类故障，验证实际断路器出口情况是否正确，检查保护装置出口硬压板功能是否正确，检查操作箱、监控系统光字（画面、事件等）显示是否正确，检查故障录波器的断路器位置、保护动作等开关量录波波形和时序是否正确；

（2）智能保护整组传动要求：模拟各类故障，验证实际断路器出口情况是否正确，检查 GOOSE 出口软压板、智能终端出口硬压板、智能终端面板显示的跳闸信号和位置信号、监控系统的光字（画面变位、软报文等）显示是否正确、故障录波器的断路器位置、保护动作等开关量录波波形和时序是否正确，检查网络报文分析仪、保护信息子站等设备的相关报文、录波波形的完整性和正确性；对于 SV 采样的保护装置，SV 投入压板的功能描述应与实际输入的 SV 数据一致，不一致时装置应报采样异常告警，同时闭锁相关保护。

（3）双重化配置的保护出口应采用不同的智能终端，两套智能终端分别接不同的跳闸线圈。

（4）双套保护验证要求：传动时首先测试两套保护跳闸回路的独立性，即传动其中一套时应断开另一套控制电源（做第二套重合闸时退出第一套出口硬压板）；然后验证两套保护同时动作出口时断路器是否正常出口，以验证两组跳闸线圈动作方向的一致性。

（5）检修机制检查：检修机制检查以接收侧动作行为作为判断标准，如针对线路保护可检查开入至线路保护装置的断路器位置、远传开入及 SV 采样值报文输入受检修机制影响的情况，针对智能终端可检查跳闸出口、闭锁重合闸等动作命令受检修机制影响的情况；检修状态一致处理，不一致不处理。

3. 500kV 线路保护通道检查

光纤检查：使用单模光纤；使用 FC 型光纤接头；各接头已旋紧固定。

光纤标签检查：悬挂标签上信息建议包含光缆编号、起点屏柜、终点屏柜、使用芯数/剩余芯数；跳纤纤芯粘贴标签信息建议包含纤芯编号、起点位置（板卡、光纤口）、终点位置（板卡、光纤口）、功能简述等；同一根光纤内的备用纤芯合并整理并粘贴标签。

检查装置与对侧通道通信是否正常；显示的误码率等信息是否已清零。

专用通道衰耗一般不超过 10dB，如果线路超过 40km，检查是否已采用高发信光强的板件，否则可能因收信光强不足而需要更换板件；复用接口装置处应无异常告警信号灯。

用于继电保护的通信通道单向时延应不大于 12ms，传输继电保护信息的光纤通道应满足通道误码率不大于 10^{-8}（参见 DL/T 364—2019《光纤通道传输保护信息通用技术条件》5.1、5.2 款）。

尾纤的连接应完整且预留一定长度，多余的部分应采用弧形缠绕，弯曲半径应满足要求，不得承受较大外力的挤压或牵引，备用尾纤应有保护措施。

室内软光缆（尾纤）弯曲半径静态下不应小于缆径的 10 倍，动态下不应小于缆径的 20 倍；熔纤盘内接续光纤单端盘留量不少于 500mm，弯曲半径不小于 30mm。

尾纤不应存在弯折、窝折现象，不应与电缆共同绑扎，表皮应完好无损，接口干净无异物、连接应可靠。

屏（柜）内尾纤应留有一定裕度，多余部分不应直接塞入线槽，应采用盘绕方式用软质材料固定，松紧适度且弯曲直径不应小于 10cm。尾纤施放不应转接或延长，应有防止外力伤害的措施，不应与电缆共同绑扎，不应存在弯折、窝折现象，尾纤表皮应完好无损。

4. 500kV 线路电压互感器端子箱内继电器检查

检查继电器整定值、动作值及功能是否正确：一般参与逻辑闭锁整定至 30%额定电压，实现低压告警功能整定至 70%额定电压，有特殊要求的除外。

应注意继电器使用环境为判别线电压还是相电压，一般三相电压互感器判别线电压、单相电压互感器判别相电压，计算出整定值后需核对继电器上是否有对应的刻度，"×1""×2"接线是否正确，继电器常开点和常闭点数量及回路是否正确。

（三）500kV 断路器保护验收内容

500kV 断路器保护交接试验验收内容如表 10-3 所列，验收人员可根据验收组人员安排、技术力量及现场实际情况有侧重地开展，建议以整组传动和二次回路验收为主。

表 10-3   500kV 断路器保护验收内容一览表

序号	验收内容	验收方法	验收要求
1	铭牌数据	现场核查	装置铭牌数据记录正确，装置型号、额定电压、额定电流、电源电压等数据与设计相符
2	保护版本	现场抽查	装置软件版本与相关文件相符，与整定单一致
3	开关量校验	现场核查	根据不同厂家装置实际情况检查，开关位置、失灵、闭锁重合闸、投检修态等开关量可正确开入装置

序号	验收内容	验收方法	验收要求
4	模拟量校验	使用继电保护测试仪试验	装置显示正确
5	保护装置功能校验	使用继电保护测试仪试验	保护功能动作正确，定值正确
6	整组传动试验	现场核查	传动功能正确，双套保护及检修机制检查正确
7	屏柜回路接线及端子排检查	现场核查	电流电压回路截面、端子排接线、端子排型号、压板接线等符合要求
8	装置背板	现场抽查	装置背板插件、插排已紧固
9	装置光口及光纤检查	现场核查	检查装置收发光功率、光纤类型、光纤接头、预置光缆、光纤标签、尾纤等，符合要求
10	空气开关检查	现场核查	直流空气开关、交流电压空气开关：本级和上级空气开关型号报告记录与实际相符，满足级差要求
11	二次回路绝缘检查	现场核查	直流（装置直流电源、信号电源、控制电源）、电流二次回路、电压二次回路使用1000V绝缘电阻表测量数据不小于1MΩ
12	装置对时检查	现场核查	对时正常
13	MMS远方控制功能检查	现场核查	功能检查正确

表 10-3 中 500kV 断路器保护特有验收内容的具体要求如下。

1. 500kV 断路器保护装置保护功能校验

保护功能校验应以保护说明书和调试（或正式）整定单为依据开展校验，校验过程中同步检查相关功能软压板、控制字、信号灯和报文等的正确性。

充电过流保护校验：充电过流保护作为断路器的临时过流保护，动作条件与纯过流保护相同。验收时需注意验证充电过流保护动作后启动失灵保护的功能。

瞬时跟跳功能校验：断路器保护接收线路保护、母线保护或主变压器保护的单相或三相失灵开入且故障相电流达到保护启动电流，瞬时跟跳功能动作，由于该功能电流定值为厂家内部定值，不开放整定，建议仅做功能性验证即可。

失灵保护校验：失灵保护动作跳本开关、跳相邻开关功能、电流定值、时间定值校验正确，电流定值返回系数不低于 0.9，整组返回时间不大于 20ms。

重合闸功能校验：动作功能校验正确，时间定值校验正确；注意禁止重合闸和停用重合闸的区别，禁止重合闸单相故障仅单跳，停用重合闸单相故障会沟通三跳。

2. 500kV 断路器保护整组传动试验

500kV 断路器保护一般与 500kV 线路保护、500kV 主变压器保护、500kV 母线保护、智能终端、合并单元等设备共同配合进行传动试验，传动过程中需注意双套跳圈分别独立验证，注意 Lock-out 回路和电流保持出口回路分别独立验证，关注断路器动作情况、保护开入（断路器位置、低气压闭锁重合闸、闭锁重合闸、失灵开入等）、保护出口（启动线路保护远传、启动主变压器失灵联跳、启动母线失灵保护、启动 Lock-out 继电器、跳闸出口、重合闸出口等）及保护动作行为的正确性，智能变电站双套断路器保护传动时特别注意需验证互相闭重合闸回路（在断路器智能终端处实现）功能的正确性。其余要求参照 500kV 线路保护整组传动试验相关要求。

（四）500kV 母线保护验收内容

500kV 母线保护交接试验验收内容如表 10-4 所示，验收人员可根据验收组人员安排、技术力量及现场实际情况有侧重地开展，建议以整组传动和二次回路验收为主。

表 10-4　　　　　　　　　　　500kV 母线保护验收内容一览表

序号	验收内容	验收方法	验收要求
1	铭牌数据	现场核查	装置铭牌、数据记录正确，装置型号、额定电压、额定电流、电源电压等数据与设计相符
2	保护版本	现场抽查	装置软件版本与相关文件相符，与整定单一致
3	开关量校验	现场核查	根据不同厂家装置实际情况开展检查，失灵、投检修态等开关量可正确开入装置
4	模拟量校验	使用继电保护测试仪试验	装置显示正确
5	保护装置功能校验	使用继电保护测试仪试验	保护功能正确动作，定值正确
6	整组传动试验	现场核查	传动功能正确，双套保护及检修机制检查正确
7	屏柜回路接线及端子排检查	现场核查	电流电压回路截面、端子排接线、端子排型号、压板接线等符合要求
8	装置背板	现场抽查	装置背板插件、插排已紧固
9	装置光口及光纤检查	现场核查	装置收发光功率、光纤类型、光纤接头、预置光缆、光纤标签、尾纤等检查符合要求
10	空气开关检查	现场核查	直流空气开关、交流电压空气开关：本级和上级空气开关型号报告记录与实际相符，满足级差要求
11	二次回路绝缘检查	现场核查	直流（装置直流电源、信号电源）、电流二次回路、电压二次回路使用 1000V 绝缘电阻表测量数据不小于 1MΩ
12	装置对时检查	现场核查	对时正常
13	MMS 远方控制功能检查	现场核查	功能检查正确

表 10-4 中 500kV 母线保护特有验收内容的具体要求如下。

1. 500kV 母线保护装置保护功能校验

保护功能校验应以保护说明书和调试（或正式）整定单为依据开展校验，校验过程中同步检查相关功能软压板、控制字、信号灯和报文等的正确性。

（1）差动保护功能校验。

检查各间隔 TA 变比整定值与现场实际变比是否一致。

差动保护通平衡：选取两个间隔，模拟实际潮流流向，输入潮流平衡的二次电流进行检验；SV 采样的装置各间隔通入的采样值报文额定延时应设置为各间隔合并单元实际额定延时。

差动保护启动值及整组返回时间测试：启动值按照定值单进行校验，2 倍定值动作时间小于 20ms，整组返回时间小于 30ms。

差动保护比率制动特性校验：使用正确的试验方法。

（2）失灵保护校验。

母线失灵保护电流定值校验正确，动作延时符合说明书要求（一般延时 50ms）。

（3）TA 断线闭锁、告警。

电流定值校验正确。

2. 500kV 母线保护整组传动试验

500kV 母线保护一般与 500kV 断路器保护、智能终端、合并单元等设备共同配合进行传动试验，需注意 Lock-out 回路和电流保持出口回路分别独立验证，传动时需关注母线所连所有边断路器动作情况（三相跳闸）、保护开入（母线失灵开入）、保护出口（启动断路器失灵保护、启动 Lock-out 继电器、跳闸出口等）及保护动作行为的正确性。其余要求参照 500kV 线路保护整组传动试验相关要求。

（五）500kV 主变压器保护验收内容

1. 电气量保护部分

500kV 主变压器电气量保护交接试验验收内容如表 10-5 所示，验收人员可根据验收组人员安排、技术力量及现场实际情况有侧重地开展，建议以整组传动和二次回路验收为主。

表 10-5　　　　　　　　500kV 主变压器电气量保护验收内容一览表

序号	验收内容	验收方法	验收要求
1	铭牌数据	现场核查	装置铭牌数据记录正确，装置型号、额定电压、额定电流、电源电压等数据与设计相符
2	保护版本	现场抽查	装置软件版本与相关文件相符，与整定单一致
3	开关量校验	现场核查	根据不同厂家装置实际情况检查，投检修态、远方操作、失灵联跳开入等开关量可正确开入装置
4	模拟量校验	使用继电保护测试仪试验	装置显示正确
5	保护装置功能校验	使用继电保护测试仪试验	保护功能动作正确，定值正确
6	整组传动试验	现场核查	传动功能正确，双套保护及检修机制检查正确
7	屏柜回路接线及端子排检查	现场核查	电流电压回路截面、端子排接线、端子排型号、压板接线等符合要求
8	装置背板	现场抽查	装置背板插件、插排已紧固
9	装置光口及光纤检查	现场核查	装置收发光功率、光纤类型、光纤接头、预置光缆、光纤标签、尾纤等检查符合要求
10	空气开关检查	现场核查	直流空气开关、交流电压空气开关：本级和上级空气开关型号报告记录与实际相符，满足级差要求

续表

序号	验收内容	验收方法	验收要求
11	二次回路绝缘检查	现场核查	直流（装置直流电源、信号电源）、电流二次回路、电压二次回路使用 1000V 绝缘电阻表测量数据不小于 1MΩ
12	装置对时检查	现场核查	对时正常
13	MMS 远方控制功能检查	现场核查	功能检查正确
14	电压互感器端子箱内继电器检查	现场核查	符合相关要求

表 10-5 中 500kV 主变压器电气量保护特有验收内容的具体要求如下。

（1）500kV 主变压器电气量保护装置保护功能校验。

保护功能校验应以保护说明书和调试（或正式）整定单为依据开展校验，校验过程中同步检查相关功能软压板、控制字、信号灯和报文等的正确性。

1）主保护：差动保护功能校验。

系统参数：检查整定单及保护装置内设置参数与变压器铭牌参数一致，结合 TA 变比计算变压器各侧二次额定电流以及平衡系数。

纵差比率差动/分相比率差动元件调试：差动速断动作时间（1.5 倍整定值）不大于 20ms；差动动作时间（2 倍整定值）不大于 30ms；比率制动特性试验方法应正确，能正确复现试验报告中的数据，每段折线取 2 点进行试验，不允许直接使用折点。

分侧比率差动/低压小区比率差动/零序比率差动元件调试：差动动作时间（2 倍整定值）不大于 30ms；比率制动特性试验方法应正确，能正确复现试验报告中的数据，每段折线取 2 点进行试验，不允许直接使用折点。

躲过励磁涌流/过励磁/TA 暂态饱和等因素的谐波制动功能：根据说明书及定值单进行校验，如 2、3、5 次谐波制动等。

TA 断线闭锁差动：功能符合说明书描述。

2）过励磁功能校验。

需验证定时限报警和反时限跳闸功能，过励磁倍数整定值允许误差 2.5%，定时限元件返回系数大于 0.96。

3）高压侧后备保护/中压侧后备保护。

阻抗保护：动作值准确度不大于 5%或不大于 0.1Ω（I_n=5A）（校验时可以用 95%整定值可靠动作、105%整定值可靠不动作验证）；动作时间允许误差（0.7 倍整定值）不大于 1%或不大于 40ms；TV 断线和电压切换时不应误动。

复压方向过流保护：电流整定值允许误差为±5%或±0.02I_n（校验时可以用 95%整定值可靠不动作、105%整定值可靠动作验证）；正方向动作区与说明书相符，以顺时针表示动作区，动作边界误差不超过±3°；动作时间允许误差不大于 1%或不大于 40ms（负序电压 1.2

倍整定值，低电压 0.8 倍整定值，正方向情况下）；复压定值允许误差值±5%或±0.01U_n。

复压过流保护：电流整定值允许误差为±5%或±0.02I_n（校验时可以用 95%整定值可靠不动作、105%整定值可靠动作验证）；动作时间允许误差不大于 1%或不大于 40ms（负序电压 1.2 倍整定值，低电压 0.8 倍整定值，正方向情况下）；复压定值允许误差值为±5%或±0.01U_n。

零序方向过流保护：电流整定值允许误差为±5%或±0.02I_n（校验时可以用 95%整定值可靠不动作、105%整定值可靠动作验证）；正方向动作区与说明书相符，以顺时针表示动作区，动作边界误差不超过±3°；动作时间允许误差不大于 1%或不大于 40ms；方向元件最小动作电压（零序电压闭锁值）不大于1V。

过负荷告警：告警功能正确，告警时间满足说明书要求。

失灵联跳：失灵开入与电流启动条件同时满足后联跳主变压器三侧，动作时间允许误差不大于 40ms。

4）低压侧后备保护/低压绕组后备保护。

复压过流保护：电流整定值允许误差为±5%或±0.02I_n（校验时可以用 95%整定值可靠不动作、105%整定值可靠动作验证）；动作时间允许误差不大于 1%或不大于 40ms（负序电压 1.2 倍整定值，低电压 0.8 倍整定值，正方向情况下）；复压定值允许误差值为±5%或±0.01U_n。

过流保护：电流整定值允许误差为±5%或±0.02I_n（校验时可以用 95%整定值可靠不动作、105%整定值可靠动作验证）。

过负荷告警：告警功能正确，告警时间满足说明书要求。

5）公共绕组后备保护。

公共绕组零序过流保护：电流整定值允许误差为±5%或±0.02I_n（校验时可以用95%整定值可靠不动作、105%整定值可靠动作验证）；动作时间允许误差不大于 1%或不大于 40ms。

过负荷告警：告警功能正确，告警时间满足说明书要求。

6）跳闸矩阵检查。

根据整定单要求逐项进行检查,注意跳闸矩阵为 0 的项目也需要验证是否确实未出口。

（2）500kV 主变压器电气量整组传动试验。

500kV 主变压器电气量保护一般与 500kV 断路器保护、220kV 母线保护、智能终端、合并单元等设备共同配合进行传动试验，需注意 Lock-out 回路和电流保持出口回路分别独立验证，传动时需关注主变压器三侧断路器动作情况（三相跳闸）、保护开入（主变压器失灵联跳开入）、保护出口（启动断路器三相失灵及闭锁重合闸、启动 Lock-out 继电器、启动 220kV 母线失灵、解除 220kV 母线失灵复压闭锁、三侧断路器跳闸出口等）及保护动作行为的正确性。其余要求参照 500kV 线路保护整组传动试验相关要求。

（3）500kV 主变压器 500/220/35kV 侧电压互感器端子箱内继电器检查。

参照 500kV 线路电压互感器端子箱内继电器检查的相关要求。

2. 非电量保护部分

500kV 主变压器非电量保护交接试验验收内容如表 10-6 所示，验收人员可根据验收组人员安排、技术力量及现场实际情况有侧重地开展，建议以非电量信号验证、整组传动和二次回路验收为主。

表 10-6　　　　　　　　　　　500kV 主变压器非电量保护验收内容一览表

序号	验收内容	验收方法	验收标准
1	铭牌数据	现场核查	装置铭牌数据记录正确，装置型号、电源电压等数据与设计相符
2	保护版本或非电量智能终端版本	现场抽查	装置软件版本与相关文件相符或与整定单一致
3	非电量继电器	现场抽查，使用继电保护测试仪	满足相关要求
4	非电量整组传动	现场核查	满足相关要求，非电量保护动作跳主变压器三侧开关出口压板及跳闸情况正确
5	屏柜回路接线及端子排检查	现场核查	电流电压回路截面、端子排接线、端子排型号、压板接线等符合要求
6	装置背板	现场抽查	装置背板插件、插排已紧固
7	装置光口及光纤检查	现场核查	装置收发光功率、光纤类型、光纤接头、预置光缆、光纤标签、尾纤等检查符合要求
8	空气开关检查	现场核查	直流空气开关、交流电压空气开关：本级和上级空气开关型号报告记录与实际相符，满足级差要求
9	二次回路绝缘检查	现场核查	直流（装置直流电源、信号电源）、电流二次回路、电压二次回路使用 1000V 绝缘电阻表测量数据不小于 1MΩ
10	装置对时检查	现场核查	对时正常

表 10-6 中 500kV 主变压器非电量保护特有验收内容的具体要求如下。

（1）500kV 主变压器非电量继电器校验。

非电量动作应经过动作功率大于 5W 的出口重动继电器，该重动继电器的动作电压应满足额定直流电源电压的 55%～70%要求（参见《国家电网有限公司十八项电网重大反事故措施》15.6.7 款）。

（2）500kV 主变压器非电量信号及传动。

非电量信号回路绝缘：直接跳闸出口的重要非电量信号（如重瓦斯继电器）节点间、回路对地绝缘不小于 1MΩ；若非电量报警遥信和非电量跳闸信号电源分别由单独的空气开关控制，需检查两者是否互串，普通遥信电源与非电量信号电源的空气开关是否一一对应。

非电量信号模拟：可以从源头实发的非电量信号均需实做，一一核对至非电量保护（本体智能终端）以及后台；如无法实发，则采用源头接线盒点端子的形式核对信号；模拟非电量故障时同步验证非电量保护装置或非电量智能终端的信号灯、报文和告警功能的正确性，以及非电量功能投入压板描述与实际信号名称是否一致。

非电量整组传动：检查非电量保护装置或本体智能终端面板显示、后台监控系统报文、网络分析仪报文、故障录波器录波文件正确，检查跳主变压器三侧断路器出口压板及跳闸情况是否正确，检查闭锁 500kV 断路器保护重合闸回路出口压板及功能是否正确。

（六）500kV 高抗保护验收内容

1. 电气量保护部分

500kV 高抗电气量保护交接试验验收内容如表 10-7 所示，验收人员可根据验收组人员安排、技术力量及现场实际情况有侧重地开展，建议以整组传动和二次回路验收为主。

表 10-7　　　　　　　　　　500kV 高抗电气量保护验收内容一览表

序号	验收内容	验收方法	验收标准
1	铭牌数据	现场核查	装置铭牌数据记录正确，装置型号、额定电压、额定电流、电源电压等数据与设计相符
2	保护版本	现场抽查	装置软件版本与相关文件相符，与整定单一致
3	开关量校验	现场核查	根据不同厂家装置实际情况检查，投检修态等开关量可正确开入装置
4	模拟量校验	使用继电保护测试仪试验	装置显示正确
5	保护装置功能校验	使用继电保护测试仪试验	保护功能正确动作，定值正确
6	整组传动试验	现场核查	传动功能正确，双套保护及检修机制检查正确
7	屏柜回路接线及端子排检查	现场核查	电流电压回路截面、端子排接线、端子排型号、压板接线等符合要求
8	装置背板	现场抽查	装置背板插件、插排已紧固
9	装置光口及光纤检查	现场核查	装置收发光功率、光纤类型、光纤接头、预置光缆、光纤标签、尾纤等检查符合要求
10	空气开关检查	现场核查	直流空气开关、交流电压空气开关：本级和上级空气开关型号报告记录与实际相符，满足级差要求
11	二次回路绝缘检查	现场核查	直流（装置直流电源、信号电源）、电流二次回路、电压二次回路使用 1000V 绝缘电阻表测量数据不小于 1MΩ
12	装置对时检查	现场核查	对时正常
13	MMS 远方控制功能检查	现场核查	功能检查正确

表 10-7 中 500kV 高抗电气量保护特有验收内容的具体要求如下。

（1）500kV 高抗电气量保护装置保护功能校验。

保护功能校验应以保护说明书和调试（或正式）整定单为依据开展校验，校验过程中同步检查相关功能软压板、控制字、信号灯和报文等的正确性。

1）主保护：差动保护功能校验。

系统参数：检查整定单及保护装置内设置参数是否与电抗器铭牌参数一致，结合 TA 变比计算二次额定电流。

差动保护元件调试：需校验的差动保护功能包括纵差比率差动、零序比率差动、差动速断、零差速断，动作值准确度不大于 5%或不大于 0.02In；差动速断动作时间（1.5 倍整定值）不大于 30ms；差动动作时间（2 倍整定值）不大于 40ms；比率制动特性校验时，每段折线取 2 点进行试验，不允许直接使用折点。

谐波制动功能：根据说明书及定值单进行校验，如 2、3 次谐波制动；

2）主保护：匝间短路保护。

利用零序电压和零序电流之间的相角特性进行故障判断的保护功能，应根据说明书逻辑进行模拟故障校验。

3）主保护：限制性接地保护（如有）。

保护原理类似零序比率差动，但是使用单独的中性点 TA 电流用于差动计算，因此对中性点 TA 的极性有特殊要求，保护校验时应着重进行 TA 极性的判别和验证。

4）后备保护：过流/零序过流保护。

根据定值单校验电流、时间定值，时间允许误差（1.2 倍整定值）不大于 1%或 40ms。

5）异常告警功能。

包括过负荷、TA 断线报警功能检查，应根据说明书功能描述进行试验。

（2）500kV 高抗电气量保护整组传动试验。

500kV 高抗电气量保护一般与 500kV 断路器保护、500kV 线路保护、智能终端、合并单元等设备共同配合进行传动试验，需注意 Lock-out 回路和电流保持出口回路分别独立验证，传动时需关注边断路器和中间断路器动作情况（三相跳闸）、保护开入量（主变压器失灵联跳开入）、保护出口（启动断路器三相失灵及闭锁重合闸、启动线路保护远传、启动 Lock-out 继电器、边/中间断路器跳闸出口等）及保护动作行为的正确性。其余要求参照 500kV 线路保护整组传动试验相关要求。

2. 非电量保护部分

500kV 高抗非电量保护交接试验验收内容如表 10-8 所示，相关内容要求参照 500kV 主变压器非电量保护。

表 10-8　　　　　　　　　　500kV 高抗非电量保护验收内容一览表

序号	验收内容	验收方法	验收标准
1	铭牌数据	现场核查	装置铭牌数据记录正确，装置型号、电源电压等数据与设计相符
2	保护版本或非电量智能终端版本	现场抽查	装置软件版本与相关文件相符，或与整定单一致
3	非电量继电器	现场抽查，使用继电保护测试仪	满足相关要求
4	非电量整组传动	现场核查	满足相关要求，非电量保护动作跳线路开关或高抗开关出口压板及跳闸情况正确
5	屏柜回路接线及端子排检查	现场核查	电流电压回路截面、端子排接线、端子排型号、压板接线等符合要求

续表

序号	验收内容	验收方法	验收标准
6	装置背板	现场抽查	装置背板插件、插排已紧固
7	装置光口及光纤检查	现场核查	装置收发光功率、光纤类型、光纤接头、预置光缆、光纤标签、尾纤等检查符合要求
8	空气开关检查	现场核查	直流空气开关、交流电压空气开关：本级和上级空气开关型号报告记录与实际相符，满足级差要求
9	二次回路绝缘检查	现场核查	直流（装置直流电源、信号电源）、电流二次回路、电压二次回路使用 1000V 绝缘电阻表测量数据不小于 1MΩ
10	装置对时检查	现场核查	对时正常

（七）220kV 线路保护验收内容

220kV 线路保护交接试验验收内容如表 10-9 所示，验收人员可根据验收组人员安排、技术力量及现场实际情况有侧重地开展，建议以整组传动和二次回路验收为主。

表 10-9　　　　　　　　　　220kV 线路保护验收内容一览表

序号	验收内容	验收方法	验收标准
1	铭牌数据	现场核查	装置铭牌数据记录正确，装置型号、额定电压（常规采样）、额定电流（常规采样）、电源电压等数据与设计相符
2	保护版本	现场抽查	装置软件版本与相关文件相符，与整定单一致；与对侧线路保护版本相匹配
3	开关量校验	现场核查	根据不同厂家装置实际情况检查，边断路器位置、中间开关位置、远传、投检修态等开关量可正确开入装置
4	模拟量校验	使用继电保护测试仪试验	装置显示正确
5	保护装置功能校验	使用继电保护测试仪试验	保护功能正确动作，定值正确
6	整组传动试验	现场核查	传动功能正确，双套保护及检修机制检查正确
7	屏柜回路接线及端子排检查	现场核查	电流电压回路截面、端子排接线、端子排型号、压板接线等符合要求
8	装置背板	现场抽查	装置背板插件、插排已紧固
9	装置光口及光纤检查	现场核查	装置收发光功率、光纤类型、光纤接头、预置光缆、光纤标签、尾纤等检查符合要求
10	空气开关检查	现场核查	直流空气开关、交流电压空气开关：本级和上级空气开关型号报告记录与实际相符，满足级差要求
11	二次回路绝缘检查	现场核查	直流（装置直流电源、信号电源）、电流二次回路、电压二次回路使用 1000V 绝缘电阻表测量数据不小于 1MΩ
12	装置对时检查	现场核查	对时正常
13	MMS 远方控制功能检查	现场核查	功能检查正确
14	保护通道	现场抽查	符合相关要求
15	电压互感器端子箱内继电器检查	现场核查	符合相关要求

表 10-9 中 220kV 线路保护特有验收内容的具体要求如下。

1. 220kV 线路保护装置保护功能校验

保护功能校验应以保护说明书和调试（或正式）整定单为依据开展校验，校验过程中同步检查相关功能软压板、控制字、信号灯和报文等的正确性。

（1）主保护：纵联差动保护。

校验功能：稳态Ⅰ段（高值）、稳态Ⅱ段（低值）（若有）、零序差动。

动作时间要求（含出口继电器时间，不含通道传输时间）：Ⅰ段（高值），不大于 30ms；Ⅱ段（低值），比Ⅰ段多一段延时（如 15ms）；零差，一般延时 40ms 或 100ms。

（2）后备保护：距离保护。

校验功能：相间距离Ⅰ段、相间距离Ⅱ段、相间距离Ⅲ段、接地距离Ⅰ段、接地距离Ⅱ段、接地距离Ⅲ段，应正确动作。

动作时间要求（在 0.7 倍整定值下试验，含继电器出口时间）：相间距离Ⅰ段、接地距离Ⅰ段，不大于 30ms；Ⅱ段、Ⅲ段定值以定值单为准。

（3）其他后备保护。

包括零序过流、后加速功能校验、反方向故障等，应根据说明书及定值单要求进行试验并正确动作。

（4）重合闸功能校验。

动作功能校验正确，时间定值校验正确；注意禁止重合闸和停用重合闸的区别，禁止重合闸单相故障仅单跳，停用重合闸单相故障会沟通三跳。

（5）异常告警功能。

包括 TA 断线功能、TV 断线功能检查，应根据说明书功能描述进行试验并正确动作。

2. 220kV 线路保护整组传动试验

220kV 线路保护一般与 220kV 母线保护、合并单元、智能终端等设备联合开展传动试验，传动时需关注断路器动作情况、保护开入（断路器位置、低气压闭锁重合闸、闭锁重合闸、其他保护动作等）、保护出口（启动母线失灵保护出口、跳闸出口、重合闸出口等）及保护动作行为的正确性，智能变电站双套线路保护传动时特别注意需验证互相闭重合闸回路（在断路器智能终端处实现）功能的正确性。主要检查内容如下：

（1）常规保护整组传动要求：模拟各类故障，验证实际断路器出口情况，检查保护装置出口硬压板功能，检查操作箱、监控系统光字（画面、事件等）显示，检查故障录波器的断路器位置、保护动作等开关量录波波形和时序。

（2）智能保护整组传动要求：模拟各类故障，验证实际断路器出口情况，检查 GOOSE 出口软压板、智能终端出口硬压板、智能终端面板显示的跳闸信号和位置信号、监控系统的光字（画面变位、软报文等）显示、故障录波器的断路器位置、保护动作等开关量录波波形和时序，检查网络报文分析仪、保护信息子站等设备的相关报文、录波波形的完整性和正确性；对于 SV 采样的保护装置，SV 投入压板的功能描述应与实际输入的 SV 数据一致，不一致时装置应报采样异常告警，同时闭锁相关保护。

（3）双重化配置的保护出口应采用不同的智能终端，两套智能终端分别接不同的跳闸线圈。

（4）双套保护验证要求：传动时首先测试两套保护跳闸回路的独立性，即传动其中一套时应断开另一套控制电源（做第二套重合闸时退出第一套出口硬压板）；然后验证两套保护同时动作出口时断路器是否正常出口，以验证两组跳闸线圈动作方向的一致性。

（5）检修机制检查：检修机制检查以接收侧动作行为为判断标准，如针对线路保护可检查开入至线路保护装置的断路器位置、闭锁重合闸、低气压闭锁重合闸、其他保护动作等开入以及 SV 采样值报文输入受检修机制影响的情况，针对智能终端可检查跳闸出口、重合闸出口和闭锁重合闸等动作命令受检修机制影响的情况；检修状态一致处理，不一致不处理。

3. 220kV 线路保护通道检查

参照 500kV 线路保护通道检查相关要求。

4. 220kV 线路电压互感器端子箱内继电器检查

参照 500kV 线路电压互感器端子箱内继电器检查的相关要求。

（八）220kV 母线保护验收内容

220kV 母线保护交接试验验收内容如表 10-10 所示，验收人员可根据验收组人员安排、技术力量及现场实际情况有侧重地开展，建议以整组传动和二次回路验收为主。

表 10-10　　　　　　　　　220kV 母线保护验收内容一览表

序号	验收内容	验收方法	验收标准
1	铭牌数据	现场核查	装置铭牌数据记录正确，装置型号、额定电压（常规采样）、额定电流（常规采样）、电源电压等数据与设计相符
2	保护版本	现场抽查	装置软件版本与相关文件相符，与整定单一致
3	开关量校验	现场核查	根据不同厂家装置实际情况检查，检修、远方操作、线路间隔分相失灵开入、主变压器间隔三相失灵开入、分段间隔失灵开入（针对双母双分段母线保护，从另一段母线保护开过来）、各间隔刀闸位置开入、母联 SHJ/TWJ、主变压器解复压等开关量可正确开入装置
4	模拟量校验	使用继电保护测试仪试验	装置显示正确
5	保护装置功能校验	使用继电保护测试仪试验	保护功能正确动作，定值正确
6	整组传动试验	现场核查	传动功能正确，双套保护及检修机制检查正确
7	屏柜回路接线及端子排检查	现场核查	电流电压回路截面、端子排接线、端子排型号、压板接线等符合要求
8	装置背板	现场抽查	装置背板插件、插排已紧固

序号	验收内容	验收方法	验收标准
9	装置光口及光纤检查	现场核查	装置收发光功率、光纤类型、光纤接头、预置光缆、光纤标签、尾纤等检查符合要求
10	空气开关检查	现场核查	直流空气开关、交流电压空气开关：本级和上级空气开关型号报告记录与实际相符，满足级差要求
11	二次回路绝缘检查	现场核查	直流（装置直流电源、信号电源）、电流二次回路、电压二次回路使用 1000V 绝缘电阻表测量数据不小于 1MΩ
12	装置对时检查	现场核查	对时正常
13	MMS 远方控制功能检查	现场核查	功能检查正确

表 10-10 中 220kV 母线保护特有验收内容的具体要求如下。

1. 220kV 母线保护装置保护功能校验

保护功能校验应以保护说明书和调试（或正式）整定单为依据开展校验，校验过程中同步检查相关功能软压板、控制字、信号灯和报文等的正确性。

（1）差动保护功能校验。

检查各间隔 TA 变比整定值与现场实际变比一致。

差动保护通平衡：选取两个间隔，模拟实际潮流流向，输入潮流平衡的二次电流进行检验；母联、分段 TA 极性需根据说明书定义通入；对于双母单分段母线保护，注意长母线和短母线的定义与一次设备定义是否一致，特别注意短母线上分段 TA 的极性要求；SV 采样的装置各间隔通入的采样值报文额定延时应设置为各间隔合并单元实际额定延时。

差动保护启动值及整组返回时间测试：启动值按照定值单进行校验，2 倍定值动作时间小于 20ms，整组返回时间小于 30ms。

差动保护比率制动特性校验：校验内容包括大差高低值和小差高低值，双母单分段母线保护需校验 3 段母线的小差；使用正确的试验方法。

复压闭锁差动功能校验：根据说明书及定值单，分别在复压闭锁条件满足和不满足的条件下进行试验，验证复压闭锁功能的正确性；

（2）失灵保护校验。

线路、母联（分段）、主变压器间隔失灵保护定值校验；失灵保护电流定值、动作时间校验正确，返回系数不低于 0.9，整组返回时间不大于 20ms。

复压闭锁失灵功能校验：根据说明书及定值单，分别在复压闭锁条件满足和不满足的条件下进行试验，验证复压闭锁功能的正确性；主变压器间隔还需验证失灵（或解复压闭锁）开入解除复压闭锁功能的正确性。

（3）TA 断线闭锁、告警。

电流定值校验正确。

2. 220kV 母线保护整组传动试验

220kV 母线保护一般与 500kV 主变压器电气量保护、220kV 线路保护、合并单元、智能终端等设备共同配合进行传动试验，传动时需关注该段母线上所有间隔（线路、主变压器 220kV、母联、分段）的断路器动作情况（三相跳闸）、保护开入（隔离开关位置，如母线失灵开入、主变压器保护接复压、母联/分段间隔的 SHJ 和 TWJ 等）、保护出口（启动线路远跳、启动主变压器失灵联跳、跳闸出口等）及保护动作行为的正确性。其余要求参照 220kV 线路保护整组传动试验相关要求。

（九）35kV 电容器保护验收内容

35kV 电容器保护交接试验验收内容如表 10-11 所示，验收时可根据实际情况有侧重地开展，建议以整组传动和二次回路验收为主。

表 10-11   35kV 电容器保护验收内容一览表

序号	验收内容	验收方法	验收标准
1	铭牌数据	现场核查	装置铭牌数据记录正确，装置型号、额定电压（常规采样）、额定电流（常规采样）、电源电压等数据与设计相符
2	保护版本	现场抽查	装置软件版本与相关文件相符，与整定单一致
3	开关量校验	现场核查	根据不同厂家装置实际情况检查，检修、远方操作、开关位置等开关量可正确开入装置
4	模拟量校验	使用继电保护测试仪试验	装置显示正确
5	保护装置功能校验	使用继电保护测试仪试验	保护功能正确动作，定值正确
6	整组传动试验	现场核查	传动功能正确，双套保护及检修机制检查正确
7	屏柜回路接线及端子排检查	现场核查	电流电压回路截面、端子排接线、端子排型号、压板接线等符合要求
8	装置背板	现场抽查	装置背板插件、插排已紧固
9	装置光口及光纤检查	现场核查	装置收发光功率、光纤类型、光纤接头、预置光缆、光纤标签、尾纤等检查符合要求
10	空气开关检查	现场核查	直流空气开关、交流电压空气开关：本级和上级空气开关型号报告记录与实际相符，满足级差要求
11	一次回路绝缘检查	现场核查	直流（装置直流电源、信号电源）、电流二次回路、电压二次回路使用 1000V 绝缘电阻表测量数据不小于 1MΩ
12	装置对时检查	现场核查	对时正常
13	MMS 远方控制功能检查	现场核查	功能检查正确

表 10-11 中 35kV 电容器保护特有验收内容的具体要求如下。

1. 35kV 电容器保护装置保护功能校验

保护功能校验应以保护说明书和调试（或正式）整定单为依据开展校验，校验过程中同步检查相关功能软压板、控制字、信号灯和报文等的正确性。

（1）电气量保护功能校验。主要功能包括过流保护、过压保护、欠压保护、不平衡电流保护（如有）、差压保护（如有）、过负荷报警等功能，定值应校验正确，时间允许误差（1.2 倍整定值或 0.7 倍整定值）不大于 1%或 40ms。

（2）非电量保护功能校验（仅针对油浸式电容器）。非电量开入继电器（常规 35kV 保护装置、智能变电站的本体智能终端或 35kV 断路器汇控箱处）：动作电压在额定直流电源电压的 55%～70%范围、动作功率在 5W 及以上，跳闸压板及跳闸功能正确，动作报文正确；直接跳闸出口的重要非电量信号（如气体继电器）节点间、回路对地绝缘不小于 1MΩ。

2. 35kV 电容器保护整组传动试验

35kV 电容器保护一般与合并单元、智能终端、35kV 无功投切装置等设备联合开展传动试验，传动时需关注断路器动作情况、保护开入（断路器位置）、保护出口（闭锁无功投切、跳闸出口等）及保护动作行为的正确性。主要检查内容如下：

（1）常规保护整组传动要求：模拟各类故障，验证实际断路器出口情况正确，检查保护装置出口硬压板功能是否正确，检查操作箱、监控系统光字（画面、事件等）显示是否正确，检查故障录波器的断路器位置、保护动作等开关量录波波形和时序是否正确。

（2）智能保护整组传动要求：模拟各类故障，验证实际断路器出口情况正确，检查 GOOSE 出口软压板、智能终端出口硬压板、智能终端面板显示的跳闸信号和位置信号、监控系统的光字（画面变位、软报文等）显示是否正确，检查网络报文分析仪的相关报文、录波波形的完整性和正确性；保护装置 SV 投入压板的功能描述应与实际输入的 SV 数据一致，不一致时装置应报采样异常告警，同时闭锁相关保护；检修机制检查：检修机制检查以接收侧动作行为为判断标准，检修状态一致处理，不一致不处理。

（3）油浸式电容器非电量信号回路绝缘：直接跳闸出口的重要非电量信号（如重瓦斯继电器）节点间、回路对地绝缘不小于 1MΩ；若非电量报警遥信和非电量跳闸信号电源分别由单独的空气开关控制，需检查两者是否互串，普通遥信电源与非电量信号电源的空气开关是否一一对应。

（4）油浸式电容器非电量信号模拟：可以从源头实发的非电量信号均需实做，一一核对至保护装置、非电量继电器或本体智能终端以及后台；如无法实发，则采用源头接线盒点端子的形式核对信号；模拟非电量故障时同步验证保护装置、非电量继电器或非电量智能终端的信号灯、报文和告警功能的正确性，以及非电量功能投入压板描述与实际信号名称是否一致。

（5）油浸式电容器非电量整组传动：检查保护装置、非电量继电器或本体智能终端面板显示、后台监控系统报文、网络分析仪报文、故障录波器录波文件是否正确，检查跳断路器出口压板及跳闸情况是否正确，检查闭锁无功投切回路出口压板及功能是否正确。

（十）35kV 电抗器保护验收内容

35kV 电容器保护交接试验验收内容如表 10-12 所列，验收时可根据实际情况有侧重地开展，建议以整组传动和二次回路验收为主。

表 10-12　　　　　　　　　35kV 电抗器保护验收内容一览表

序号	验收内容	验收方法	验收标准
1	铭牌数据	现场核查	装置铭牌数据记录正确，装置型号、额定电压（常规采样）、额定电流（常规采样）、电源电压等数据与设计相符
2	保护版本	现场抽查	装置软件版本与相关文件相符，与整定单一致
3	开关量校验	现场核查	根据不同厂家装置实际情况检查，检修、远方操作等开关量可正确开入装置
4	模拟量校验	使用继电保护测试仪试验	装置显示正确
5	保护装置功能校验	使用继电保护测试仪试验	保护功能正确动作，定值正确
6	整组传动试验	现场核查	传动功能正确，双套保护及检修机制检查正确
7	屏柜回路接线及端子排检查	现场核查	电流电压回路截面、端子排接线、端子排型号、压板接线等符合要求
8	装置背板	现场抽查	装置背板插件、插排已紧固
9	装置光口及光纤检查	现场核查	装置收发光功率、光纤类型、光纤接头、预置光缆、光纤标签、尾纤等检查符合要求
10	空气开关检查	现场核查	直流空气开关、交流电压空气开关：本级和上级空气开关型号报告记录与实际相符，满足级差要求
11	二次回路绝缘检查	现场核查	直流（装置直流电源、信号电源）、电流二次回路、电压二次回路使用 1000V 绝缘电阻表测量数据不小于 1MΩ
12	装置对时检查	现场核查	对时正常
13	MMS 远方控制功能检查	现场核查	功能检查正确

表 10-12 中 35kV 电抗器保护特有验收内容的具体要求如下。

1. 35kV 电抗器保护装置保护功能校验

保护功能校验应以保护说明书和调试（或正式）整定单为依据开展校验，校验过程中同步检查相关功能软压板、控制字、信号灯和报文等的正确性。

（1）电气量保护功能校验。

主要功能包括差动保护、过流保护、零序过流保护、过负荷报警等功能校验。

差动保护主要要求：①动作值准确度不大于 5%或不大于 $0.02I_n$；②差动速断动作时间（1.5 倍整定值）不大于 30ms；③差动动作时间（2 倍整定值）不大于 40ms；④比率制动特性：每段折线取 2 点进行试验，不允许直接使用折点。

过流保护、零序过流保护、过负荷报警等功能主要要求：定值应校验正确，时间允许误差（1.2 倍整定值或 0.7 倍整定值）不大于 1% 或 40ms。

（2）非电量保护功能校验（针对油浸式电抗器）。

非电量开入继电器（常规 35kV 保护装置、智能变电站的本体智能终端或 35kV 断路器汇控箱处）：动作电压为额定直流电源电压的 55%～70%，动作功率为 5W 及以上，跳闸压板及跳闸功能正确，动作报文正确；直接跳闸出口的重要非电量信号（如气体继电器）节点间、回路对地绝缘不小于 1MΩ。

2．35kV 电抗器保护整组传动试验

35kV 电抗器保护一般与合并单元、智能终端、35kV 无功投切装置等设备联合开展传动试验，传动时需关注首端、尾端断路器动作情况、保护出口（闭锁无功投切、跳闸出口等）及保护动作行为的正确性。其余要求参照 35kV 电容器保护整组传动试验相关要求。

（十一）35kV 站用变压器保护验收内容

35kV 站用变压器保护交接试验验收内容如表 10-13 所示，验收时可根据实际情况有侧重地开展，建议以整组传动和二次回路验收为主。

表 10-13　　　　　　　　　35kV 站用变保护验收内容一览表

序号	验收内容	验收方法	验收标准
1	铭牌数据	现场核查	装置铭牌数据记录正确，装置型号、额定电压（常规采样）、额定电流（常规采样）、电源电压等数据与设计相符
2	保护版本	现场抽查	装置软件版本与相关文件相符，与整定单一致
3	开关量校验	现场核查	根据不同厂家装置实际情况检查，检修、远方操作等开关量可正确开入装置
4	模拟量校验	使用继电保护测试仪试验	装置显示正确
5	保护装置功能校验	使用继电保护测试仪试验	保护功能正确动作，定值正确
6	整组传动试验	现场核查	传动功能正确，双套保护及检修机制检查正确
7	屏柜回路接线及端子排检查	现场核查	电流电压回路截面、端子排接线、端子排型号、压板接线等符合要求
8	装置背板	现场抽查	装置背板插件、插排已紧固
9	装置光口及光纤检查	现场核查	装置收发光功率、光纤类型、光纤接头、预置光缆、光纤标签、尾纤等检查符合要求
10	空气开关检查	现场核查	直流空气开关、交流电压空气开关：本级和上级空气开关型号报告记录与实际相符，满足级差要求
11	二次回路绝缘检查	现场核查	直流（装置直流电源、信号电源）、电流二次回路、电压二次回路使用 1000V 绝缘电阻表测量数据不小于 1MΩ
12	装置对时检查	现场核查	对时正常
13	MMS 远方控制功能检查	现场核查	功能检查正确

表 10-13 中 35kV 站用变压器保护特有验收内容的具体要求如下。

1. 35kV 站用变保护装置保护功能校验

保护功能校验应以保护说明书和调试（或正式）整定单为依据开展校验，校验过程中同步检查相关功能软压板、控制字、信号灯和报文等的正确性。

（1）电气量保护功能校验。

主要功能包括差动保护（如有）、高压侧过流保护、小变比过流保护、低压侧零序过流保护、过负荷报警等功能校验。

差动保护主要要求：①动作值准确度不大于 5%或不大于 $0.02I_n$；②差动动作时间（2 倍整定值）不大于 40ms；③比率制动特性：每段折线取 2 点进行试验，不允许直接使用折点。

高压侧过流保护、小变比过流保护、低压侧零序过流保护、过负荷报警等功能主要要求：定值应校验正确，时间允许误差（1.2 倍整定值或 0.7 倍整定值）不大于 1%或 40ms。

（2）非电量保护功能校验（针对油浸式站用变压器）。

非电量开入继电器（常规 35kV 保护装置、智能变电站的本体智能终端或 35kV 断路器汇控箱处）：动作电压为额定直流电源电压的 55%～70%，动作功率为 5W 及以上，跳闸压板及跳闸功能正确，动作报文正确；直接跳闸出口的重要非电量信号（如重瓦斯继电器）节点间、回路对地绝缘不小于 1MΩ。

2. 35kV 站用变压器保护整组传动试验

35kV 站用变压器保护一般与合并单元、智能终端等设备联合开展传动试验，传动时需关注断路器动作情况、保护出口（跳闸出口等）及保护动作行为的正确性。其余要求参照 35kV 电容器保护整组传动试验相关要求。

（十二）无功投切装置验收内容

无功投切装置交接试验验收内容如表 10-14 所示，验收时可根据实际情况有侧重地开展，建议以整组传动和二次回路验收为主。

表 10-14　　　　　　　　无功投切装置验收内容一览表

序号	验收内容	验收方法	验收标准
1	铭牌数据	现场核查	装置铭牌数据记录正确，装置型号、额定电压、电源电压等数据与设计相符
2	保护版本	现场抽查	装置软件版本与相关文件相符，与整定单一致
3	开关量校验	现场核查	根据不同厂家装置实际情况检查，检修、远方操作、电容器保护动作闭锁无功投切、电抗器保护动作闭锁无功投切等开关量可正确开入装置
4	模拟量校验	使用继电保护测试仪试验	装置显示正确
5	保护装置功能校验	使用继电保护测试仪试验	保护功能正确动作，定值正确

序号	验收内容	验收方法	验收标准
6	整组传动试验	现场核查	传动功能正确，双套保护及检修机制检查正确
7	屏柜回路接线及端子排检查	现场核查	电流电压回路截面、端子排接线、端子排型号、压板接线等符合要求
8	装置背板	现场抽查	装置背板插件、插排已紧固
9	装置光口及光纤检查	现场核查	装置收发光功率、光纤类型、光纤接头、预置光缆、光纤标签、尾纤等检查符合要求
10	空气开关检查	现场核查	直流空气开关、交流电压空气开关：本级和上级空其开关型号报告记录与实际相符，满足级差要求
11	二次回路绝缘检查	现场核查	直流（装置直流电源、信号电源）、电压二次回路使用 1000V 绝缘电阻表测量数据不小于 1MΩ
12	装置对时检查	现场核查	对时正常
13	MMS 远方控制功能检查	现场核查	功能检查正确

表 10-14 中无功投切装置特有验收内容的具体要求如下。

1. 无功投切装置保护功能校验

保护功能校验应以保护说明书和调试（或正式）整定单为依据开展校验，校验过程中同步检查相关功能软压板、控制字、信号灯和报文等的正确性。

投切功能主要包括"低压延时投电容、低压延时切电抗、低压瞬时切电抗"和"过压切电容、过压投电抗"两项功能，根据相应的电压定值和时间定值进行校验，验证定值的正确性。

2. 整组传动试验

无功投切装置一般与 35kV 电容器保护、35kV 电抗器保护、35kV 电容器智能终端、35kV 电抗器智能终端、500kV 电压合并单元等设备联合开展传动试验，传动时需关注电容器、电抗器断路器动作情况、保护开入（电容器保护动作闭锁无功投切、电抗器保护动作闭锁无功投切等）、保护出口（电容器投/切、电抗器投/切等）及保护动作行为的正确性。其余要求参照 35kV 电容器保护整组传动试验相关要求。

（十三）合并单元验收内容

合并单元交接试验验收内容如表 10-15 所示，由于试验内容较多，验收时针对合并单元的具体功能校验可以抽做，着重验证其与保护、测控、智能终端、其他合并单元装置间采样和功能的配合情况。

表 10-15　　　　　　　　　　合并单元验收内容一览表

序号	验收内容	验收方法	验收标准
1	铭牌数据	现场核查	装置铭牌数据记录正确，装置型号、额定电压、额定电流、电源电压等数据与设计相符
2	软件版本	现场抽查	装置软件版本与相关文件相符

序号	验收内容	验收方法	验收标准
3	硬件版本	现场抽查	硬件版本为合并单元印刷电路板上所印的版本号，需符合相关要求，需对合并单元所有板件进行检查
4	屏柜回路接线及端子排检查	现场核查	电流电压回路截面、端子排接线、端子排型号、压板接线等符合要求
5	装置光口及光纤检查	现场核查	装置收发光功率、光纤类型、光纤接头、预置光缆、光纤标签、尾纤等检查符合要求
6	空气开关检查	现场核查	直流空气开关、交流电压空气开关：本级和上级空气开关型号报告记录与实际相符，满足级差要求
7	二次回路绝缘检查	现场核查	直流（装置直流电源、信号电源）、电流二次回路、电压二次回路使用 1000V 绝缘电阻表测量数据不小于 1MΩ
8	基本参数检查	现场抽查	基本参数记录正确
9	采样值报文检查	现场抽查、使用合并单元测试仪或手持式报文分析仪进行测试	符合相关规程要求
10	采样值精度校验	现场抽查、使用合并单元测试仪进行校验	符合相关规程要求
11	电压切换功能试验	现场抽查	符合相关规程要求
12	电压并列功能试验	现场抽查	符合相关规程要求
13	与其他设备联动	现场抽查	功能满足要求

表 10-15 中合并单元特有验收内容的具体要求如下。

1. 采样值报文相关参数检查

使用测试仪抓取采样值报文，分析采样值报文的各项基本参数是否符合规程要求，检查内容包括基本参数和时间性能参数两部分，以下测试建议选取合并单元的纯 SV 输出口进行，以降低 GOOSE 报文对下列测试的影响。

（1）基本参数检查（参见 DL/T 995—2016《继电保护和电网安全自动装置检验规程》6.3.3.1.1 条和 6.3.3.2 条）。

SV 报文丢帧率测试：检验 SV 报文的丢帧情况，10min 内不丢帧。

SV 报文完整性测试：检验 SV 报文中序号的连续性，SV 报文的序号应从 0 连续增加到 50N-1（N 为每周波采样点数，一般 N=80，即报文序号到 3999），再恢复到 0，任意相邻两帧 SV 报文的序号应连续。

SV 报文发送频率测试：80 点采样时，SV 报文应每一个采样点一帧报文，SV 报文的发送频率应与采样点频率一致，即 1 个 APDU 包含 1 个 ASDU。

MU 检修状态测试：MU 发送 SV 报文检修品质应能正确反映 MU 装置检修压板的投退，当检修压板投入时，SV 报文中每个采样值通道品质位的"test"位应置 1，装置面板应有显示；当检修压板退出时，品质位的"test"位应置 0，装置面板应有显示。

另外，SV 报文格式还需要符合 DL/T 860.92 协议的要求。

（2）时间性能参数检查（参见 DL/T 995—2016《继电保护和电网安全自动装置检验规程》6.3.3.1.1-（4）条和 GB/T 34871—2017《智能变电站继电保护检验测试规范》6.7.5.2 条）

SV 报文发送间隔离散度检查：检验 SV 报文发送间隔是否等于理论值（20/Nms，N 为周波采样点数），测出的间隔抖动应在±10μs 之内。

对时精度：合并单元应能接收 GB/T 25931 或 IRIG-B 码同步对时信号，合并单元应能够实现采集单元间的采样同步功能，采样的同步精度误差不应超过 1μs。

守时精度：合并单元在外部同步信号消失后，在 10min 内守时误差不应超过 4μs。

2. 采样值精度校验

开始精度校验前需正确记录各间隔的 TA 变比；模拟量输入型合并单元采样值精度要求见表 10-16～表 10-19（参见 GB/T 34871—2017《智能变电站继电保护检验测试规范》6.7.1.2 条和 6.7.2 条），并进行采样值频率影响试验。

表 10-16　　　　　　合并单元测量级电流采样通道（0.2s 级）误差

额定电流下的电流（比值）误差（%）				额定电流（%）下的相位误差							
				（'）				crad			
±5	±20	±100	±120	±5	±20	±100	±120	±5	±20	±100	±120
±0.75	±0.35	±0.2	±0.2	±30	±15	±10	±10	±0.9	±0.45	±0.3	±0.3

表 10-17　　　　　　合并单元保护级电流采样通道（5P 级）误差

额定一次电流下的电流误差（%）	相位误差		额定准确限值电流下的幅值误差（%）
	（'）	crad	
±1	±60	±1.8	±5

表 10-18　　　　　　合并单元测量级电压采样通道（0.2 级）误差

电压（比值）误差 ε_u（%）	相位误差 ϕ_c	
	（'）	crad
±0.2	±10	±0.3

表 10-19　　　　　　合并单元保护级电压采样通道（3P 级）误差

额定电压百分比（%）								
2			5			$x^{1)}$		
电压误差（%）	相位误差（'）	相位误差（crad）	电压误差（%）	相位误差（'）	相位误差（crad）	电压误差（%）	相位误差（'）	相位误差（crad）
±6	±240	±7	±3	±120	±3.5	±3	±120	±3.5

1）x 为额定电压因数乘以 100。

合并单元采样值频率影响试验。使用继电保护测试仪分别输出 45、48、49、50、51、

52、55Hz 的电压/电流信号（三相平衡、初始相位角任意）给合并单元，分析合并单元输出的幅值和角度误差；技术要求：测量 TA 和 TV 由频率改变引起的误差改变量（包括幅值和相位误差），应不大于准确等级指数的 100%，保护 TA 的误差应满足原技术指标要求。

3. 220kV 间隔合并单元的电压切换功能试验

对于接入了两段母线电压的按间隔配置的合并单元，根据采集的双位置隔离开关信息，进行电压切换。切换逻辑应满足运行的要求，且在电压切换过程中采样值不应误输出，采样序号应连续。采集隔离开关位置异常状态时报警。举例如下：某间隔合并单元采集正母隔离开关 1G 位置和副母隔离开关 2G 位置，根据这两个位置来切换选择取正母或副母电压；试验时给母线合并单元 A 相分别通入正母 10V、副母 20V 电压，电压切换逻辑见表 10-20。

表 10-20 电压切换逻辑一览表

序号	正母隔离开关		副母隔离开关		U_x 电压输出	报警说明
	合	分	合	分		
1	0	0	0	0	保持	延时 1min 以上报"隔离开关位置异常"
2	0	0	0	1	保持	
3	0	0	1	1	保持	
4	0	1	0	0	保持	
5	0	1	1	1	保持	
6	0	0	1	0	20V	
7	0	1	1	0	20V	无
8	1	0	1	0	10V	报警"切换同时动作"
9	0	1	0	1	0（品质有效）	报警"切换同时返回"
10	1	0	0	0	10V	无
11	1	1	1	0	20V	延时 1min 以上报"隔离开关位置异常"
12	1	0	0	0	10V	
13	1	0	1	1	10V	
14	1	1	0	0	保持	
15	1	1	0	1	保持	
16	1	1	1	1	保持	

注 1. 母线电压输出为"保持"，表示间隔合并单元保持之前隔离开关位置正常时切换选择的正母或副母的母线电压，母线电压数据品质应为有效；
2. 间隔 MU 上电后，未收到隔离开关位置信息时，输出的母线电压带"无效"品质；上电后，若收到的初始隔离开关位置与表中"母线电压输出"为"保持"的刀闸位置一致，输出的母线电压带"无效"品质。

4. 220kV 母线合并单元的电压并列功能试验

母线电压合并单元设置为Ⅰ母、Ⅱ母并列状态，接入一组母线电压，模拟母联断路器及隔离开关位置、母线 TV 隔离开关位置信息给合并单元，检查合并单元的两组母线电压的幅值、相位和频率。举例如下：合并单元通过 GOOSE 采集母联及两侧隔离开关、TV 隔离开关双位置信号，同时通过电缆接入母线并列强制把手信号，根据以上信号实现电压并列功能；"Ⅰ母退出强制Ⅱ母"和"Ⅱ母退出强制Ⅰ母"共用一个把手，若"Ⅰ母退出强制Ⅱ母"和"Ⅱ母退出强制Ⅰ母"把手强制输入信号同时为"1"，装置延时10s报"把手强制信号状态异常"。试验时Ⅰ母电压A、B、C、$3U_0$分别加10、20、30、15V；Ⅱ母电压A、B、C、$3U_0$分别加40、50、60、45V。电压并列逻辑见表10-21。

表 10-21 电压切换逻辑一览表

把手位置		母联断路器及两侧隔离开关位置	Ⅰ母电压输出	Ⅱ母电压输出
强制Ⅰ母运行	强制Ⅱ母运行			
0	0	X	10、20、30、15V	40、50、60、45V
1	0	合位	10、20、30、15V	10、20、30、15V
1	0	分位	10、20、30、15V	40、50、60、45V
1	0	00 或 11（无效位置）	保持	保持
0	1	合位	40、50、60、45V	40、50、60、45V
0	1	分位	10、20、30、15V	40、50、60、45V
0	1	00 或 11（无效位置）	保持	保持
1	1	合位	保持	保持
1	1	分位	10、20、30、15V	40、50、60、45V
1	1	00 或 11（无效位置）	保持	保持

注 1. 把手位置为1表示该把手位于合位，为0表示该把手位于分位；
　2. 母联断路器为双位置，"10"为合位，"01"为分位，"00"和"11"表示中间位置和无效位置，X 表示无论母联断路器处于任何位置。

5. 合并单元级联试验

按间隔配置的合并单元应提供足够的输入接口，接收来自本间隔电流互感器的电流信号；若间隔设置有电压互感器，还应接入间隔的电压信号；若本间隔的二次设备需要母线电压，还应接收母线电压合并单元的母线电压信号。

按间隔配置的合并单元接收到母线电压合并单元采样数据延时应该在一定的范围（0~1ms）内，若采样数据延时超出此范围，按间隔配置的合并单元应报警且级联数据置无效标志。

6. 合并单元与其他设备联动

在站内过程层网络组网完成之后，应进行合并单元与其他设备的联动试验。

在合并单元处通入所需的模拟量，检查保护、测控装置处采样值的正确性及数据的有效性，模拟正常运行情况，各装置应无异常报警，模拟故障情况保护，应能正确动作。

与智能终端配合验证开入量的有效性，进而验证并列、切换功能。

母线合并单元和间隔合并单元之间还需要验证合并单元之间的级联配合情况，即在母线合并单元处输入电压模拟量，间隔合并单元的输出报文应能检测到正确的电压模拟量。

（十四）智能终端（操作箱）验收内容

智能终端基本包含了操作箱的所有功能，应分别针对软件功能和硬件功能（主要即操作箱部分的功能）进行试验，验收要求如表10-22所示，具体功能校验可以抽做，着重验证其与保护、测控、一次设备、合并单元等设备间联动的配合情况。

表 10-22　　　　　　　　　　智能终端/操作箱验收内容一览表

序号	验收内容	验收方法	验收标准
1	铭牌数据	现场核查	装置铭牌数据记录正确，装置型号、电源电压等数据与设计相符
2	智能终端软件版本	现场抽查	装置软件版本与相关文件相符
3	屏柜回路接线及端子排检查	现场核查	电流电压回路截面、端子排接线、端子排型号、压板接线等符合要求
4	装置光口及光纤检查	现场核查	装置收发光功率、光纤类型、光纤接头、预置光缆、光纤标签、尾纤等检查符合要求
5	空气开关检查	现场核查	直流空气开关、交流电压空气开关：本级和上级空气开关型号报告记录与实际相符，满足级差要求
6	二次回路绝缘检查	现场核查	直流（装置直流电源、信号电源、控制电源）使用 1000V 绝缘电阻表测量数据不小于 1MΩ
7	智能终端常规操作箱部分功能（常规操作箱）检查	现场抽查	符合规程要求
8	智能终端智能部分功能检查	现场抽查	符合规程要求
9	出口硬压板检查	现场抽查	检查所有跳闸、合闸、遥控压板命名、功能是否正确，可与保护传动、遥控试验等结合

表 10-22 中智能终端（操作箱）特有验收内容的具体要求如下。

1. 智能终端常规操作箱部分功能（常规操作箱）检查

重要的电压型中间继电器、电流型中间继电器需测试具体的动作值、返回值和启动功率等参数，如电压型中间继电器 KKJ、SHJ、STJ、TWJ、HWJ、TJR、TJF（功率型）等，电流型中间继电器 TBJ、HBJ 等；一般的功能型继电器，如信号继电器、压力闭锁继电器等，具体要求为：

（1）电流型中间继电器：与断路器跳合闸线圈和控制器相连的继电器，电流型中间继电器的启动电流值不大于 0.5 倍额定电流。

（2）电压型中间继电器：动作电压范围为 55%～70% 额定电压。

（3）直跳回路继电器：启动功率应大于 5W，直跳回路继电器的动作电压范围为 55%～70% 直流额定电压。

2. 智能终端智能部分功能检查

（1）时间同步准确度测试。

通过对时装置同步时间测试仪和智能终端，设定时间测试仪在整秒（分）时刻开出硬接点给智能终端，对比智能终端发出的 GOOSE 报文中携带时标与设定时刻之间的误差，测试结果误差应不大于 ±1ms。

（2）智能终端响应时间测试。

智能终端响应时间指智能终端从收到 GOOSE 命令至出口继电器接点动作出口的时间。

GB/T 34871—2017《智能变电站继电保护检验测试规范》6.8.1 条要求该参数不大于 7ms，Q/GDW 11486—2015《智能变电站继电保护和安全自动装置验收规范》7.7.3.3 条要求该参数不大于 5ms；若厂家无法做到国家电网公司企业标准要求，以联系单形式与业主部门确认是否可用，若业主部门不认可，需厂家出说明或者更换插件，但必须达到国家标准要求。该测试不需要针对所有 GOOSE 虚端子，但是需针对所有出口节点。

（3）开入回路动作时间检查。

开入回路动作时间是指智能终端收到硬接点开入至转换成 GOOSE 报文并输出的时间。

在不含防抖时间的情况下，延时应不大于 5ms；试验时应确认厂家有没有在对应的开入点设置固定延时，如有设置，应加上设定的固定延时时间（参见 GB/T 34871—2017《智能变电站继电保护检验测试规范》6.8.2.2 条）。

（十五）500kV 系统保护典型信息流或回路联系图

1. 智能变电站 500kV 系统各装置间典型继电保护相关信息流（以线变串为例，见图 10-1）

2. 常规变电站 500kV 系统各装置间继电保护相关回路联系示意图（以线变串为例，见图 10-2）

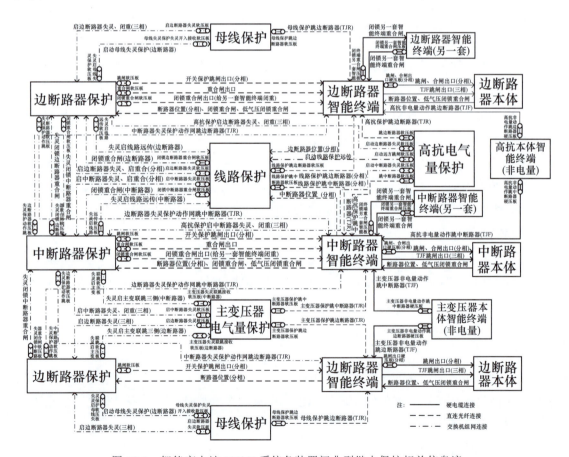

图 10-1　智能变电站 500kV 系统各装置间典型继电保护相关信息流

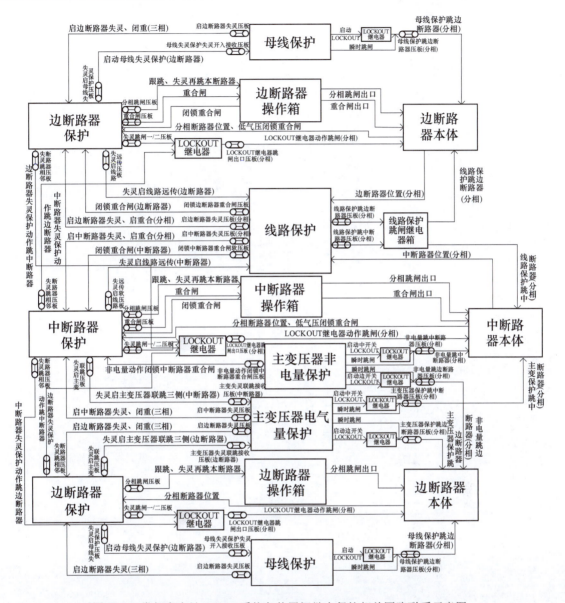

图 10-2 常规变电站 500kV 系统各装置间继电保护相关回路联系示意图

验收方法：根据设计图纸，了解上述信息流图或回路联系图，采用继电保护测试仪对所有回路及压板进行仔细验证，为提高试验效率，可以断路器保护、线路保护、母线保护或断路器保护、主变压器保护、母线保护为组合，将组合内的保护装置电流回路串联同时加量，通过在不同保护装置上投退相关保护功能实现不同信息流向，从而减少模拟量接线次数；注意两套智能终端之间互闭重回路应有单独的出口压板并分别验证；针对非电量保护传动，为提高效率可分两步进行，首先将所有非电量动作信号实际验证到本体智能终端或者非电量保护装置，然后在非电量保护装置处通过点开入的方式模拟并验证出口回路及跳闸压板。

验收标准：所有虚回路或二次回路、压板或软压板验证正确，回路不缺漏，无寄生回路。

（十六）220kV 系统保护典型信息流或回路联系图

1. 智能变电站信息流（无合并单元，见图 10-3）

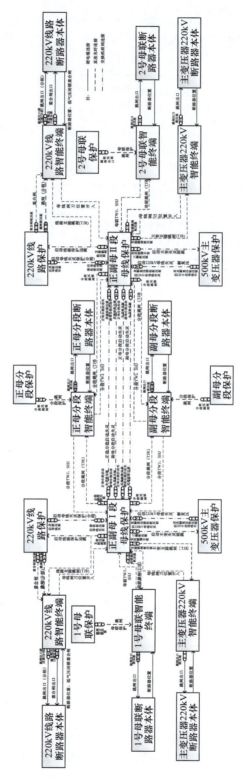

图 10-3　智能变电站信息流（无合并单元）

2. 智能变电站信息流（有合并单元，见图10-4）

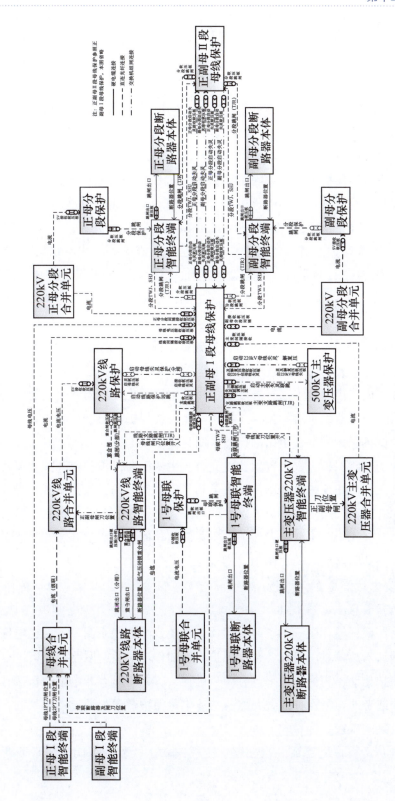

图10-4 智能变电站信息流（有合并单元）

验收方法：根据设计图纸，了解上述信息流图或回路联系图，采用继电保护测试仪或手持式数字测试仪对合并单元、各保护装置进行加量，对虚回路及软压板进行仔细验证。

验收标准：所有虚回路、软压板验证正确，回路不缺漏，无寄生回路。

（十七）主变压器及三侧保护传动信息流或回路联系图

1. 常规变电站回路联系图

500kV 主变压器保护失灵联跳回路视 220kV 母线保护情况不同分为三类：

（1）早期母线保护，如 ABB 公司的母差保护，无间隔失灵判别功能，主变压器保护启母线失灵保护由主变压器保护跳闸接点和 220 开关失灵保护失灵出口接点串联后去母线保护，母差保护经继电器出口；早期主变压器保护无失灵联跳功能，母线保护启主变压器保护的失灵判定在主变压器 C 屏的 220 开关失灵保护完成，判据满足后出口接点通过非电量出口继电器跳主变压器三侧。早期常规变电站回路联系图如图 10-5 所示。

（2）2009 年以后的微机母线保护有失灵判据功能，无失灵延时出口节点。母线保护动作且主变压器开关失灵时，需要通过主变压器 220kV 失灵保护延时，失灵判定仍在 C 屏的 220 开关保护完成，出口接点通过非电量出口继电器跳主变压器三侧；但主变压器保护动作时，可以用主变压器保护跳闸接点直接接入到母线保护，启动母差失灵功能，跳开该母线所有开关。微机保护常规变电站回路联系图见图 10-6。

（3）最新的母线保护，失灵判别功能完善，主变压器保护动作开关失灵时，可以用跳闸接点直接接入到母线保护，启动母差失灵功能，由母线失灵保护跳开该母线所有开关；主变压器保护有失灵联跳功能，母差保护动作开关失灵时，母差保护出口接点直接接到主变压器保护失灵开入上，主变压器保护经失灵联跳功能，出口跳开主变压器三侧开关。最新保护常规变电站回路联系图如图 10-7 所示。

2. 智能变电站信息流

智能变电站信息流见图 10-8。

验收方法：根据设计图纸，了解上述信息流图或回路联系图，采用继电保护测试仪在相关保护装置通入故障量，模拟各装置保护功能动作，对所有回路及压板进行仔细验证；针对非电量保护传动，为提高效率可分两步进行，首先将所有非电量动作信号实际验证到本体智能终端或者非电量保护装置，然后在非电量保护装置处通过点开入的方式模拟并验证出口回路及跳闸压板。

验收标准：所有虚回路或二次回路、压板或软压板验证正确，回路不缺漏，无寄生回路。

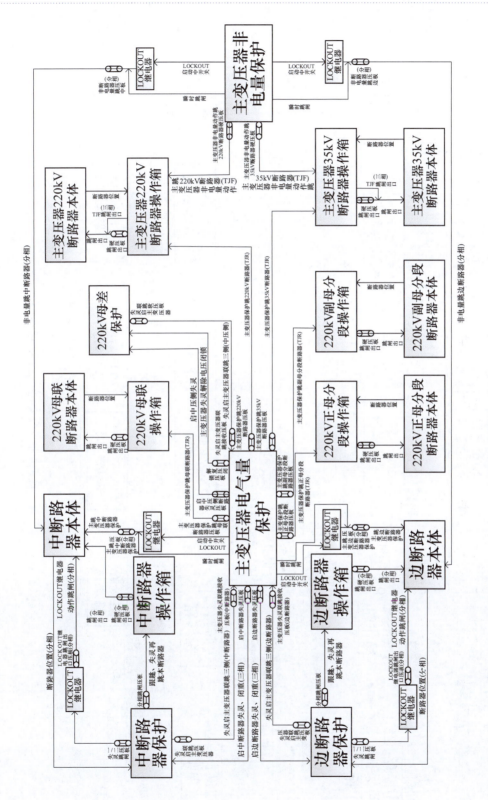

图 10-5 早期常规变电站回路联系图

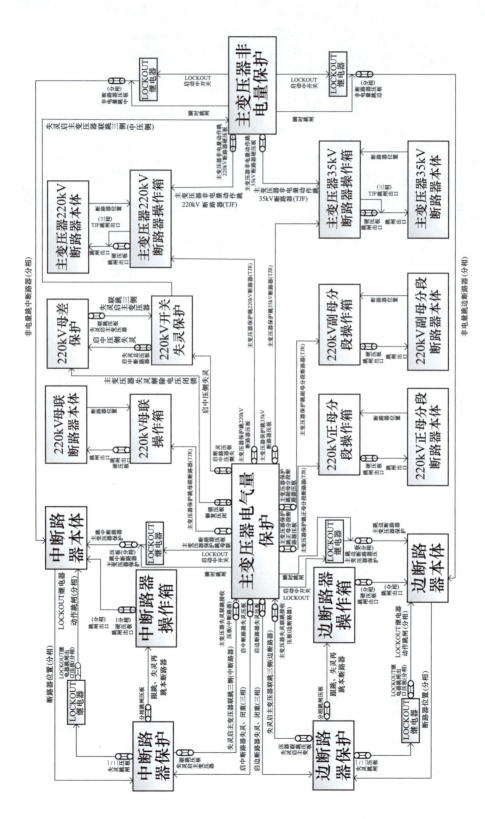

图 10-6 微机保护常规变电站回路联系图

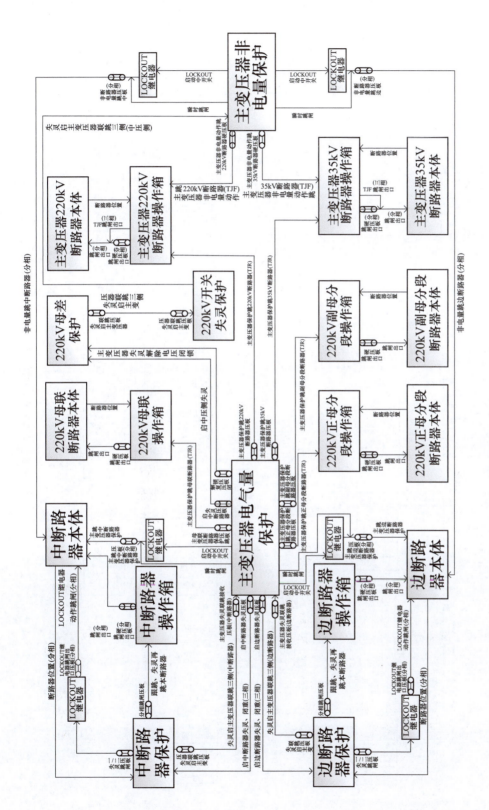

图 10-7 最新保护常规变电站回路联系图

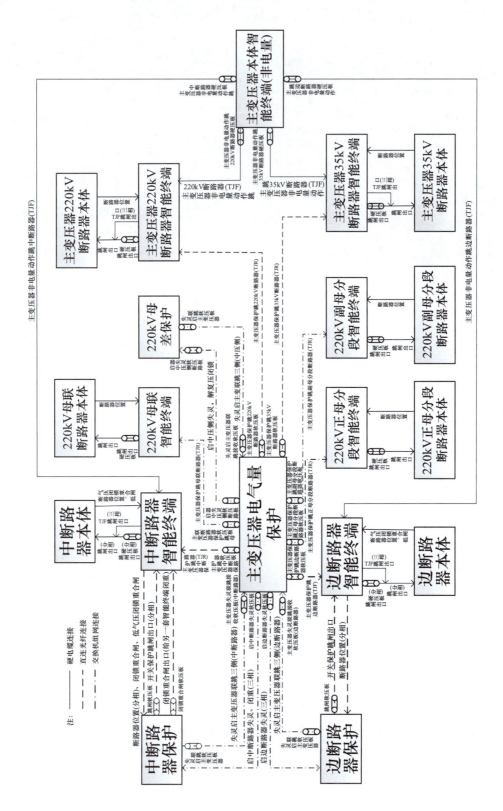

图 10-8 智能变电站回路联系图

3. 常规变电站无功设备保护回路

常规变电站无功设备保护回路联系图见图 10-9。

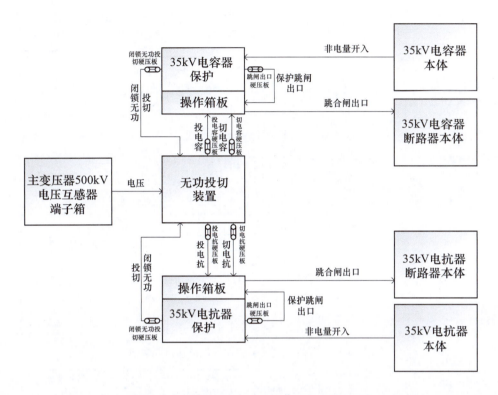

图 10-9　常规变电站无功设备保护回路联系图

4. 智能变电站无功设备保护信息流

智能变电站无功设备保护信息流（无本体智能终端）见图 10-10。智能变电站无功设备保护信息流（有本体智能终端）见图 10-11。

5. 常规变电站站用变压器保护回路

常规变电站站用变压器保护回路联系图见图 10-12。

6. 智能变电站站用变压器保护信息流

智能变电站站用变压器保护信息流见图 10-13。

验收方法：根据设计图纸，了解上述信息流图或回路联系图，采用继电保护测试仪在相关保护装置通入故障量，模拟各装置保护功能动作，对所有回路及压板进行仔细验证；针对非电量保护传动，将所有非电量动作信号从源头模拟，同时验证出口回路及跳闸压板。

验收标准：所有虚回路或二次回路、压板或软压板验证正确，回路不缺漏，无寄生回路。

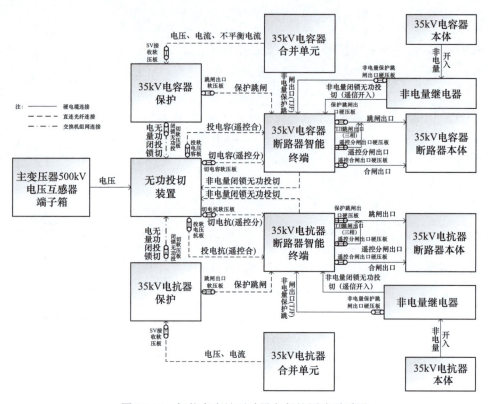

图 10-10 智能变电站无功设备保护回路联系图

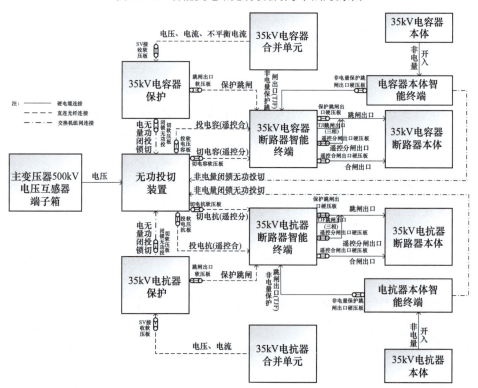

图 10-11 智能变电站无功设备保护信息流（含本体智能终端）

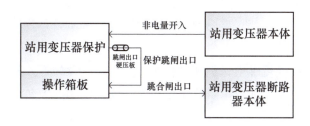

图 10-12　常规变电站站用变压器保护回路联系图

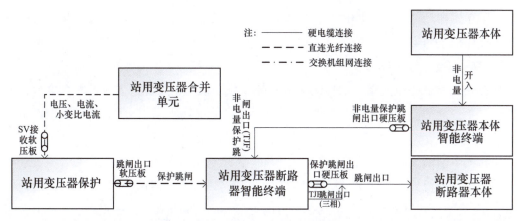

图 10-13　智能变电站站用变压器保护信息流

三、公用及小系统验收

（一）电流回路相关检查

电流互感器（TA）二次回路决定着变电站二次系统能否正常运行，因此验收时应重点检查。具体检查内容包含以下两个方面：

1. TA 二次绕组接线检查

常规 TA 所有绕组极性、变比、准确级应与铭牌参数一致，多抽头的 TA 应根据设计图纸、调度部门下发的整定单或会议纪要、业主专业管理部门等多方要求选择正确变比。

TA 二次回路一点接地点一般设置在就地汇控柜或开关端子箱处，如业主专业管理部门有特殊要求（如要求差动保护相关电流回路统一在保护屏接地；有大电流切换端子情况下，有要求在大电流端子之前就地直接接地，也有要求在大电流端子之后接地），应通过联系单或升版图纸形式明确（参见 DL/T 5136—2012《火力发电厂、变电站二次接线设计技术规程》5.4.9 条）。

根据图纸核实实际 TA 安装情况，主要核实 TA 一次侧的 P1 朝向、二次侧数量、回路编号、用途、变比、准确级、额定容量、二次引出端等信息，应与实际情况相符。

双重化配置的保护采样值宜取自不同合并单元，合并单元取自不同的 TA 二次绕组。

用于第一套保护的 TA 保护范围一般比第二套保护要大。

2. TA 回路交流负载阻抗检查

TA 回路完成安装接线之后，应对其二次回路的交流负载阻抗进行测试，从而验证 TA

二次实际负载是否在额定负载容量以内，由此判断 TA 选型是否合理；验收时针对重要回路进行复测，其他回路抽测。

具体试验方法是：使用继电保护测试仪在 TA 的接线盒处通入额定的二次电流并测量整个回路的负载电压，从而计算出负载阻抗和负载功率，实际的负载功率应不超出 TA 二次绕组的额定容量。

（二）电压回路相关检查

电压互感器（TV）二次回路决定着变电站二次系统能否正常运行，因此验收时应重点检查。具体检查内容包含以下两个方面：

1. TV 二次绕组接线

常规 TV 所有绕组变比、准确级应与铭牌参数一致，相关参数需通过联系单形式汇报调度等专业管理部门；对于有极性要求的绕组（如测控装置同期电压），应与相应设备的使用要求相匹配。

智能变电站的 TV 二次回路一般相互独立，因此一般将 N600 一点接地点设置在 TV 端子箱或就地汇控柜处；常规变电站的 TV 二次回路，因并列、切换等功能回路实现的原因，N600 一点接地可根据实际情况设置在室内的电压并列切换屏处，并在户外的 TV 二次回路中性点经氧化锌阀片接地（参见 DL/T 5136—2012《火力发电厂、变电站二次接线设计技术规程》5.4.18 条）。

根据图纸核实实际 TV 安装情况，主要核实 TV 二次侧数量、回路编号、用途、变比、准确级、额定容量等信息，应与实际情况相符。

双重化配置的保护采样值宜取自不同合并单元，合并单元取自不同的 TV 二次绕组。

2. TV 回路负载功率

TV 回路完成安装接线之后，应对其二次回路的交流负载进行测试，从而验证 TV 二次回路实际负载是否在额定负载容量以内，由此判断 TV 选型是否合理；验收时针对重要回路进行复测，其他回路抽测。

具体试验方法是：使用继电保护测试仪在 TV 端子箱总空气开关下端头处通入额定的二次电压，总空气开关断开、其余所有下级负载空气开关合上，测量带整个回路的负载电流，从而计算出负载功率，实际的负载功率应不超出 TV 二次绕组的额定容量。

（三）直流电源配置检查

双套保护装置电源、双套控制电源、交换机电源（双电源都取自同一段、与对应保护相同）应使用不同段直流。

保护及其控制电源应满足双重化配置要求，每套保护从保护电源到保护装置到出口必须采用同一组直流电源；两套保护装置及回路之间应完全独立，不应有直接电气联系。

第一套保护、第一套智能终端、第一套合并单元、第一组控制电源来自第一段电源；第二套保护、第二套智能终端、第二套合并单元、第二组控制电源来自第二段电源。

（四）智能变电站过程层通信链路检查

后台通信链路图清晰明了；逐一插拔收发光纤，保护装置显示断链信息正确，后台能正确反映链路通断状态。

（五）交直流一体化系统

系统构成：已接入直流电源分系统、交流电源分系统、通信电源分系统。

直流接地选线：模拟直流接地，系统能正确选出接地支路。

交流配电屏：进线开关及馈线开关参数整定正确，跳合闸功能正确。

备自投：模拟母线失电，备自投逻辑正确。

监控 UPS：UPS 交流电源、直流电源、旁路电源切换正常。

事故照明：照明电源切换功能正常。

后台通信：系统软报文能正确上送。

（六）故障录波器及故障录波子站系统检查

故障录波器自成系统，可通过专用的数据网通道上送调度，也可通过故障录波子站系统上送，验收时需要检查内容为：

1. GOOSE 开关量检查

根据虚端子表及实际设备情况，对所有开关量进行检查；220kV 故障录波器的开关量按 A/B 网分别全部接入。

500kV 故障录波器的开关量，以浙江电网为例，根据《华东电网 500kV 故障录波器技术准则补充条款》要求，500kV 故障录波器接入的 A/B 网开关量和模拟量不是一一对应的，500kV 母线故障录波接入所有 A 网开关量，500kV 主变压器、线路故障录波接入与模拟量相对应间隔的 B 网开关量信息。

2. 故障录波器远方通信功能检查

故障录波器上送故障录波子站、调度端的相关路径应与设计图纸及调度主管部门要求相符合，相关光缆及交换机未缺少，报告已记录，通信正常。故障录波器验收内容如表 10-23 所示。

表 10-23　　　　　　　　　　故障录波器验收内容一览表

序号	验收内容	验收方法	验收标准
1	铭牌数据	现场核查	装置铭牌数据记录正确，装置型号、额定电压、额定电流、电源电压等数据与设计相符
2	软件版本	现场抽查	与调试/正式整定单相符
3	模拟量校验	现场抽查	符合规程要求
4	电压模拟量启动值校验	现场抽查	定值校验正确
5	电流模拟量启动值校验	现场抽查	定值校验正确
6	GOOSE 开关量检查	现场抽查	符合相关要求

序号	验收内容	验收方法	验收标准
7	远方通信功能检查	现场抽查	符合相关要求
8	装置对时	现场核查	对时正常
9	装置操作	现场抽查	录波文件拷贝功能、故障波形打印功能、故障电流电压波形选择、波形缩放等基本功能的操作
10	通道关联	现场抽查	对于合并单元采样的间隔，电压、电流通道关联正确，保证故障测距功能正确

（七）保护信息子站功能检查

通信功能检查：保护装置上送保护信息子站的相关路径应与图纸相符合，与保护装置通信正常；保护信息子站上送各级调度端的相关路径应与图纸相符合，与各级调度通信正常，事件、录波能正常上送。

装置操作：装置事件、装置录波能正常上送，装置定值能正确上召，装置对下通信状态正常。

（八）电能量采集系统检查

铭牌数据：计量终端装置铭牌数据记录正确，装置型号、电源电压等数据与设计相符，工厂号已记录；电能表额定电压、额定电流与设计相符；装置外观良好，面板指示灯显示正常；装置电源、空气开关和接地应符合规范要求；装置及接线端子固定良好，无松动现象；装置及接线的标识（牌）完整清晰。

通信功能检查：电能表上送计量终端的相关路径应与图纸相符合，上送电量数据正确；计量终端上送各级调度端的相关路径应与图纸相符合，上送电量数据正确。

装置操作：装置能查询各电度表电量数据，能下发召唤数据命令。

（九）电能质量在线监测系统（如有）检查

通信功能检查：在线监测采集单元上送在线监测主机的相关路径应与图纸相符合，上送监测数据正确；在线监测主机上送电科院主站端的相关路径应与图纸相符合，上送监测数据正确。

（十）一次设备在线监测系统（如有）检查

通信功能检查：在线监测采集单元上送在线监测主机的相关路径应与图纸相符合，上送监测数据正确；在线监测主机上送华云主站端的相关路径应与图纸相符合，上送监测数据正确。

（十一）二次设备、电缆接地及地网检查

1. 室内屏柜内设备接地及接地铜排

屏柜底配置一块 $100mm^2$ 接地铜排；如果屏柜自带两块接地排（一块与外壳绝缘的等电位接地排，一块与外壳直连的接地排），则将两者用 $50mm^2$ 的接地线相连；柜底接地铜排用 $50mm^2$ 的铜缆与小室内等电位地网相连；装置引下接地线使用 $4mm^2$ 多股铜线（参见 DL/T 5136—2012《火力发电厂、变电站二次接线设计技术规程》16.2.6 条）。

2. 小室内地网连接

小室内接地网采用 100mm² 铜排首尾连接，4 根 50mm² 铜排跟站地网直连，连接点一般在电缆竖井处（参见 GB/T 14285—2006《继电保护和安全自动装置技术规程》6.5.3.2-a）条）。

3. 配电装置就地端子箱内接地铜排

配电装置就地端子箱内应设置至少一根裸铜排，用于引接电缆的钢铠接地、屏蔽接地及电流电压回路保护接地等的接地线。铜排的截面积应不小于 100mm²，且使用截面积不小于 100mm² 的铜缆与电缆沟内的等电位接地网连接（参见 DL/T 5136—2012《火力发电厂、变电站二次接线设计技术规程》16.2.6 条）。

485 线的屏蔽接地应为一点接地。

室外进到室内的铠装控制电缆应在开关场和控制室将屏蔽层和钢铠层均引出并可靠接地。

独立式 TA 引下电缆屏蔽层和钢铠层应只在端子箱处一点接地。

第二节　启动前带负荷试验

一、试验目的

变电站内新安装的电气设备投运前，确认电流互感器和电压互感器一次接线和二次回路的正确性至关重要。

首先，500kV 变电站的 500kV 系统普遍采用 3/2 断路器接线方式，存在需将母线、线路保护等回路二次绕组反极性引出的情况；220kV 系统普遍采用双母双分段接线方式，不同厂家的母线保护存在对母联 TA 极性要求不一致的情况，由此导致现场 TA 极性错误的情况时有发生。因此，除了仔细检查二次回路接线及进行二次通流试验外，新安装或设备回路有较大变动的装置，必须用一次电流加以检验和判定。

其次，继电保护设备启动时需开展的带负荷试验需要系统安排真实负荷进行配合，为减少继电保护设备实际带负荷试验引起的电网运行方式调整和倒闸操作，降低新设备启动投运过程中的电网安全风险，提高启动工作效率，促进电网提质增效，调度专业管理部门也对开展继电保护启动前带负荷试验工作有强烈需求。

基于上述原因，500kV 变电站投运前需开展启动前带负荷试验。

二、启动前带负荷试验基本方法

启动前带负荷试验是在一次设备具备条件的前提下，在新设备投运前，采用三相一次通流试验仪和三相一次通压试验仪作为同步试验源，对 TV、TA 及其二次回路同时进行加压通流试验，检验互感器变比和一、二次回路接线正确性的试验方法。因此，启动前带负荷试验分为三相一次通压和三相一次通流两个方面，现场需结合实际主接线和一次设备情况将两种试验方案结合开展。

1. 具体试验方法

（1）三相一次通压：采用三相一次通压试验仪，开展站内电气设备定相及电压互感器同电源相序相位和变比核对工作；试验时宜直接将高电压加在试验系统的母线上，使得各个间隔电压互感器均带电，首先完成试验系统的同电源核相；若存在试验引线悬挂点过高、试验接线载流量不足的情况，可酌情将高电压加至其他更为合理的悬挂点，并通过其他合理方式完成同电源核相工作。

（2）三相一次通流：采用三相一次通流试验仪，开展多个电流互感器相序相位、极性和变比核对工作。

2. 试验接线一般要求

（1）TA 二次回路导通结束，无开路现象，一点接地可靠。

（2）二次侧电流幅值宜不小于 $0.01I_n$。

（3）在进行三相通流时，通流回路通过主接线和接地隔离开关（或接地线）经地网与试验装置构成回路。

（4）当需要对母线保护进行一次通流检查时，通流接线宜按母线上两个单元或以上形成串联电流回路进行一次三相通流，即按母线正常运行时流过穿越性电流（母线保护差流为零）来确定一次通流接线。

（5）当母线保护差动电流回路经大电流试验端子时，仅接入通流试验相关单元的大电流试验端子，其他大电流试验端子置检修（退出）位置。

（6）试验时需根据导电通路的不同性质安排相应的试验方案和试验设备。针对一般导电通路，可使用一次通流装置直接通过大电流进行试验；若导电通路上有电感（如变压器或电抗器的线圈）、电容（如电容器、交流滤波器）、电阻等阻抗性质的设备，可将阻抗设备跨接后直接通入一次大电流进行试验；若通路上有套管 TA 需要进行试验，可根据实际情况采用站用电源进行通流试验，或者采用电池一次搭极性法验证回路极性。

三、启动前带负荷试验方案

（一）电压回路试验方案

三相一次通压试验时，宜直接将高电压加在试验系统的母线上，使得各个间隔 TV 均带电，首先完成试验系统的同电源核相。若存在试验引线悬挂点过高、试验接线载流量不足的情况，可酌情将高电压加至其他更为合理的悬挂点，并通过其他合理方式完成同电源核相工作。由于 500kV 导线悬挂点过高，可采用间接方式。有如下两种方法可供参考：

方法 1：将高电压加至 CVT 第三层电容的上端头（如图 10-14 所示），此方法无法一次性完成全部通压，对每组 CVT 均需重新搭设试验仪器、引线进行试验。

方法 2：待主变压器本体与三侧间隔设备完成连接后，可通过主变压器的传变特性直接对三侧电压一次通压。例如，对于三侧额定电压为500/220/35kV的自耦变压器，从主变压器35kV侧母线通入约200V电压，可在500kV侧感应出约3000V电压进行试验。

（二）500kV系统电流回路试验方案

以某500kV站第一串线线串完整串、第二串线变串完整串的通流试验为例。

1. 5011断路器TA、5021断路器TA模拟带负荷试验

将试验装置二次参考电压输出端引接至线路1电压互感器二次侧；将501127接地开关引流排拆下（图10-15中打×所示），将通流装置接入地断点接地侧，依次合上501127接地开关、5011断路器、50111

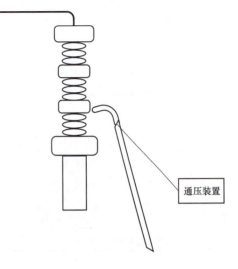

图 10-14　500kV CVT 一次通压装置加压接线示意图

隔离开关、50211隔离开关、5021断路器、502127接地开关，形成图10-15中虚线所示的电流通路。试验时，二次参考电压加至线路1电压互感器二次回路，模拟负荷从线路1注入，经5011断路器、500kV Ⅰ母、5021断路器，从线路3流出，以试验仪器二次参考电压为基准，可同时检验50111TA、50112TA、50211TA、50212TA二次回路的正确性。

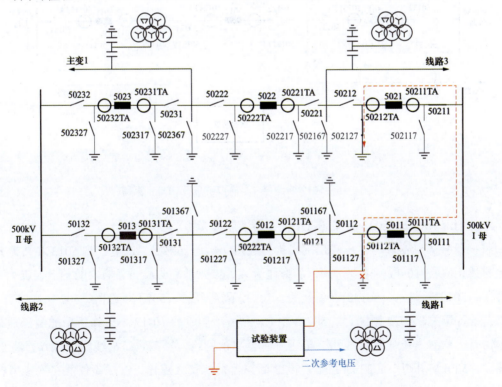

图 10-15　5011 断路器 TA、5021 断路器 TA 模拟带负荷试验示意图

2. 5012 断路器 TA 模拟带负荷试验

将试验装置二次参考电压输出端引接至线路 1 电压互感器二次侧；将 501217 接地开关引流排拆下（图 10-16 中打×所示），将通流装置接入地断点接地侧，依次合上 501217 接地开关、5012 断路器、501227 接地开关，形成图 10-16 中虚线所示的电流通路。试验时，二次参考电压加至线路 1 电压互感器二次回路，模拟负荷从线路 1 注入，经 5012 断路器从线路 2 流出，以试验仪器二次参考电压为基准，可同时检验 50121 隔离开关 TA、50122 隔离开关 TA 二次回路的正确性。

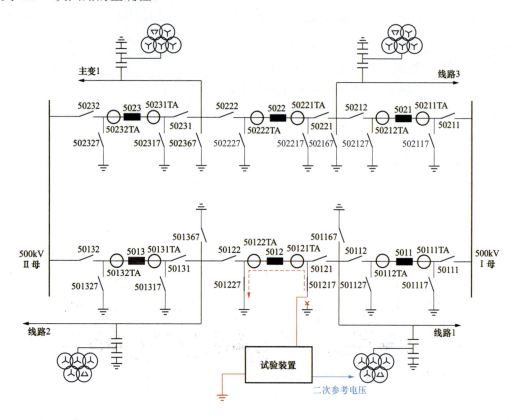

图 10-16　5012 断路器 TA 模拟带负荷试验示意图

3. 5013、5022、5023 断路器 TA 模拟带负荷试验

将试验装置二次参考电压输出端引接至线路 2 电压互感器二次侧；将 501317 接地开关引流排拆下（图 10-17 中打×所示），将通流装置接入地断点接地侧，依次合上 501317 接地开关、5013 断路器、50132 隔离开关、50232 隔离开关、5023 断路器、50231 隔离开关、50222 隔离开关、5022 断路器、502217 接地开关，形成图 10-17 中虚线所示的电流通路。试验时，二次参考电压加至线路 2 电压互感器二次回路，模拟负荷从线路 2 注入，经 5013 断路器、500kV Ⅱ 母、5023 断路器、5022 断路器从线路 3 流出，以试验仪器二次参考电压为基准，可同时检验隔离开关 50131TA、50132TA、50231TA、50232TA、50221TA、50222TA

二次回路的正确性。

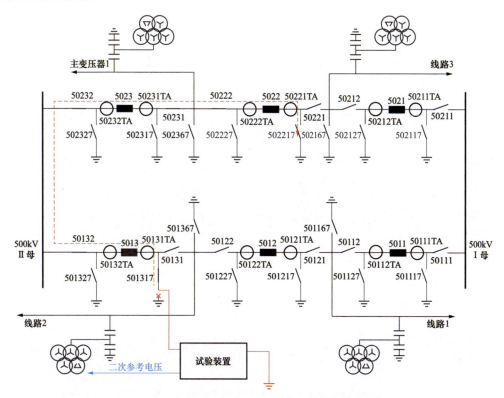

图 10-17 5013、5022、5023 断路器 TA 模拟带负荷试验示意图

（三）220kV 系统电流回路试验方案

1. 双间隔跨双母线模拟带负荷试验

将试验装置二次参考电压输出端引接至间隔 1 电压互感器二次侧；间隔 1 挂于正母Ⅰ段，间隔 2 挂于副母Ⅰ段，将间隔 1 的断路器线路侧接地开关引流排拆下（图 10-18 中打×所示），将通流装置接入，依次合上间隔 1 开关线路侧接地开关、断路器、正母隔离开关，1 号母联断路器及其两侧隔离开关，间隔 2 副母隔离开关、断路器、断路器线路侧接地开关，形成图 10-18 中虚线所示的电流通路。试验时，二次参考电压加至间隔 1 电压互感器二次回路，模拟负荷从间隔 1 注入，通过 1 号母联从间隔 2 流出，以试验仪器二次参考电压为基准，可同时检验电压互感器二次回路，间隔 1、间隔 2、1 号母联断路器的 TA 二次回路。用此种方式可完成正、副母Ⅰ段母线上所有支路的模拟带负荷试验。

2. 多间隔跨双母双分段接线模拟带负荷试验

将试验装置二次参考电压输出端引接至间隔 1 电压互感器二次侧；间隔 1 挂于正母Ⅰ段，间隔 2 挂于副母Ⅰ段，将间隔 1 的断路器线路侧接地开关引流排拆下，将通流装置接入，依次合上间隔 1 开关线路侧接地开关、断路器、正母隔离开关，正母分段断路器及其

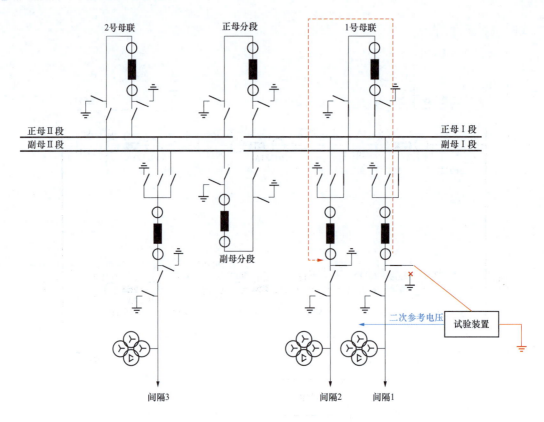

图 10-18　双间隔跨双母线模拟带负荷试验示意图

两侧隔离开关，2 号母联断路器及其两侧隔离开关，副母分段断路器及其两侧隔离开关，间隔 2 副母隔离开关、断路器、断路器线路侧接地开关，形成图 10-19 中虚线所示的电流通路。试验时，二次参考电压加至间隔 1 电压互感器二次回路，模拟负荷从间隔 1 注入，通过正母分段断路器、2 号母联断路器、副母分段断路器从间隔 2 流出，以试验仪器二次参考电压为基准，可同时检验间隔 1、间隔 2、正母分段断路器、副母分段断路器、2 号母联断路器 TA 二次回路的正确性。用此种方式可完成正母分段断路器、副母分段断路器、2 号母联断路器的模拟带负荷试验。

（四）35kV 系统电流回路试验方案

将试验装置二次参考电压输出端引接至母线电压互感器二次侧；拉开 3301 电压互感器隔离开关，合上 3307 母线接地开关；将通流装置接入间隔 1 引出线，依次合上 331 断路器、3311 隔离开关，拉开 33117 接地开关，形成图 10-20 中虚线所示的电流通路。试验时，二次参考电压加至母线电压互感器二次回路，模拟负荷从间隔 1 注入，通过母线从母线接地开关流出，以试验仪器二次参考电压为基准，可检验间隔 1 TA 二次回路的正确性。其他间隔采用相同的试验方法，可完成母线所挂所有间隔的模拟带负荷试验。

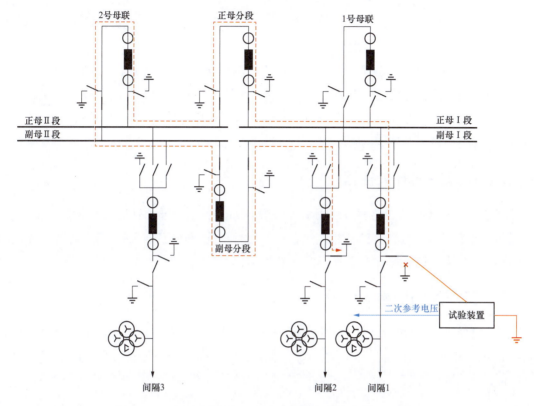

图 10-19　多间隔跨双母双分段接线模拟带负荷试验示意图

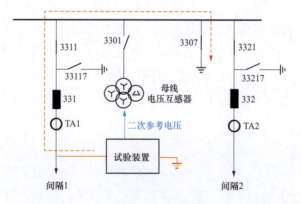

图 10-20　35kV 系统电流回路试验方案示意图

第三节　验　收　要　点

一、继电保护装置按供应商排列的命名顺序

【要点 1】以国家电网华东电力调控分中心要求为例，500kV 继电保护按设备按供应商命名的优先级顺序从高到低依次为：南瑞继保电气有限公司、北京四方继保自动化股份有

限公司、许继电气股份有限公司、国电南京自动化股份有限公司、长园深瑞继保自动化有限公司、南瑞科技股份有限公司。

【要点 2】以国网浙江省电力有限公司电力调度控制中心要求为例，220kV 继电保护设备按供应商命名的优先级顺序从高到低依次为：北京四方继保自动化股份有限公司、国电南京自动化股份有限公司、许继电气股份有限公司、南瑞继保电气有限公司、长园深瑞继保自动化有限公司、其他。

二、直流空气开关检查

【要点 1】一般终端断路器宜选用 B 型脱扣器，直流馈线屏处宜选用 C 型脱扣器。

【要点 2】直流空气开关的负载电流在任何运行工况下与空气开关特性相匹配（控制回路应满足一个跳合跳过程源头空气开关不跳开）。

三、二次回路绝缘

【要点】交流（电机电源、交流控制电源等）、直流（装置直流电源、信号电源、控制电源）、电流电压二次回路、非电量信号二次回路等，使用 1000V 绝缘电阻表测量，绝缘电阻不小于 1MΩ。

四、断路器本体相关

【要点 1】断路器防跳功能应由本体实现，试验方法为先将分合命令短接再点公共正电源，且在储能结束前需持续短接，分位防跳和合位防跳均需试验，如果发现断路器存在连续跳跃现象需及时松开短接线防止烧线圈；操作箱防跳应取消。

【要点 2】弹簧未储能/液压低闭锁节点应串入合闸回路，防止极端情况下合闸线圈烧毁。

五、线路保护

【要点】新建变电站侧线路保护软件版本应与对侧改扩建变电站线路保护版本相匹配。

六、保护传动

【要点 1】各保护装置软压板功能检查正常，压板描述与实际功能对应，与后台显示核对正确。

【要点 2】（常规变电站）模拟各类故障，验证实际断路器出口情况是否正确，检查保护装置跳闸硬压板、操作箱、监控系统光字/画面/事件、故障录波器的开关位置/保护动作报文录波情况等信息是否正确。

【要点 3】（智能变电站）模拟各类故障，验证实际断路器出口情况是否正确，检查

GOOSE 出口软压板、智能终端出口硬压板、智能终端面板显示的跳闸信号和位置信号、监控系统的光字/画面变位/软报文等信号、故障录波器的开关位置/保护动作报文录波情况等信息是否正确。双重化配置的保护出口应采用不同的智能终端，两套智能终端分别接不同的跳闸线圈。

【要点 4】传动时首先测试两套保护跳闸回路的独立性，即传动其中一套时应断开另一套控制电源（第二套重合闸时退出第一套出口硬压板）；然后验证两套保护同时动作出口时断路器是否正常出口，以验证两组跳闸线圈动作方向的一致性。

【要点 5】（智能变电站）发送侧和接收侧设备，检修状态一致处理，不一致不处理。

【要点 6】以设计图纸为依据，根据第一节第十五、十六、十七小节的典型信息流或回路联系图内容开展传动试验，验证各软硬压板、虚回路、实回路是否正确、无遗漏、无寄生回路。

七、非电量

【要点 1】非电量动作信号应经过动作功率大于 5W 的出口重动继电器，并应检查该继电器的动作电压（动作电压在额定直流电源电压的 55%～70%范围）是否符合规范要求。

【要点 2】直接跳闸出口的重要非电量信号（如气体继电器）节点间、回路对地绝缘电阻不小于 1MΩ，若绝缘较弱应仔细排查问题所在。

八、220kV 母线保护

【要点】智能变电站 220kV 母线保护应满足远景间隔最大化配置要求。

九、电流回路相关检查

【要点 1】TA 回路阻抗、绝缘：电流回路阻抗值换算值不超出电流互感器的额定容量；电流回路绝缘数据不小于 1MΩ。

【要点 2】电流互感器二次绕组极性、变比的实际接线及接地线：常规电流互感器所有绕组极性、变比、准确级应与铭牌参数一致，回路接地点与规范及设计要求相符，如甲方有特殊要求（如杭州供电公司要求差动保护相关电流回路统一在保护屏接地；有大电流切换端子情况下，省超高压公司要求在大电流之前就地直接接地，有地方供电公司要求在大电流之后接地），应通过联系单或升版图纸形式明确。

【要点 3】TA 参数及接线方式：报告记录 TA 的 P1 朝向、二次侧数量、回路编号、用途、变比、准确级、额定容量、二次引出端等信息，应与实际情况相符；双重化配置的保护采样值宜取自不同合并单元，合并单元取自不同的 TA 二次绕组；用于第一套保护的 TA 保护范围一般比第二套保护要大。

十、电压回路负载测试

【要点 1】TV 回路负载功率不超出电压互感器的额定容量；回路绝缘数据不小于 1MΩ。

【要点 2】常规电压互感器所有绕组极性、变比、准确级应与铭牌参数一致，回路接地点与规范及设计要求相符，如业主专业管理部门有特殊要求（如要求 N600 在端子箱就地接地，并取消击穿熔断器），应通过联系单或升版图纸形式明确。

【要点 3】TA 参数及接线方式：报告记录线路 TV 的二次侧数量、回路编号、用途、变比、准确级、额定容量等信息，应与实际情况相符；双重化配置的保护采样值宜取自不同合并单元，合并单元取自不同的 TV 二次绕组。

十一、故障录波器

【要点】智能变电站故障录波器 GOOSE 开关量：根据虚端子表及实际设备情况，对所有开关量进行检查；220kV 故障录波器的开关量按 A/B 网分别全部接入；500kV 故障录波器的开关量，以浙江电网为例，根据《华东电网 500kV 故障录波器技术准则补充条款》要求，500kV 故障录波器接入的 A/B 网开关量和模拟量不是一一对应的，500kV 母线故障录波接入所有 A 网开关量，500kV 主变压器、线路故障录波接入与模拟量相对应间隔的 B 网开关量信息。

第十一章 运行巡视与操作

第一节 运行巡视与专业巡视

各单位应严格按照相关规定的巡视周期对继电保护设备进行运行巡视（结合例行巡视和全面巡视）和专业巡视。例行巡视继电保护设备运行巡视由变电运维人员负责开展，专业巡视由检修人员、运维人员和设备状态评价人员联合开展。

一、运行巡视

（一）巡视要求

（1）运行巡视应持标准化作业卡，逐项填写巡视结果。

（2）巡视设备时运维人员应着工作服，正确佩戴安全帽。

（3）为提高继电保护巡视效率，保证巡视质量，可采取常投压板用特殊颜色标识（一般为红色）、在保护屏柜上张贴压板核对表等措施。

（4）应严格执行公司关于现场作业安全的有关规定。

（5）巡视过程中发现的设备缺陷应录入 PMS 并按缺陷管理流程处理。

（二）巡视周期

结合站内例行巡视、全面巡视开展运行巡视。例行巡视周期一类变电站每 2 天不少于 1 次，二类变电站每 3 天不少于 1 次；全面巡视周期为一类站每周不少于 1 次，二类站每 15 天不少于 1 次。

备注：根据相关规定，500kV 变电站中一类变电站是指核电、大型能源基地（300 万 kW 及以上）外送及跨大区（华北、华中、华东、东北、西北）联络 750/500/330kV 变电站。其余 500kV 变电站为二类变电站。

（三）巡视内容

运行巡视主要对继电保护装置及二次回路的运行环境、装置面板及外观、屏内设备、通信状况进行检查，具体要求见附录 A 表 A.1。

二、专业巡视

（一）巡视要求

（1）应突出专业性和季节性工作特点，保证巡视工作取得实效。

（2）应与状态检修的设备信息收集、状态评价和风险分析、检修策略制定及实施等统筹开展，提高效率。

（3）应按规定的巡视内容和巡视周期对各类设备进行巡视。巡视情况应有书面或电子文档记录。

（4）应纳入月度检修计划和周工作计划统一管控。

（5）应严格执行公司关于现场作业安全的有关规定。

（6）巡视过程中发现的设备缺陷应录入 PMS 并按缺陷管理流程处理。

（二）巡视周期

一类变电站每月不少于 1 次；二类变电站每季不少于 1 次。

在迎峰度冬或迎峰度夏前适时开展。

特殊保电前或经受异常工况、恶劣天气等自然灾害后适时开展。

新投运的设备、对核心部件或主体进行解体检修后重新投运的设备，宜加强巡视。

试验和推广的新工艺、新技术和新材料及首套首台设备，加强巡视。

（三）巡视内容

专业巡视主要对继电保护装置及二次回路的面板及外观、屏内设备、版本及定值、模拟量、装置差流、装置历史告警记录、开入回路、反措和排雷等进行检查，并对装置和二次回路开展红外精测并留档。目前浙江超高压公司 500kV 变电站保护装置专业化巡视由二次检修人员按照国家电网公司发布的专业巡视标准化作业指导书，持卡巡视并留档。以某 500kV 常规变电站主变压器保护专业化巡视为例，巡视作业卡如附录 A 表 A.2 所示，其他保护装置专业化巡视内容和要求不再赘述。

第二节 运 行 操 作

500kV 变电站继电保护及安全自动装置由调度发令进行运行操作，智能变电站和常规变电站发令形式相同。智能组件（智能终端、合并单元）运行操作未纳入调度管辖，目前由现场运维人员根据对应继电保护状态持运行操作卡完成运行操作。当现场设备异常状态时，运维人员持设备异常运行处理操作卡完成操作。

一、调度管辖范围划分

调度管辖范围指调度机构行使调度指挥权的范围。根据相关条款规定，浙江超高压公司 500kV 变电站站内设备主要有华东网调、浙江省调、站所调调度，继电保护和安全自动装置等二次设备的管辖范围与一次设备一致，调度管辖范围划分如下：

（1）华东网调管辖范围：500kV 变电站除国调直调设备外的所有 500kV 系统（包括所有 500kV 线路、线路串联装置、500kV 系统无功补偿设备等）相应继电保护、安全自动装置、通信和自动化设备。需注意，500kV 主变压器相关的 220kV 侧设备、35kV 母线及 35kV 无功补偿装置均为华东网调调度。

（2）浙江省调管辖范围：500kV 变电站中 220kV 母线隔离开关、220kV 母线、母线设备和 220kV 母联断路器等为浙江省调调度设备。500kV 变电站 220kV 母线、220kV 母联断路器、分段断路器、220kV 所有线路对应的继电保护及安全自动装置为浙江省调调度设备。

（3）站所调管辖范围：500kV 变电站 1 号、2 号站用变压器及站用电设备对应的继电保护及自动装置为站所调调度设备。

注 1：220kV 终端变电站对应线路的继电保护及安全自动装置为地调调度设备。

注 2：站所调调度整定且动作于跳闸的继电保护装置，其状态改变由站所调调度下令执行。站所调调度直调范围内非站所调调度整定的保护装置由站所调调度许可相关厂站操作。

二、运行状态说明

根据相关规定，继电保护及安全自动装置的调度状态均统一为"跳闸""信号""停用"三种状态。跳闸状态一般指装置电源开启、功能压板和出口压板均投入；信号状态一般指出口压板退出，功能压板投入（纵联保护、过流解列保护信号状态除外），装置电源仍开启；停用状态一般指出口压板和功能压板均退出，保护检修状态硬压板投入（智能变电站），装置电源关闭。

除装置电源故障外，调度对继电保护和安全自动装置的发令一般只到信号状态。停用状态一般由现场掌握，但复役前应注意及时恢复到调度发令状态。

涉及保护装置的调试、检修工作时，由现场运行人员将保护在信号状态交给调试、检修人员；工作结束时，由调试、检修人员将保护在信号状态移交现场运行人员。

双重化配置的保护只考虑每套保护单独停用，若需两套同时停用，则要将相应的一次设备停役。

单套配置的保护，如低压侧（35kV）电抗器、站用变压器保护单套配置，因一次设备不得无保护运行，保护停用时必须将一次设备停役，因此运行人员只需操作一次设备停役后即可交予检修人员。

不论一次设备的运行状态如何，其相应的保护出口压板投入前都必须测量其压板两端对地电压，确无异极性电压方可投入。

运行中的保护装置需进行定值区切换，切换前一般将相应保护改信号状态。经确认切换定值区不会导致误动的国产微机保护装置可不改信号直接进行定值区切换，但应立即打印核对新定值。

保护装置改"跳闸"前应确认相应的智能终端、合并单元投入。

三、运行操作基本原则

二次设备运行操作应严格遵守《国家电网公司电力安全工作规程　变电部分》《国家电网有限公司安全事故调查规程》及现场运行规程等要求进行。

继电保护及安全自动装置应有正式发布的调度指令，由运维人员使用经事先审核合格的操作票，按操作票填写顺序逐项操作。

操作票应由运维人员根据调控（调度）指令和现场运行方式，参考典型操作票拟定。典型操作票应履行审批手续并及时修订。

智能柜组件运行操作未纳入调度管理的，相关操作应汇报公司生产指挥中心，经生产指挥中心同意后，由运维人员持操作卡逐项操作。

操作卡应由运维人员根据现场运行方式，依据《×××变电站智能终端、合并单元异常处理操作卡》拟定。

第三节　保护及安全自动装置运行操作

本节中继电保护装置的运行操作主要包括线路保护、主变压器保护、母线保护、断路器保护运行操作，鉴于重合闸的特殊性，单独设一节重合闸运行操作进行阐述。安全自动装置的运行操作主要包括安全稳定控制系统运行操作和精准负荷控制系统运行操作。

一、线路保护运行操作

500kV 线路保护均用线路电压互感器（CVT），如线路 CVT 停役检修，则要求本线路停役。

分相电流差动保护一侧改信号，线路对侧相应保护也要求同时改信号。

500kV 变电站线路保护均双套配置，两套主保护同时停役，原则上要求线路陪停。如果在某些方式下线路必须运行，要求：

（1）相邻线路至少有一套纵联保护正常运行，否则可能会出现无选择性故障跳闸；

（2）本线两侧后备距离Ⅱ段时间应调整为 0.4s，通过定值组切换实现；

（3）停用该线重合闸。

线路保护运行中需进行定值组切换，切换前须将相应保护改信号状态方可进行。

500kV 有线路隔离开关的线路停役时，根据各种保护的动作原理和与各类通道的相关性，在出现线路隔离开关断开但对应的线路断路器仍运行时，其线路两侧的保护作要求：①两侧远跳停用；②分相电流差动保护改信号状态。

500kV 厂站内空间隔应配置双重化短线保护，对于断路器先投运、断路器对应间隔暂未投运且未单独配置短线保护的情况，可使用线路保护替代短线保护作为临时过渡措施，该间隔断路器运行时对线路保护要求：①分相电流差动功能、远跳、重合闸退出；②后备距离、方向零序电流功能投用；③间隔 CVT 必须投用，若出现 CVT 故障或失压告警，应将相应运行的断路器拉开。

华东 500kV 线路远跳及就地判别装置均采用双重化配置，与线路纵联保护保持一一对应关系。一般情况下，线路在运行状态时，线路两套远跳不得同时停役。若两套远跳同时故障退出，原则上要求线路陪停。

长度大于 150km 的线路两侧需装设过电压保护，用于在空充线路时，防止线路末端出现高电压而损伤设备。在线路断路器改运行后，通过断路器辅助接点自动闭锁过电压保护。当检测到三相过电压时，过电压保护动作，通过远跳跳对侧断路器。

关于线路保护后备保护，若后备保护包含在线路主保护（分相电流差动）中，调度不单独发令，当线路主保护改为信号时，其对应的后备距离、方向零流也为信号状态；若后备保护独立于线路主保护，一般情况下调度也不单独发令，当线路主保护改为信号时，其对应的后备距离、方向零流也为信号状态。在后备距离发生装置故障等情况下，需停役处理时，一般由网调调度发令将对应主保护改为信号（对应的后备距离、方向零流也改为信号状态）。如遇有特殊情况需要单独停用后备距离保护的，需经网调同意后发令。

目前 500kV 变电站线路保护运行操作以调度令为准，由运维人员依据典型操作票拟票后逐步操作。以"×××变×××线第一套分相电流差动从跳闸改为信号"为例，典型操作票如附录 A 表 A.3 所示。由于每座 500kV 变电站均有经审批的典型操作票，线路保护其他运行操作不再罗列。

二、主变压器保护运行操作

500kV 主变压器保护除了主变压器本体的非电气量保护（瓦斯保护、压力释放等），还配置了电气量保护，主要有两类：①大差动和高阻抗差动保护：一套 500kV 阻抗保护、一套 220kV 阻抗保护、一套中性点零流保护、两套低压侧过流保护、一套主变压器过励磁保护、一套 500kV 过负荷（信号）保护、一套公共线圈过负荷（信号）、一套低压侧电压偏移（信号）等；②完全双重化配置的差动和后备保护。

500kV 变压器正常运行时，不允许两套差动保护全停。对于一套大差动加一套高阻抗差动配置的主变压器保护，如主变压器大差动保护停，则除高阻抗差动保护投运外，低压侧过流保护至少应有一套在运行状态。

采用 500kV 母线 CVT 电压的主变压器，在相应 500kV 母线检修、500kV 母线 CVT 检修或相应 500kV 断路器断开时，禁止主变压器带电运行。此类主变压器停役时建议从主变压器的 220kV 侧解环。

华东 500kV 变压器过励磁保护应投跳闸，但是过励磁保护动作曲线须与变压器的过励磁特性曲线相配合。过励磁保护动作曲线与变压器过励磁特性曲线相配合时，过励磁保护投跳闸。若变压器过励磁特性曲线不满足要求，则过励磁保护仅投信号，现场应加强电压监视和控制，或按网调状态要求执行。

对于作用于信号（包括主变压器 500kV 侧过负荷、公共绕组过负荷、低压侧电压偏移、过负荷等）或华东网调管辖但非网调整定的保护（如主变压器非电量保护），华东网调不发令，仅采用许可的操作方式。

主变压器低压侧过流保护作为变压器低压侧母线主保护，原则上运行中不得全停，若因保护异常或保护工作，导致主变压器低压侧无过流保护时，则应考虑变压器陪停。500kV 主变压器后备保护均双重化配置，若调度发令不区分第一套或第二套，即两套同时操作、异常处理时，由现场提出具体操作哪一套，若现场不提要求，则默认两套一起投退。

当 500kV 母线保护或 220kV 母线保护需要退出时，主变压器后备距离动作时间需做调整，在进行定值区切换之前，需退出主变压器保护的出口压板，再进行定值区切换，定值区切换完成、保护运行正常后，再投入保护出口压板。由于主变压器的主保护和后备保护使用相同的出口回路，所以保护的出口压板退出后，相当于整套保护被退出，必须保证另一套保护在运行状态，如主变压器保护只有一套保护在运行，一般不允许进行定值区的切换。

目前 500kV 变电站主变压器保护运行操作以调度令为准，由运维人员依据典型操作票拟票后逐步操作。以"×××变 1 号主变压器第一套保护从跳闸改为信号"为例，典型操作票如附录 A 表 A.4 所示。由于每座 500kV 变电站均有经审批的典型操作票，主变压器保护其他运行操作不再罗列。

三、母线保护运行操作

500kV 变电站母线保护均双重化配置，对于母线保护，调度统一按第一套、第二套母线保护发令。当调度发令不指明第一套或第二套母差保护时，现场应认为是两套母线保护同时操作。若母线已至检修、冷备用状态，网调不再单独发令停用母线保护，母线保护相关检修工作由现场自行落实安全措施。

由于 500kV 母线保护均有对该母线短路容量的要求，而 220kV 及以下馈供方式较多，应避免 500kV 主变压器通过 220kV 空充 500kV 母线方式。

对于 500kV 母线保护，母线侧断路器检修，其接入母差的 TA 回路应短接退出，该母线侧断路器检修工作结束后，接入母差保护的 TA 回路前后均应检查母差保护的差流情况。

500kV 母线保护改信号状态，应退出该母差保护至该段母线所有间隔跳闸出口压板，并退出至所有断路器失灵保护的启动失灵及闭锁重合闸出口压板。

220kV 母线运行，而对应的母线电压互感器停役时，应使二次电压回路与运行的母线电压互感器并列，保证母线保护中复合电压闭锁功能正常工作。

220kV 倒母线操作中，在母联断路器改非自动之前必须投入母差保护互联投入压板，倒母线操作结束，在母联断路器恢复正常后，退出母差保护互联投入压板，注意：母差互联时，母线保护装置面板上"互联""告警"灯均亮，无法复归，为正常现象。当母联断路器或分段断路器拉开后，应投入母线保护屏上母联或分段断路器分列运行压板，合母联或分段断路器之前，退出母联或分段断路器分列运行压板。

在进行 220kV 倒母操作或线路的停复役操作过程中，一次隔离开关切换后必须检查相应的隔离开关位置切换是否正确，若有异常，立即停止操作，待查明原因后方可操作。同时复归母差屏上隔离开关变位的告警信号。

220kV 母线隔离开关操作后须在母线保护屏上检查其隔离开关及断路器切换指示正确后，再按保护屏上的"复归"按钮，复归"开入变位"报警信号灯。

220kV 母差保护改单母运行或母线倒排操作时，应投入母差互联压板；母差双母运行或母线倒排操作结束时，母差互联压板退出。在母差互联投入压板退出及母线隔离开关未硬连接情况下出现母线互联报警信号，应及时汇报调度申请检修（由母联或母分电流回路断线引起）。

目前 500kV 变电站母线保护运行操作以调度令为准，由运维人员依据典型操作票拟票后逐步操作。以"×××变 500kV Ⅰ母第一套母线保护从跳闸改为信号"为例，典型操作票如附录表 A.5 所示。由于每座 500kV 变电站均有经审批的典型操作票，母线保护其他运行操作不再罗列。

四、断路器保护运行操作

500kV 断路器保护主要包括失灵保护和重合闸，断路器不允许无失灵保护运行。

500kV 常规变电站断路器保护一般单套配置，不允许单独停断路器保护。智能变电站断路器保护双重化配置，可分别投退，开关不需陪停。

当 220kV 母联或分段断路器在断开（冷备用）的情况下，应投入 220kV 母线保护屏上的母联或分段断路器分列投入压板。

目前 500kV 变电站断路器保护运行操作以调度令为准，由运维人员依据典型操作票拟票后逐步操作。以"×××变 5011 开关失灵保护从信号改为跳闸"为例，典型操作票如附录表 A.6 所示。由于每座 500kV 变电站均有经审批的典型操作票，断路器保护其他运行操作不再罗列。

五、重合闸运行操作

500kV 重合闸按断路器安装，采用单相一次重合方式，调度发令停用线路重合闸时线路保护跳闸方式置三跳位置，同时，相关开关重合闸改信号状态（线变串或不完整串线路对应的两个断路器重合闸置信号状态；线线串本线对应的靠近母线侧断路器重合闸置信号状态）。

500kV 线路重合闸停用与断路器重合闸停用的区别为，断路器重合闸停用只需将该断路器的重合闸退出；线路重合闸停用时，线路保护及线路所属两个断路器保护重合闸均应停用。

目前 500kV 断路器重合闸时间调整为 1.3s，为避免对一次设备的损伤，正常方式下，停用一个断路器的重合闸，500kV 变电站将线路中间断路器的重合闸停用。

（1）对于采用 3/2 断路器接线的变电站非完整串线路断路器：

1）串内两个断路器均运行时，若两个断路器的重合闸时间存在级差，则两个断路器的重合闸均可以投用；若两个断路器的重合闸时间不存在级差，则靠近线路的边断路器重合闸可以投用，另一个断路器的重合闸停用（若靠近线路边断路器重合闸停用，则另一个断路器的重合闸可以投用）。

2）串内仅剩单断路器运行时，该断路器的重合闸可以投用。

（2）对于采用 3/2 断路器接线的变电站线—线完整串线路断路器：

1）串内三个断路器均运行时，若中间断路器与两个边断路器的重合闸时间均存在级差，三个断路器的重合闸均可以投用；若中间断路器与任一个边断路器的重合闸时间不存在级差，则中间断路器重合闸停用，两个边断路器重合闸可以投用（当边断路器重合闸因故停用时，若中间断路器重合闸时间与另一个边断路器重合闸存在时间级差，则该中间断路器重合闸可以投用；若中间断路器重合闸时间与另一个边断路器重合闸不存在时间级差，则该中间断路器重合闸停用；

2）串内仅边断路器停役时，若剩余两个断路器的重合闸存在时间级差，则两个断路器重合闸均可以投用；若剩余两个断路器的重合闸不存在时间级差，则边断路器重合闸可以投用，中间断路器重合闸停用（若边断路器重合闸因故停用，则中间断路器重合闸可以投用）；

3）串内仅中间断路器停役或仅剩单断路器运行时，则剩余断路器的重合闸可以投用。

（3）对于采用 3/2 断路器接线的变电站线—变完整串线路断路器：

1）串内三个断路器均运行时，若线路中间断路器与线路边断路器的重合闸时间存在级差，则线路中间断路器与线路边断路器的重合闸均可以投用；若线路中间断路器与线路边断路器的重合闸时间不存在级差，则线路边断路器重合闸可以投用，线路中间断路器重合闸停用（若线路边断路器重合闸因故停用，则线路中间断路器重合闸可以投用）；

2）串内仅线路边断路器停役时，则线路中间断路器重合闸可以投用；

3）串内仅线路中间断路器停役或仅线路边断路器运行时，则线路边断路器重合闸可以投用；

4）串内仅主变压器边断路器停役时，则线路边断路器重合闸可以投用，线路中间断路器重合闸停用。

5）串内仅中间断路器运行时，则断路器重合闸停用。

为适应变电站无人值守，简化调度电气操作，加快事故处理，明确 500kV 线路单侧长时间充电运行方式，充电侧线路重合闸不停用。

在进行变电站串内断路器重合闸转换时，操作上应遵循"先停后投"的原则，即操作顺序是先退出需要退出运行的断路器或断路器重合闸，再投入应该投入运行的断路器重合闸。

目前 500kV 变电站重合闸运行操作以调度令为准，由运维人员依据典型操作票拟票后逐步操作。以"×××变用上××线重合闸（要求中间断路器重合闸维持停用）"为例，典型操作票如附录表 A.7 所示。由于每座 500kV 变电站均有经审批的典型操作票，重合闸相关其他运行操作不再罗列。

六、安全稳定控制系统运行操作

部分 500kV 变电站涉及安全稳定控制系统，一般双套配置。

安全稳定控制系统（现场简称安控装置）涉及的线路中任一线路停役操作前，均需华东网调许可浙江省调将安控装置改为信号状态。安控装置涉及的线路均正常运行后，华东网调许可浙江省调投入安控装置。

目前 500kV 变电站安控装置运行操作以调度令为准，由运维人员依据典型操作票拟票后逐步操作。以"×××变第一套××安控装置由跳闸改为信号"为例，典型操作票如附录表 A.8 所示。由于每座 500kV 变电站均有经审批的典型操作票，安控装置其他运行操作不再罗列。

七、精准负荷控制系统运行操作

浙江精准负荷控制系统（简称精控系统，包括精控主站、精控子站）由浙江省调度管辖，华东网调许可。浙江精控系统投入运行前，浙江省调应与现场核对装置是否正常，并经华东网调许可浙江省调将浙江精控系统投相应状态。命令执行完毕后，浙江省调应向华东网调汇报浙江精控系统运行状态。

浙江精控系统在投入跳闸状态时，按照先投入精控主站、后投入精控子站的顺序操作；在由跳闸状态改为信号状态时，按照先退出精控子站、后退出精控主站的顺序操作。浙江精控系统投退操作不涉及大用户接入装置和精控终端的状态变更。

目前 500kV 变电站精准负荷控制系统运行操作以调度令为准，由运维人员依据典型操作票拟票后逐步操作。以"×××变第一套精控系统××子站由信号改为跳闸"为例，典型操作票如附录表 A.9 所示。由于每座 500kV 变电站均有经审批的典型操作票，精控系统其他运行操作不再罗列。

第四节 智能组件运行操作

智能组件包括智能终端和合并单元，是智能变电站特有的二次设备，其状态改变未纳入调度管理。目前 500kV 变电站智能组件的运行操作主要用于装置异常或故障应急处置，由运维人员持运行操作卡执行。目前超高压公司所辖 500kV 变电站采用常规 GOOSE 跳闸方式，对于使用合并单元采样的，其运行操作按要求参照执行。

一、合并单元运行操作要求

合并单元发生异常时需汇报班组管理人员和生产指挥中心，是否发复归信号和重启装置需生产指挥中心批准。正常运行过程中合并单元告警或异常信号不能复归，应先检查是否误发信号。

合并单元因没有复归按钮，基本都需要重启装置。根据相关规定，母线合并单元异常时，投入装置检修状态硬压板，关闭电源并等待 5s，然后上电重启。间隔合并单元异常时，若保护双重化配置（500kV 智能变电站保护均采取双重化配置），则将该合并单元对应的间隔保护改信号，母线保护仍投跳（500kV 母线保护因无复合电压闭锁功能需改信号），投入合并单元检修状态硬压板，重启装置一次；若保护单套配置，则相关保护不改信号，直接投入合并单元检修状态硬压板，重启装置 1 次。重启后若异常消失，先退出该合并单元的检修压板，该合并单元、监控后台和相关的保护无异常后再投入相应的保护。

若合并单元重启后无法消缺，需更换插件时，除了要停用相关保护外，还要将该合并单元的一次设备改冷备用。

当一次设备停役、二次设备校验时（以 220kV 线路间隔为例），若要在合并单元上加量时，需要先退出正常运行的母线保护的合并单元的 SV 投入压板，再投入该合并单元的检修压板（顺序一定不能错），这两块压板的操作最好由检修人员操作，作为工作票的安措。复役顺序相反。

智能变电站合并单元运行操作以公司指挥中心意见为准，由运维人员依据经审批的《×××变电站智能终端、合并单元异常处理操作卡》执行，具体操作步骤不再赘述。以"×××变××线第一套线路电压合并单元异常处理（一次设备停电）"为例，运行操作卡如附录表 A.10 所示。由于每座 500kV 变电站均有经审批的智能组件异常处理操作卡，合并单元其他运行操作不再罗列。

二、智能终端运行操作要求

智能终端异常时需汇报班组管理人员和生产指挥中心，运维人员先拍照留档，检查该信号是否正确动作。若是智能终端装置故障，经汇报生产指挥中心同意后复归该信号；若不能复归则在指挥中心同意后先停用该智能终端（按操作卡执行），再重启该装置。重启正常后再用上该智能终端（按照操作卡执行）；若重启失败，则需计划专职联系厂家及检修人员处理。

根据相关规定：智能终端异常时，退出装置跳合闸出口硬压板、测控出口压板，投入检修状态硬压板，重启装置一次。合并单元智能终端一体化装置异常重启时的安全措施参照间隔合并单元，并应退出出口硬压板。若重启后异常消失，则尽快将装置恢复至正常运行状态，若异常没有消失，则根据缺陷等级按照相关规定采取相应措施，对不影响保护功能的一般缺陷可先将装置恢复到正常运行状态。

智能变电站智能终端运行操作以公司指挥中心意见为准，由运维人员依据经审批的《×××变电站智能终端、合并单元异常处理操作卡》执行，以"×××变停用××线5011开关第一套智能终端"为例，操作卡如附录表A.11所示。由于每座500kV变电站均有经审批的智能组件操作卡，智能终端其他运行操作不再罗列。

第十二章 设 备 检 修

第一节 500kV 线路间隔检修

一、安全措施

3/2 断路器接线的 500kV 线路间隔停役检修时，相应中间断路器、边断路器和高压电抗器一般同时检修，线路保护自身与站内运行设备不存在联跳（跳闸）回路，但应特别关注断路器保护与站内运行设备联跳回路。除通道联调工作外，应做好防止误远跳对侧断路器安措，即拔出纵联通道光纤，并做好标记，防止污染、损坏光纤。

500kV 完整串边断路器、不完整串边断路器及中间断路器、直挂母线断路器间隔停役检修时，应做好与运行设备（如相邻运行中间断路器、母线）联跳（跳闸）回路隔离。断开边断路器保护失灵联跳相邻运行中间断路器及闭锁中间断路器保护重合闸出口回路，断开边断路器保护失灵联跳母差保护出口回路，断开边断路器保护失灵联跳对应线路远跳或主变压器三侧出口回路，退出对应出口压板，并拨开对应回路端子排中间连片。若智能变电站 500kV 母差保护或主变压器保护侧设置接收压板，必要时可向负责运维业务的运检人员申请退出母差保护屏或主变压器保护屏内对应断路器保护失灵联跳接收压板。

500kV 完整串中间断路器间隔停役检修时，应做好与运行设备（如相邻运行边断路器、线路/主变压器）联跳（跳闸）回路隔离。断开中间断路器保护失灵联跳相邻运行边断路器及闭锁边断路器保护重合闸出口回路，断开中间断路器保护失灵联跳主变压器（或启线路远跳）出口回路，退出对应出口压板，并拨开对应回路端子排中间连片（文中安措票回路编号仅做参考，具体以现场实际为准）。

（一）500kV 常规变电站线路间隔检修典型安措

1. 工作前准备

汇报网调、省调封锁线路间隔遥测、遥信数据，并记录监控后台光字、通信状态等原始状态，记录各屏柜定值区号、压板、空气开关、把手原始状态。

2. 线路第一套保护屏安措

电流回路：划开 1ID:1～4（A/B/C/N411）端子连片，外侧用绝缘胶布包好。

电压回路：划开 1UD:1～4、9UD:1～4 端子连片，外侧用绝缘胶布包好；断开空气开关 1ZKK、9ZKK 并用绝缘胶布封住；用绝缘胶布封住 UD（A/B/C602 N600）端子。

信号回路：划开 1XD:1 端子中间拨片，并用绝缘胶布包好。

录波回路：划开 1LD:1 端子中间拨片，并用绝缘胶布包好。

3. 线路第二套保护屏安措

电流回路：划开 1ID:1～4（A/B/C/N411）端子连片，外侧用绝缘胶布包好。

电压回路：划开 1UD:1～4、9UD:1～4 端子连片，外侧用绝缘胶布包好；断开空气开关 1ZKK、9ZKK 并用绝缘胶布封住；用绝缘胶布封住 UD（A/B/C602 N600）端子。

信号回路：划开 1XD:1 端子中间拨片，并用绝缘胶布包好。

录波回路：划开 1LD:1 端子中间拨片，并用绝缘胶布包好。

4. 线路 5052 中间断路器保护屏安措

电流回路：划开 3ID:1～4（A/B/C/N511）端子连片，外侧用绝缘胶布包好。

电压回路：划开 3D:17～28（A/B/C604 N600、A604、N600）端子连片，外侧用绝缘胶布包好（注意其他运行线路 TV 电压带电）。

失灵及联跳回路：划开失灵延时跳 5051 开关 TC1:3D:57、3D:124、失灵延时跳 5051 开关 TC2:3D:58、3D:125、闭锁 5051 重合闸：3D:61、3D:128、失灵启动 5433 第一套远跳：3D:62、3D:129、失灵启动 5433 第二套远跳：3D:63、3D:130 端子中间拨片，绝缘胶布将中间划片及端子排外侧包好；退出所有与运行间隔相关的出口压板，并用绝缘胶布将压板上端头包好。

信号回路：划开 3XD:1 端子中间拨片，并用绝缘胶布包好。

录波回路：划开 3LD:1 端子中间拨片，并用绝缘胶布包好。

5. 线路 5053 边断路器保护屏安措

电流回路：划开 3ID:1～4（A/B/C/N451）端子连片，外侧用绝缘胶布包好。

电压回路：拉开 3ZKK1、3ZKK2 空气开关并用绝缘胶布封住；划开 3UD:1～6 端子连片，外侧用绝缘胶布包好；包住 UD（A/B/C602、N600、Sa640、N600）端子（注意 500kV Ⅱ母线电压，带电）。

失灵及联跳回路：检查 3CLP:10（失灵启 500kV Ⅱ母第一套母差）、3CLP:11（失灵启 500kV Ⅱ母第二套母差）压板确在退出位置，并用绝缘胶布包好，划开失灵启 500kV Ⅱ母第一套母差 3CD:18、3KD:18 和失灵启 500kV Ⅱ母第二套母差 3CD:19、3KD:19 端子中间拨片，用绝缘胶布将中间划片及端子排外侧包好。

信号回路：划开 3XD:1 端子中间拨片，并用绝缘胶布包好。

录波回路：划开 3LD:1 端子中间拨片，并用绝缘胶布包好。

6. 线路 5052 中间断路器测控屏安措

电流回路：划开 2D1:1～7 端子连片，外侧用绝缘胶布包好。

电压回路：划开 2D1:9、13～14（Sa602、N600、Sa605）电压端子连片，外侧用绝缘胶布包好（注意相邻间隔电压互感器电压回路带电）。

隔离开关回路：退出 50521 隔离开关遥控出口压板，并用绝缘胶布包好。

7. 线路 5053 边断路器测控屏安措

电流回路：划开 2D1:1～3、7（A/B/C461 N461）、2D1:4-6、7′（A/B/C/N521）、2D5:1～3、7′（2D1:4～6、8）、2D5:4～7（A/B/C/463 N461）端子外侧并包上绝缘胶布。

电压回路：划开 2D1:9、13～14（S602、N600、S630）、2D5:8′、9、9′、10（A/B/C602、N600）电压端子连片，外侧用绝缘胶布包好，拉开 2KP 空气开关并包住（注意 500kV 运行 II 母线电压带电）。

隔离开关回路：退出 50532 隔离开关遥控出口压板，并用绝缘胶布包好。

（二）500kV 智能变电站线路间隔检修典型安措

1. 工作前准备

汇报网调、省调封锁线路间隔遥测、遥信数据，并记录监控后台光字、GOOSE 链路、通信状态等原始状态，记录各屏柜定值区号、压板、GOOSE 压板、空气开关、把手、背板尾纤原始状态。

2. 线路保护屏安措

检修压板：投入线路第一套保护检修压板，并用绝缘胶布包好；投入线路第二套保护检修压板，并用绝缘胶布包好。

3. 线路 5052 中间断路器保护屏安措

失灵及联跳回路：检查并确认以下压板在退出位置：①5052 断路器第一套保护失灵跳 4 号主变压器 5051 断路器压板 1GT3；②5052 断路器第一套保护失灵启动 4 号主变压器高压侧 2（中间断路器）失灵压板 1GT8；③5052 断路器第二套保护失灵跳 4 号主变压器 5051 断路器压板 2GT4；④5052 断路器第二套保护失灵启动 4 号主变压器高压侧 2（中间断路器）失灵压板 2GT9。

检修压板：投入 5052 断路器第一套保护 1KLP1 检修压板，并用绝缘胶布包好；投入 5052 断路器第二套保护 2-3KLP1 检修压板，并用绝缘胶布包好。

4. 线路 5053 边断路器保护屏安措

失灵及联跳回路：检查并确认以下压板在退出位置：①5053 断路器第一套保护失灵启动 500kV II 母第一套母差保护压板；②5053 断路器第二套保护失灵启动 500kV II 母第二套母差保护压板。

检修压板：投入 5053 断路器第一套保护检修压板，并用绝缘胶布包好；投入 5053 断路器第二套保护检修压板，并用绝缘胶布包好。

5. 5052 断路器智能组件汇控柜安措

电流回路：确认大电流端子 1SD、2SD、3SD、4SD、6SD、7SD、10SD、11SD 在短接位置，并将至相邻运行间隔电流回路大电流端子外壳用红色绝缘胶带封住。

检修压板：投入 5052 断路器第一套合并单元检修状态压板，并用绝缘胶布包好；投入 5052 断路器第二套合并单元检修状态压板，并用绝缘胶布包好。

6. 5053 断路器智能组件汇控柜安措

电流回路：确认大电流端子 1SD、2SD、3SD、4SD、6SD、7SD、8SD、9SD 在短接位置；并将至相邻运行间隔电流回路大电流端子外壳用红色绝缘胶带封住。

检修压板：确认两套母差保护接收 5033 断路器间隔 SV 压板已退出，投入 5053 断路器第一套合并单元、智能终端检修状态压板，并用绝缘胶布包好；投入 5053 断路器第二套合并单元、智能终端检修状态压板，并用绝缘胶布包好。

7. 断路器测控屏安措

检修压板：投入 5052 断路器测控装置检修状态压板 2QLP1，并用绝缘胶布包好；投入 5053 断路器测控装置检修状态压板 3QLP1，并用绝缘胶布包好；在 5051 断路器测控装置检修状态压板 1QLP1 下方张贴"运行间隔压板，勿投入！"标识。

二、试验内容

1. 直流电源检查

装置加额定工作电源，并通入正常的额定电流和额定电压，监视出口接点，拉合直流工作电源，此时装置应不误动和误发保护动作信号。

两套保护装置的直流电源应取自不同蓄电池组连接的直流母线段。每套保护装置与其相关设备（电子式互感器、合并单元、智能终端、网络设备、操作箱、跳闸线圈等）的直流电源均应取自与同一蓄电池组相连的直流母线。

2. 反措检查

检修工作中，需要对检修范围内的二次设备开展反措检查。二次专业每年修订指导书模板时，会根据公司反措实际完成情况、上级最新下发的相关反措要求，修改指导书模板中反措检查项。工作负责人在开展踏勘时，根据指导书模板中的反措检查项、专业最新下发的反措要求，结合被检修设备型号确定本次检修工作的反措检查项目。

3. "排雷"重点项目检查

常见的"排雷"检查项目如下：

（1）变电站线路保护双通道告警信号排查整治；

（2）断路器操作回路中防跳继电器底座接触不良或继电器异常；

（3）操作箱防跳回路拆除不彻底；

（4）断路器操作回路中防跳继电器动作时间大于断路器辅接点动作时间；

（5）平高断路器操作回路中防跳继电器前短接片未连接，西门子断路器操作回路中防跳继电器前串接远方/就地切换断路器 S8 接点；

（6）操作箱（智能终端）跳位监视继电器与机构防跳继电器线圈内阻配合不当；

（7）断路器机构本体三相不一致，时间继电器动作特性偏移；

（8）ABB 断路器机构本体三相不一致，中间继电器底座备用端子未紧固（RELECO 公司生产中间继电器）；

（9）断路器本体机构压力闭锁回路未实现双重化；

（10）跳闸回路端子排连接片两侧未绝缘处理；

（11）硬压板接线柱塑料壳老化或开裂；

（12）大电流试验端子上下接线柱接线接反、接线柱接线松动，大电流试验端子短接孔滑牙；

（13）隔离开关辅助触点采用单位置输入方式，电压切换装置直流电源使用对应控制回路直流电源。

（14）工作负责人在开展踏勘时，需要根据专业要求，结合被检修设备型号，确定本次检修工作的排雷检查项目。

4. 常规绝缘检查

使用绝缘测试仪，对检修范围内二次回路开展绝缘检查，需要检查的回路包括交流电流回路、线路电压回路、直流电源回路、控制回路、交流电源回路等。要求信号回路新投运设备绝缘大于 10MΩ，检修设备大于 1MΩ，回路绝缘达不到要求时应向班组专业工程师或班组长反馈。

5. 三相不一致继电器检查

（1）检查三相不一致继电器整定时间与动作时间是否一致。

（2）验证开关有两相合位一相分位、两相分位一相合位时，三相不一致继电器能够正确动作。

（3）检查后台"三相不一致动作"信号能够正确报出。

6. 防跳继电器检查

（1）检查开关分位防跳、合位防跳动作行为是否正确；

（2）检查使用的机构防跳，操作箱防跳回路是否已取消；

（3）除三相联动的开关外，开关防跳回路试验应逐相进行，不能三相一起。

7. 屏柜螺丝紧固检查

检查柜内的连接线（连接片），应牢固、可靠，无松脱、折断；端子排上各连接片之间采用隔片隔离或至少保持 2mm 的间距；全回路螺丝均紧固并压接可靠；接地点应连接牢固且接地良好，并符合设计要求；尾纤、尾缆布置整齐，无挤压，备用光纤端口有防尘护套。

8. 屏蔽接地检查

按照规程规范检查保护屏内、一次设备引出线、电流回路、电压回路、端子箱内的接地是否符合要求。

9. 互感器参数检查

（1）核实电流互感器、电压互感器图纸与铭牌数据；

（2）检查电流互感器回路编号、用途、变比、特性、极性；

（3）检查电压互感器回路编号、用途、变比、特性。

10. 空气开关级差检查

检查装置电源、控制电源、信号电源、交流电压等空气开关极差是否符合要求。

11. 纵联通道光功率检查

检查纵联通道发送功率和接收功率是否均在允许范围。

12. 保护整组试验检查

分别模拟线路发生单相瞬时故障、单相永久故障、两相短路故障、三相短路故障时保护的动作和开关动作是否正确，传动试验要求分相传动开关并验证压板的唯一性。

13. 光口发送接收送功率检查（智能变电站）

检查保护装置发送接收送功率是否在允许范围。光波长 1300nm 光接口应满足光发送功率为 $-20\sim-14$dBm，光接收功率为 $-31\sim-14$dBm；光波长 850nm 光接口应满足光发送功率为 $-19\sim-10$dBm，光接收功率为 $-24\sim-10$dBm。

14. 软压板功能检查（智能变电站）

检查保护功能软压板、SV 接收软压板、GOOSE 出口软压板功能是否正确。

15. 保护定值检查

（1）整定单上的装置型号和实际装置型号是否一致；

（2）整定单定值和装置定值是否一致；

（3）整定单上设备参数和电流/电压互感器等一次设备铭牌参数是否一致。

三、常见危险点及预控措施

（一）常规变电站

1. 危险点

（1）设备检修过程中误入间隔、误碰运行设备；

（2）未完成二次回路隔离，造成保护误动作；

（3）低压触电；

（4）开关传动过程中伤害一次检修人员；

（5）同屏装置未隔离，误碰运行设备；

（6）遥信、遥测未封锁或封锁后未及时解封，影响自动化考核、状态评估；

（7）屏内 500kV 母线同期电压、同串运行线路电压仍带电，造成电压二次回路短路、接地；

（8）试验接线错误，损坏插件；

（9）检修的开关保护失灵出口误跳运行 500kV 母线和同串运行线路；

（10）保护测控装置加电压造成电压互感器二次反充电；

（11）TA 端子箱内至 500kV 母差保护屏、运行线路大电流端子未做好安措，误拆线、误划端子，造成运行电流回路开路、保护误动作；误短接、误碰，造成电流回路分流、两点接地，导致保护误动作，测量数据跳变。

（12）线路保护调试，误跳线路对侧开关；

（13）完整串一条线路间隔停电时，短接中间断路器测控电流回路端子尾巴，造成运行的边断路器测控线路电流回路分流，导致本串另一条运行的线路潮流数据错误。

2. 预控措施

（1）工作前先仔细检查安全措施是否到位，工作负责人现场交代安全措施、工作内容和邻近的带电设备，工作时请核对命名和安措，工作开始和工作结束前应按要求核对一次检修设备状态控制卡；

（2）检修前确认检修设备与运行设备二次回路有效隔离，电流互感器接线盒工作前，检查线路电流互感器至母差保护的大电流端子是否断开，防止电流二次回路两点接地导致母差保护误动。

（3）断路器、隔离开关检修前切断相关电源并确认无压，机构箱检查维护前需切断相关电源；

（4）严禁在开关检修时进行开关传动工作，传动试验前告知一次检修和高压试验人员，确保现场无人工作后才可进行开关传动试验，必要时派专人看守；

（5）检修屏内同屏运行设备（包括相应端子排）用红胶布遮盖，防止误碰；

（6）遥信、遥测试验前需与调度自动化联系，封锁相关信号，工作结束后及时汇报解封；

（7）线路间隔检修时，边断路器保护和边断路器测控中的 500kV 运行母线、同期电压仍带电，中间断路器保护和中间断路器测控中的线路同期电压仍带电，需做好划开电压连接片并将外侧端子用绝缘胶布包好的措施；

（8）试验接线要经第二人检查，严防误接线；

（9）检修前，确认相应断路器保护断路器失灵跳运行间隔和 500kV 运行母线相关二次回路已隔离，相应压板已退出，详见二次安措卡；

（10）检修前做好电压回路的隔离措施；

（11）应将汇控柜至母差保护屏、运行线路屏的大电流端子及相应端子排用红色绝缘胶布做好隔离，详见二次安全措施卡；

（12）拔掉线路保护纵联通道光纤，光纤套好防尘帽；

（13）检查中间断路器测控电流回路尾部是否接到运行的边断路器测控（做和电流），如果有应划开至边断路器测控电流回路端子排，并将端子排外侧用绝缘胶带包好，不得短接。

（二）智能变电站

1. 危险点

（1）遥信、遥测未封锁或封锁后未及时解封，影响状态评估。

（2）误入相邻运行间隔，误碰同屏运行设备。

（3）试验接线错误，损坏插件。

（4）直流接地。

（5）电流回路绝缘测试后，应将临时拆除的接地线恢复。

（6）检修中间断路器保护失灵误联跳相邻运行间隔，误跳运行边断路器；检修边断路器保护失灵误启 500kV 母差保护。

（7）检修边断路器电流回路时，造成电流回路两点接地，500kV 母线保护误动作。

（8）检修中间断路器电流时，造成电流回路两点接地，相邻运行间隔保护误动作，计量、测量电流突变。

（9）一、二次作业人员沟通不充分，传动开关震落断路器本体上工作人员。

（10）定值更改后未恢复。

（11）安措恢复遗漏。

（12）线路保护调试，误跳线路对侧断路器。

（13）完整串一条线路间隔停电时，短接中间断路器测控电流回路端子尾巴，造成运行的边断路器测控线路电流回路分流，导致本串另一条运行的线路潮流数据错误。

2. 预控措施

（1）应提前提交自动化检修申请单，开工后及时汇报封锁，工作结束后及时汇报解封。

（2）工作中加强安全监护，在工作屏位前后放置"在此工作"标示牌，相邻运行屏挂红布幔。

（3）试验接线要经第二人检查，严防误接线。

（4）安措执行时，用红色绝缘胶布将 ZD 端子排包好。装置绝缘检查时，拉开相应空气开关后，用万用表确认端子排已无电，再进行绝缘检查，规范使用万用表及绝缘电阻表。

（5）恢复接地线后，用万用表测量接地电阻，检查电流回路接地是否良好；检查电流回路接地时，应逐个二次侧进行检查，检查结束后应及时恢复接地线，并用万用表检查接地电阻，保证可靠接地。

（6）投入检修中间断路器保护、边断路器保护检修压板，且检修过程中不得退出。

（7）退出检修边断路器保护失灵启 500kV 母差保护 GOOSE 出口压板；退出检修中间

断路器保护失灵联跳运行间隔、跳运行边断路器 GOOSE 出口压板。

（8）检修边断路器智能组件柜内边断路器 TA 至 500kV 母线保护电流二次回路端子排用绝缘胶带包好，并确认相关大电流 SD 端子 TA 侧在短接位置；检修中间断路器智能组件柜内中间断路器 TA 至相邻运行间隔保护、计量、测量电流二次回路端子排用绝缘胶带包好，并确认相关大电流 SD 端子 TA 侧在短接位置。

（9）传动开关前与一次专业沟通，确保断路器本体无人工作，并派专人到现场监护。

（10）校验结束后核对定值。

（11）认真执行继电保护二次安全措施卡，加强监护，确认每一项恢复到位。

（12）拔掉线路保护纵联通道光纤，光纤套好防尘帽。

（13）检查中间断路器测控电流回路尾部是否接到运行的边断路器测控（做和电流），如果有应划开至边断路器测控电流回路端子排，并将端子排外侧用绝缘胶带包好，不得短接。

第二节　500kV 主变压器间隔检修

一、安全措施

主变压器间隔停役检修时，应做好与运行设备跳闸（联跳）回路安措，重点关注与 220kV 母差保护、母联断路器、分段断路器之间联跳（跳闸）回路的安措隔离。

对于主变压器 220kV 断路器失灵保护集成在 220kV 母差保护的，需断开主变压器保护屏内启 220kV 母差保护失灵、解除 220kV 母差保护复压闭锁回路，即退出主变压器保护启动失灵、解除复压闭锁出口压板，拨开出口回路中间连片，同时应检查确认 220kV 母差保护侧对应主变压器起失灵、解除复压闭锁接收压板在退出位置（智能站的主变压器保护启失灵回路和解复压闭锁采用同一虚端子回路，需确保主变压器保护检修压板在投入位置、启失灵软压板在退出位置，220kV 母差保护侧对应主变压器起失灵收压板在退出位置）。

对于包含主变压器 220kV 断路器失灵保护的主变压器保护（220kV 母差保护不具备失灵判别功能，如 REB-103、BP-2B 母差保护），分别在主变压器电气量保护屏、主变压器 220kV 断路器失灵保护屏（一般设置在主变压器非电量保护屏）断开主变压器保护屏内解除 220kV 母差保护复压闭锁回路、失灵联跳 220kV 母差保护回路，退出解除复压闭锁、失灵联跳 220kV 母差保护出口压板，拨开出口回路中间连片。同时应检查确认 220kV 母差保护侧对应主变压器起失灵、解除复压闭锁接收压板在退出位置（有部分变电站失灵联跳和解除复压闭锁从主变压器非电量保护屏出口，应以实际勘察为准）。

（一）500kV 常规变电站主变压器间隔检修典型安措

文中安措票回路编号仅做参考，具体以现场实际为准。

1. 工作前准备

汇报网调、省调封锁主变压器间隔遥测、遥信数据，并记录监控后台光字、通信状态等原始状态，记录各屏柜定值区号、压板、空气开关、把手原始状态。

2. 主变压器第一套保护屏安措

电压回路：断开交流电压回路，划开各侧电压端子排连接片，并用绝缘胶布包好外侧端子和端子排连接片。

失灵及联跳回路：划开 1CD14（RB1+）、1KD14（M1B1）、1CD15（RB1+）、1KD15（M1B2）端子排连接片，退出 1CLP13、1CLP14 压板（解复压），并用绝缘胶布包好。

信号回路：划开 1XD：1 端子中间拨片，并用绝缘胶布包好。

录波回路：划开 1LD：1 端子中间拨片，并用绝缘胶布包好。

3. 主变压器第二套保护屏安措

电压回路：断开交流电压回路，划开各侧电压端子排连接片，并用绝缘胶布包好外侧端子和端子排连接片。

失灵及联跳回路：划开 1CD14（BP1+）、1KD14（M2B）、端子排连接片，退出 1CLP13 压板（解复压），并用绝缘胶布包好。

信号回路：划开 1XD：1 端子中间拨片，并用绝缘胶布包好。

录波回路：划开 1LD：1 端子中间拨片，并用绝缘胶布包好。

4. 主变压器非电量保护屏安措

失灵及联跳回路：划开 6CD4（RBF+）、6KD4（M1）、6CD6（M2+）、6KD6（M2）端子排连接片，退出压板 6CLP2、6CLP3（失灵启母差），并用绝缘胶布包好。

信号回路：划开 3XD：1 端子中间拨片，并用绝缘胶布包好。

录波回路：划开 3LD：1 端子中间拨片，并用绝缘胶布包好。

5. 主变压器 5033 边断路器保护屏安措

失灵及联跳回路：划开启母差 1 失灵 3CD18（RA3+）、3KD18（71）端子排连接片，退出压板 3CLP10；划开启母差 2 失灵 3CD19（RA4+）、3KD19（81）端子排连接片，退出压板 3CLP11。

信号回路：划开 3XD：1 端子中间拨片，并用绝缘胶布包好。

录波回路：划开 3LD：1 端子中间拨片，并用绝缘胶布包好。

6. 主变压器 5032 中间断路器保护屏安措（不完整串）

电压回路：划开 UD9（A602）、UD11（N600）端子排连接片，并用绝缘胶布包好。

失灵及联跳回路：划开启母差 1 失灵 3CD18（RA1+）、3KD18（51）端子排连接片，退出压板 3CLP10；划开启母差 2 失灵 3CD19（RA2+）、3KD19（61）端子排连接片，退出压板 3CLP11。

信号回路：划开 3XD：1 端子中间拨片，并用绝缘胶布包好。

录波回路：划开 3LD：1 端子中间拨片，并用绝缘胶布包好。

（二）500kV 智能变电站主变压器间隔检修典型安措

1. 工作前准备

汇报网调、省调封锁主变压器间隔遥测、遥信数据，并记录监控后台光字、GOOSE 链路、通信状态等原始状态，记录各屏柜定值区号、压板、GOOSE 压板、空气开关、把手、背板尾纤原始状态。

2. 5021/5022/5023 断路器第一套保护屏安措

电压回路：划开 5021 断路器第一套保护用电压 1-1UD1（A651）、1-1UD2（2-1UD9）、1-1UD3（B651）、1-1UD5（C651）、1-1UD7（N600）、1-1UD8（2-1UD11）端子排连接片，并用绝缘胶布包好外侧端子排；划开 5021 断路器第一套保护用电压 1-1UD9（A630-1）、1-1UD11（N600）端子排连接片，并用绝缘胶布包好外侧端子排；划开 5022 断路器第一套保护用电压 2-1UD1（A651）、2-1UD3（B651）、2-1UD5（C651）、2-1UD7（N600）端子排连接片，并用绝缘胶布包好外侧端子排；划开 5022 断路器第一套保护用电压 2-1UD9（1-1UD2）、2-1UD11（1-1UD8）端子排连接片，并用绝缘胶布包好外侧端子排。

失灵及联跳回路：退出 5021 断路器第一套保护失灵启动 500kV Ⅰ 母第一套母差保护出口 GOOSE 发送压板 GT5、5022 断路器第一套保护失灵跳 5023 断路器出口 GOOSE 发送压板 GT4、5022 断路器第一套保护失灵启动 5423 线第一套保护远跳出口 GOOSE 发送压板 GT6、5022 断路器第一套保护失灵闭锁 5023 断路器第一套保护重合闸 GOOSE 发送压板 GT7。

检修压板：投入 5021 断路器第一套保护检修状态投入压板 1KLP1、5022 断路器第一套保护检修状态投入压板 2KLP1，并用绝缘胶布包好。

3. 5021/5022/5023 断路器第二套保护屏安措

电压回路：划开 5021 断路器第二套保护用电压 1-UD1（A652）、1-UD2（B652）、1-UD3（C652）、1-UD4（2-UD5）、1-UD5（N600）、1-UD6（A640-2）端子排连接片，并用绝缘胶布包好外侧端子排；划开 5021 断路器第一套保护用电压 1-1UD9（A630-1）、1-1UD11（N600）端子排连接片，并用绝缘胶布包好外侧端子排；划开 5022 断路器第二套保护用电压 2-1UD1（A651）、2-1UD3（B651）、2-1UD5（C651）、2-1UD6（N600）端子排连接片，并用绝缘胶布包好外侧端子排。

失灵及联跳回路：退出 5021 断路器第二套保护失灵启动 500kV Ⅰ 母第二套母差保护出口 GOOSE 发送压板 GT5、5022 断路器第二套保护失灵跳 5023 断路器出口 GOOSE 发送压板 GT4、5022 断路器第二套保护失灵启动 5423 线第二套保护远跳出口 GOOSE 发送压板 GT6、5022 断路器第二套保护失灵闭锁 5023 断路器第二套保护重合闸 GOOSE 发送压板 GT7。

检修压板：投入 5021 断路器第二套保护 1KLP1 检修压板，并用绝缘胶布包好；投入

5022 断路器第二套保护 2-3KLP1 检修压板，并用绝缘胶布包好。

4. 主变压器第一套保护屏安措

电压回路：断开交流电压回路，划开各侧电压端子排连接片，并用绝缘胶布包好外侧端子和端子排连接片。

失灵及联跳回路：确认已退出主变压器第一套保护启动 220kV Ⅰ段第一套母差保护失灵及解除电压闭锁压板 GT6；确认已退出主变压器第一套保护跳 1 号母联断路器出口软压板 GT7；确认已退出主变压器第一套保护跳正母分段断路器出口软压板 GT9；确认已退出主变压器第一套保护跳副母分段断路器出口软压板 GT10。

检修压板：投入主变压器第一套保护检修状态投入压板 1RLP2，并用绝缘胶布包好。

5. 主变压器第二套保护屏安措

电压回路：断开交流电压回路，划开各侧电压端子排连接片，并用绝缘胶布包好外侧端子和端子排连接片。

失灵及联跳回路：确认已退出主变压器第二套保护启动 220kV Ⅰ段第二套母差保护失灵及解除电压闭锁压板 GT6；确认已退出主变压器第二套保护跳 1 号母联断路器出口软压板 GT7；确认已退出主变压器第二套保护跳正母分段断路器出口软压板 GT9；确认已退出主变压器第二套保护跳副母分段断路器出口软压板 GT10。

检修压板：投入主变压器第二套保护检修状态投入压板 1RLP2，并用绝缘胶布包好。

二、试验内容

1. 直流电源检查

两套保护装置的直流电源应取自不同蓄电池组连接的直流母线段。每套保护装置与其相关设备（电子式互感器、合并单元、智能终端、网络设备、操作箱、跳闸线圈等）的直流电源均应取自与同一蓄电池组相连的直流母线。

2. 反措检查

检修工作中，需要对检修范围内的二次设备开展反措检查。二次专业每年修订指导书模板时，会根据公司反措实际完成情况、上级最新下发的相关反措要求，修改指导书模板中反措检查项。工作负责人在开展踏勘时，根据指导书模板中的反措检查项、专业最新下发的反措要求，结合被检修设备型号确定本次检修工作的反措检查项目。

3. "排雷" 重点项目检查

常见的 "排雷" 检查项目如下：

（1）断路器机构防跳继电器底座接触不良或继电器异常；

（2）操作箱防跳回路拆除不彻底；

（3）断路器机构防跳继电器动作时间大于断路器辅接点动作时间；

（4）平高断路器机构防跳继电器前短接片未连接，西门子断路器机构防跳继电器前串接远方/就地切换断路器 S8 接点；

（5）操作箱（智能终端）跳位监视继电器与机构防跳继电器线圈内阻配合不当；

（6）断路器机构本体三相不一致时间继电器动作特性偏移；

（7）ABB 断路器机构的三相不一致中间继电器底座备用端子未紧固（RELECO 公司生产中间继电器）；

（8）跳闸回路端子排连接片两侧未绝缘处理；

（9）硬压板接线柱塑料壳老化或开裂；

（10）检查大电流试验端子上下接线柱接线是否接反、接线柱接线是否松动，检查大电流试验端子短接孔是否滑牙。

4. 常规绝缘检查

（1）交流电流回路对地；

（2）交流电压回路对地；

（3）直流电源回路对地；

（4）直流出口回路；

（5）交流电源回路。

5. 非电量回路绝缘检查

（1）本体重瓦斯跳闸；

（2）本体压力释放跳闸；

（3）油温高跳闸；

（4）绕组温度高跳闸；

（5）压力突变跳闸；

（6）冷却器全停延时跳闸；

（7）本体轻瓦斯告警；

（8）油温高告警；

（9）油位异常告警；

（10）冷却器全停告警。

6. 三相不一致继电器检查

（1）检查三相不一致继电器整定时间与动作时间是否一致；

（2）验证断路器有两相合位一相分位、两相分位一相合位时，三相不一致继电器能够正确动作；

（3）检查后台"三相不一致动作"信号能够正确报出。

7. 防跳继电器检查

（1）检查断路器分位防跳、合位防跳动作行为是否正确；

（2）检查使用的机构防跳，操作箱防跳回路已取消；

（3）除三相联动的断路器外，断路器防跳回路试验应逐相进行，不能三相一起。

8. 屏柜螺丝紧固检查

检查柜内的连接线（连接片）应牢固、可靠，无松脱、折断；端子排上各连接片之间采用隔片隔离或至少保持 2mm 的间距；全回路螺丝均紧固并压接可靠；接地点应连接牢固且接地良好，并符合设计要求；尾纤、尾缆布置整齐，无挤压，备用光纤端口有防尘护套。

9. 屏蔽接地检查

按照规程规范检查保护屏内、一次设备引出线、电流回路、电压回路、端子箱内的接地是否符合要求。

10. 互感器参数检查

（1）检查电流互感器回路编号、用途、变比、特性、极性；

（2）检查电压互感器回路编号、用途、变比、特性。

11. 空气开关级差检查

检查装置电源、控制电源、信号电源、交流电压等空气开关极差是否符合要求。

12. 保护整组试验检查

分别模拟主变压器差动保护动作、高压侧后备保护动作、中压侧后备保护动作、低压侧后备保护动作、本体重瓦斯、有载重瓦斯、压力释放（投跳传动）、油温高跳闸（投跳传动）、冷却器全停跳闸（投跳传动），验证保护的动作行为和开关动作情况是否正确，传动试验要求传动开关并验证压板的唯一性。

13. 光口发送接收送功率检查（智能变电站）

检查保护装置发送接收送功率是否在允许范围。光波长 1300nm 光接口应满足光发送功率为 –20～–14dBm，光接收功率为 –31～–14dBm；光波长 850nm 光接口应满足光发送功率为 –19～–10dBm，光接收功率为 –24～–10dBm。

14. 软压板功能检查（智能变电站）

检查保护功能软压板、SV 接收软压板、GOOSE 出口软压板功能是否正确。

15. 保护定值检查

（1）整定单上的装置型号和实际装置型号是否一致；

（2）整定单定值和装置定值是否一致；

（3）整定单上设备参数和电流、电压互感器等一次设备铭牌参数是否一致。

三、危险点及预控措施

（一）常规变电站

1. 危险点

（1）校验过程中主变压器 220kV 失灵保护动作误启动 220kV 母差；主变压器保护动作误跳旁路断路器、1 号母联断路器；5011 断路器失灵保护动作误启动 500kV I 母母差保护；

5012 断路器失灵保护动作误启动 5468 线远跳、误跳 5013 断路器、闭锁 5013 断路器保护重合闸。

（2）绝缘测试、试验加量、清灰过程中 5011 断路器Ⅰ母母差保护二次侧两点接地导致 500kV Ⅰ母母差保护误动作。绝缘测试、试验加量、清灰过程中主变压器 220kV 断路器 220kV 母差保护二次侧两点接地导致 220kV 母差保护误动作。绝缘测试、试验加量、清灰过程中 5012 断路器××线保护二次侧两点接地导致××线保护误动作。

（3）消防回路传动过程中 SP 泡沫喷淋装置误动作。

（4）工作配合中螺丝紧固交接面不清晰造成端子紧固遗漏。

（5）其余危险点与常规变电站线路间隔同理。

2. 预控措施

（1）断开主变压器 500kV 电压互感器、主变压器 220kV 电压互感器、主变压器 35kV 母线电压互感器二次回路低压空气开关，在断开点挂设"禁止合闸，有人工作！"标示牌。

（2）执行二次工作安措卡，在"主变压器保护屏"划开主变压器保护启 220kV 母差失灵、解除母差复压闭锁回路连接片，插入相应插拔，划开主变压器保护跳旁路开关、母联断路器回路连接片，并退出相应压板。

（3）主变压器消防回路传动前，退出 SP 泡沫小室主变压器喷淋装置电磁启动阀。

（4）以电流互感器接线盒端子排外部为界，端子外部回路螺丝由检修班负责紧固，紧固后需进行检查，避免遗漏。

（5）其余预控措施与常规变电站线路间隔同理。

（二）智能变电站

1. 危险点

（1）非电量排查结束后，未将瓦斯、压力释放、油温高、冷却器全停继电器及其二次压板复位，或重瓦斯动作信号未复归，或气体继电器阀门位置未恢复，造成非电量误跳运行设备；

（2）主变压器保护误发送失灵、解复压信号至运行母差保护；

（3）保护校验时，GOOSE 组网未隔离清楚，造成运行设备误动、告警；

（4）泡沫喷淋灭火装置误启动，误喷淋；

（5）其余危险点与智能变电站线路间隔相同。

2. 预控措施

（1）非电量排查结束后，未将瓦斯、压力释放、油温高、冷却器全停继电器及其二次压板复位，重瓦斯动作信号未复归，或气体继电器阀门位置未恢复，造成非电量误跳运行设备控制策略。

（2）非电量排查结束后，应逐一确认相关非电量继电器均已复位，确保阀门位置均正确，确认本体智能终端、测控及后台没有非电量动作信号。

（3）工作前，退出 5021 断路器失灵启 500kV I 母母差保护软压板，500kV I 母母差保护退出 5021 断路器失灵接收压板（运维配合），退出主变压器 5022 断路器保护失灵启动强明 5423 线保护远跳出口压板，退出主变压器 5022 断路器保护失灵联跳强明线 5023 断路器压板，退出主变压器 5022 断路器保护失灵闭锁 5023 断路器重合闸压板。

（4）工作前，确认主变压器保护启动母差失灵、解除母差复压闭锁软压板已退出，确认 220kV I 段母差保护屏主变压器保护启动母差失灵、解除母差复压闭锁接收压板已退出。

（5）相关工作开始前严格按照消防系统安全措施状态交接验收卡执行相关安全措施，对泡沫喷淋系统进行全面检查，断开主变压器泡沫喷雾灭火装置的启动电磁阀，以防勿喷。保压工作开始时、过程中、结束后，均应向运维人员和工作负责人告知相关工作进度并见证，工作全部结束后检查设备状态，按照状态交接验收卡恢复相应安全措施。

（6）其余预控措施与智能变电站线路间隔相同。

第三节　500kV 母线间隔检修

一、安全措施

500kV 母线停役检修时，500kV 母差保护与运行设备不存在联跳（跳闸）回路联系。为防止边断路器保护误动作联跳运行设备，应在开关保护屏内做好联跳回路安措，退出边断路器保护屏内联跳运行设备出口压板，拨开至运行设备联跳端子排中间连片。

文中安措票回路编号仅作参考，具体以现场实际为准。

（一）500kV 常规变电站母线间隔检修典型安措

1. 工作前准备

汇报网调、省调封锁相关遥测、遥信数据，并记录监控后台光字、通信状态等原始状态，记录各屏柜定值区号、压板、空气开关、把手原始状态。

2. 第一套母差保护屏安措

电流回路：划开各间隔开关电流端子排连接片，并用绝缘胶布包好外侧端子和端子排连接片。

录波回路：划开 1LD：1 端子中间拨片，并用绝缘胶布包好。

3. 第二套母差保护屏安措

电流回路：划开各间隔开关电流端子排连接片，并用绝缘胶布包好外侧端子和端子排连接片。

录波回路：划开 1LD：1 端子中间拨片，并用绝缘胶布包好。

4. 线路间隔边断路器保护屏安措

电流回路：划开线路间隔开关电流端子排连接片，并用绝缘胶布包好外侧端子和端子排连接片。

失灵及联跳回路：检查确认边断路器第一、二套开关失灵保护跳中间断路器出口压板在退出状态，拆除相应端子排出口内侧接线并用绝缘胶布包好；检查确认边断路器第一、二套开关失灵保护闭锁中间断路器重合闸压板在退出状态，拆除相应端子排出口内侧接线并用绝缘胶布包好；检查确认边断路器第一、二套开关失灵保护启动线路远跳出口压板在退出状态，拆除相应端子排出口内侧接线并用绝缘胶布包好。

录波回路：划开 3LD：1 端子中间拨片，并用绝缘胶布包好。

5. 主变压器间隔边断路器保护屏安措

电流回路：划开主变压器间隔开关电流端子排连接片，并用绝缘胶布包好外侧端子和端子排连接片。

失灵及联跳回路：检查确认边断路器第一、二套开关失灵保护跳中间断路器出口压板在退出状态，拆除相应端子排出口内侧接线并用绝缘胶布包好；检查确认边断路器第一、二套开关失灵保护闭锁中间断路器重合闸压板在退出状态，拆除相应端子排出口内侧接线并用绝缘胶布包好；检查确认边断路器第一、二套开关失灵保护启动主变压器非电量出口压板在退出状态，拆除相应端子排出口内侧接线并用绝缘胶布包好。

录波回路：划开 3LD：1 端子中间拨片，并用绝缘胶布包好。

6. 500kV 母线及公用设备测控屏安措

电压回路：划开 500kV 电压端子排连接片，并用绝缘胶布包好外侧端子和端子排连接片。

（二）500kV 智能变电站母线间隔检修典型安措

1. 工作前准备

汇报网调、省调封锁主变压器间隔遥测、遥信数据，并记录监控后台光字、GOOSE 链路、通信状态等原始状态，记录各屏柜定值区号、压板、GOOSE 压板、空气开关、把手、背板尾纤原始状态。

2. 第一套母差保护屏安措

电流回路：划开电流端子排连接片，用绝缘胶布包好。

检修回路：投入 500kV 第一套母差保护检修压板。

3. 第二套母差保护屏安措

电流回路：划开电流端子排连接片，用绝缘胶布包好。

检修回路：投入 500kV 第二套母差保护检修压板。

4. 500kV 母线测控屏安措

电压回路：划开电压端子排连接片，用绝缘胶布包好外侧端子和端子排连接片。

5. 主变压器间隔边断路器保护及测控屏安措

电流回路：短接电流端子排外侧，并划开连接片，用绝缘胶布包好外侧端子和端子排连接片。

电压回路：划开电压端子排连接片，用绝缘胶布包好外侧端子和端子排连接片。

失灵及联跳回路：检查确认边断路器第一、二套开关失灵保护跳中间断路器出口软压板在退出状态；检查确认边断路器第一、二套开关失灵保护启动主变压器非电量出口软压板在退出状态。

检修回路：投入主变压器边断路器第一套保护检修压板、投入主变压器边断路器第二套保护检修压板、投入主变压器边断路器测控检修压板。

6. 线路间隔边断路器保护及测控屏安措

电流回路：短接电流端子排外侧，并划开连接片，用绝缘胶布包好外侧端子和端子排连接片。

电压回路：划开电压端子排连接片，用绝缘胶布包好外侧端子和端子排连接片。

失灵及联跳回路：检查确认边断路器第一、二套开关失灵保护跳中间断路器出口软压板在退出状态；检查确认边断路器第一、二套开关失灵保护闭锁中间断路器重合闸软压板在退出状态；检查确认边断路器第一、二套开关失灵保护启动线路远跳出口软压板在退出状态。

检修回路：投入线路边断路器第一套保护检修压板、投入线路边断路器第二套保护检修压板、投入线路边断路器测控检修压板。

二、试验内容

1. 直流电源检查

装置加额定工作电源，并通入正常的额定电流和额定电压，监视出口接点，进行拉合直流工作电源，此时装置应不误动和误发保护动作信号。

两套保护装置的直流电源应取自不同蓄电池组连接的直流母线段。每套保护装置与其相关设备（电子式互感器、合并单元、智能终端、网络设备、操作箱、跳闸线圈等）的直流电源均应取自与同一蓄电池组相连的直流母线。

2. 反措检查

检修工作中，需要对检修范围内的二次设备开展反措检查。二次专业每年修订指导书模板时，会根据公司反措实际完成情况、上级最新下发的相关反措要求，修改指导书模板中反措检查项。工作负责人在开展踏勘时，根据指导书模板中的反措检查项、专业最新下发的反措要求，结合被检修设备型号确定本次检修工作的反措检查项目。

常见的反措检查项目如下：依据《关于开展北京四方 CSC 系列保护远方操作失败缺陷整改的通知》（浙电调字〔2022〕69 号），检查北京四方公司生产的 110kV 及以上 CSC 系列保护装置由于管理插件中 61850 模块的计数器使用不当，在装置上电连续运行 1242 天后，会出现装置远方操作失败的问题。

3. "排雷"重点项目检查

常见的"排雷"检查项目如下：

（1）跳闸回路端子排连接片两侧未绝缘处理；

（2）硬压板接线柱塑料壳老化或开裂；

（3）检查大电流试验端子上下接线柱接线是否接反、接线柱接线是否松动，检查大电流试验端子短接孔是否滑牙。

4. 常规绝缘检查

（1）交流电流回路对地；

（2）线路电压回路对地；

（3）直流电源回路对地；

（4）直流出口回路；

（5）交流电源回路。

5. 屏柜螺丝紧固检查

检查柜内的连接线（连接片），应牢固、可靠，无松脱、折断；端子排上各连接片之间采用隔片隔离或至少保持 2mm 的间距；全回路螺丝均紧固并压接可靠；接地点应连接牢固且接地良好，并符合设计要求；尾纤、尾缆布置整齐，无挤压，备用光纤端口有防尘护套。

6. 屏蔽接地检查

按照规程规范检查保护屏内、一次设备引出线、电流回路、电压回路、端子箱内的接地是否符合要求。

7. 互感器参数检查

检查电流互感器回路编号、用途、变比、特性、极性；检查电压互感器回路编号、用途、变比、特性。

8. 空气开关级差检查

检查装置电源、控制电源、信号电源、交流电压等空气开关极差是否符合要求。

9. 保护整组试验检查

分别模拟母差保护动作、失灵保护动作，验证保护的动作和开关动作是否正确，传动试验要求传动开关并验证压板的唯一性。

10. 光口发送接收送功率检查（智能变电站）

检查保护装置发送接收送功率是否在允许范围。光波长 1300nm 光接口应满足光发送功率为 $-20\sim-14$dBm，光接收功率为 $-31\sim-14$dBm；光波长 850nm 光接口应满足光发送功率为 $-19\sim-10$dBm，光接收功率为 $-24\sim-10$dBm。

11. 软压板功能检查（智能变电站）

检查保护功能软压板、SV 接收软压板、GOOSE 出口软压板功能是否正确。

12. 保护定值检查

检查整定单上的装置型号和实际装置型号是否一致；检查整定单定值和装置定值是否一致；检查整定单上设备参数和电流/电压互感器等一次设备铭牌参数是否一致。

三、危险点及预控措施

（一）常规变电站

1. 危险点

（1）两套母差传动试验启动各边断路器保护失灵时，开关保护误动作跳运行设备；

（2）工作结束后，电流回路未恢复，造成电流回路开路；

（3）其余危险点与常规变电站线路间隔相同。

2. 预控措施

（1）断开 500kV Ⅱ 母电压互感器低压空气开关，并在断开点挂"禁止合闸，有人工作"标示牌；

（2）做好安全措施，执行《二次工作安全措施票》，出口回路含相应压板及端子排隔离断口；

（3）其余预控措施与常规变电站线路间隔相同。

（二）智能变电站

1. 危险点

（1）两套母差传动试验启动各边断路器保护失灵时，断路器保护误动作跳运行设备；

（2）其余危险点与智能变电站线路间隔相同；

2. 预控措施

（1）做好安全措施，执行《二次工作安全措施票》，出口回路含相应压板及端子排隔离断口；

（2）其余预控措施与智能变电站线路间隔相同。

第四节　缺　陷　处　理

一、线路间隔

（一）线路保护装置运行灯灭

1. 缺陷现象

某变电站线路保护装置"运行监视"灯灭，可能保护装置还显示出错报文。

2. 安全注意事项

首先应根据装置报文判断告警原因。当报文中存在程序出错信息时，保护装置实际是被闭锁的，应立即将保护改信号。工作前将保护改信号，防止在消缺时发生保护误出口的事故。若没有异常报文，工作前可不采取将保护改信号的措施。

3. 缺陷原因诊断及分析

装置运行灯灭的故障原因主要有：装置电源插件故障、面板故障、程序出错。

按以下步骤测试判断：若装置输入直流电压正常而输出不正常，则可判断为电源板故障；若装置直流电源输入、输出均正常，则可以判断仅为面板故障引起；若装置电源板、面板均正常，则可以判断可能为 CPU 插件故障引起运行灯闪烁。

4. 处理步骤

（1）电源插件故障。

工作前将保护改信号装置。断开保护装置直流电源，检查电源插件外观是否存在明显的故障点，使用转接插件，通电检查电源插件的输出电压是否正常。检查时应注意，使用万用表测量电压时，防止表棒线短路，不得带电插拔插件。

处理方案：若发现电源插件故障时，应立即更换电源插件。处理完毕后恢复保护装置运行。更换电源插件后进行相应检查，确保装置恢复正常。注意：新更换的电源插件直流电源额定电压应与原保护装置的直流电源额定电压一致；更换时应断开直流电源空气开关，严禁带电更换。

（2）面板故障。

若装置报文没有明显出错指示且装置面板告警灯不亮，则应检查装置面板是否存在故障，从而导致运行指示灯显示不正常。打开装置面板，查看装置面板及指示灯两端电压是否正常。注意检查时，应避免引起直流短路、表棒线搭壳等情况。

处理方案：若发现指示灯故障或面板上存在排线接触异常时，应进行更换。注意：更换面板时，需要确定面板的选型和版本是否匹配，防止因面板不匹配导致再次异常；更换面板后，为防止地址冲突，应先对新面板的通信地址、通信串口设置按原面板的参数进行设置，然后方可恢复通信线。更换面板后，可通过键盘试验、调定值、检查采样值等操作，检查新面板功能是否正常。

（3）程序出错。

当保护装置程序出错时，往往伴随着出现"告警"灯亮等现象。此时应根据告警类型，判断是否需要将保护改信号装置。若保护被闭锁，需将保护改信号装置。

处理方案：将保护改信号装置（断开装置直流电源）后，打开装置面板，进行如下检查：①查看各插件是否紧固；②检查装置 CPU 板上各芯片是否插紧；③检查装置内部温度是否过热，否则应采取散热措施。然后合上装置直流电源，重启装置，查看能否恢复正常。若不能恢复，则判断可能为 CPU 插件故障，更换 CPU 插件，进行相应的试验检查，更换前将保护改信号装置。

（二）线路保护装置电压异常或断线

1. 缺陷现象

某变电站线路保护装置"异常"灯亮，查看装置报文显示"电压断线"告警。

2. 安全注意事项

在电压断线条件下所有距离元件、零序方向元件、负序方向元件退出工作，纵联电流差动保护不受电压断线影响，可以继续工作，但电容电流补偿功能自动退出，一旦电压恢复正常，各元件将自动重新投入运行。双重化配置下需确认另一套保护运行正常后，检查保护改信号装置，防止两套保护同时失去。

3. 缺陷原因诊断及分析

保护装置电压断线或电压异常，原因主要有二次回路（包括电压切换回路故障）、空气开关故障和交流输入变换插件或采样模块故障。

按以下步骤测试判断：若空气开关上桩头输入电压也存在异常，则需要检查二次回路，进一步排除故障点；若存在空气开关自动跳闸，空气开关上桩头电压正常而下桩头电压不正常则可以判断为保护交流空气开关故障；若输入到保护装置的电压均正常，仅保护装置内采集显示电压不正常，则可以判断为保护装置的交流输入变换插件或者采样模块故障。

4. 处理步骤

（1）二次回路故障。

查找故障时采用分段查找的方法来确定故障部位。判断外部输入的交流电压是否正常。用万用表测量保护装置交流电压空气开关 ZKK 上桩头电压。若空气开关上桩头电压不正确，则检查装置电压切换插件回路的输入电压是否正常。若输入到电压切换插件电压不正常，则应先检查电压小母线至端子排的配线是否存在断线、绝缘破损、接触不良等情况。若输入到电压切换插件电压正常，则应检查切换后电压至保护装置空气开关上桩头之间的配线是否存在断线、绝缘破损、接触不良等情况。检查中注意不得引起电压回路短路、接地。

处理方案：对二次配线进行紧固或更换。特别要注意自屏顶小母线的配线更换时要先拆电源侧，再拆负荷侧；恢复时先恢复负荷侧，后恢复电源侧。

（2）空气开关故障。

若空气开关上桩头电压正常，则继续检查端子排内侧全保护装置交流插件的各个端子上的电压。若存在异常，则应先检查空气开关下桩头至端子排的配线是否存在断线、短路、绝缘破损、接触不良等情况。若上述回路没有存在断线、短路、绝缘破损、接触不良等情况，则可以判断为交流电压空气开关故障。

处理方案：更换交流电压空气开关。需要注意的方面：空气开关上桩头的配线带电，工作中注意用绝缘胶带包扎好；防止方向套脱落；不要引起屏上其余运用中的空气开关的误断，必要时用绝缘胶带进行隔离。更换完毕后，对二次线再次进行检查、紧固，并测量下桩头对地电阻。

（3）交流输入变换插件或采样模块故障。

若输入到保护装置的电压均正常，仅保护装置内采集显示电压不正常，则可以判断为保护装置的交流输入变换插件或者采样模块故障。

处理方案：交流输入变换插件包括交流电压及电流输入，因此，处理时保护装置失去作用，需停用整套微机保护装置，在对外部电流回路进行短接后才能开始消缺。断开保护装置直流空气开关后，取出交流输入变换插件或采样模块，检查电压小 TV，确认故障元件后进行更换或直接更换交流输入变换插件、采样模块。特别注意若更换插件，需要确定交流额定值符合要求（额定电流是 1A 还是 5A）。

（三）线路保护装置异常告警无法复归

1. 缺陷现象

某变电站线路保护装置告警且不能复归。

2. 安全注意事项

根据装置告警类型的不同，当发生Ⅰ类告警且复归无效时，保护出口被闭锁，插件故障的可能性较大，需要将保护改信号装置。开入异常的情况可根据处理过程中判断的故障部位，确定是否需要将保护改信号装置。

3. 缺陷原因诊断及分析

保护装置告警的主要原因有插件故障、外部开入异常、通道异常等。应根据告警类型，判断是否需要将保护改信号装置。若保护被闭锁，需将保护改信号装置。例如，四方保护告警分为Ⅰ、Ⅱ类告警，Ⅰ类告警是保护装置本身元件损坏或自检出错，为严重告警，保护装置出口被闭锁；Ⅱ类告警是外部开入异常、通道异常等告警，此时保护未失去保护功能。

按以下步骤测试判断：先查阅保护装置面板信息，若面板显示 DSP 出错或长期启动，则可以判断交流回路有故障或装置硬件有故障；若面板显示开入异常，则可以判断开入二次回路有故障；若面板显示保护通道中断、误码率高等异常信息，则可以初步判断保护通道有故障。

4. 处理步骤

（1）插件故障。

观察保护液晶面板显示的报文，根据代码表查看报文显示的内容。一般情况下，显示为"设置错误"或"定值错误"时，应重新根据定值单设置，观察是否能够恢复。若无法恢复，则有可能是插件故障引起。若显示无报文，则有可能是通信面板故障或电源故障。

处理方案：首先应对保护装置进行复归处理，观察是否恢复。若保护装置设置正确，故障仍未消除时，可关闭保护装置电源，对保护装置各插件重新紧固后再重启装置。若发现装置插件温度较高时，可采取散热、降温措施。最后才能考虑更换插件。

（2）外部开入异常。

外部开入主要分为交流回路及直流回路。根据报文显示，判断出错的外部回路。重点检查这些外部回路的二次配线及装置背板是否紧固等。应特别注意防止电流二次开路及误碰。使用万用表时需要注意选择合适的档位。若检查发现外部各回路输入到装置均正常时，则应怀疑保护装置开入插件故障。此时应首先将保护改信号装置再按照步骤（1）的方案处理。

处理方案：根据二次图纸，检查输入到保护装置的二次回路并进行处理。

（3）保护通道异常。

通道异常告警包括：纵联通道故障、纵联通道 3dB 告警、纵联通信设备告警。此时应将纵联保护改信号再进行检查。

处理方案：按照收发信机故障、光纤通道故障的处理步骤进行检查及处理。

注：除更换电源插件及保护装置面板外，其他插件更换后必须对保护装置的相关回路、保护功能进行试验后方可投运。

（四）线路保护动作指示不正确

1. 缺陷现象

线路保护动作指示灯、报文显示不正确。

2. 安全注意事项

线路保护动作指示灯显示不正确处理一般都需要将保护改信号或陪停线路，在检查之前，必须对线路保护的数据进行采集分析，开工前必须做好相应的二次安全措施，填写二次安全措施附页。

3. 缺陷原因诊断及分析

线路保护动作指示灯、报文显示不正确的主要原因有装置内部出现问题或二次回路接线错误、保护整定错误。

通过以下检查判断故障点：保护功能试验检查，功能不正常则可以判断为整定值设置错误或 CPU 插件、逻辑插件有故障；保护功能试验正常，而保护装置出口不正常，则可以判断为装置电源板故障；保护装置出口正常，但一次设备动作不正常，则可以判断为二次回路故障。

4. 处理步骤

（1）装置内部出现问题。

保护动作后，保护输出动作指示灯、各保护 CPU 会将本插件的所有出口信息送往通信面板 MMI，由 MMI 按时间顺序汇总后送往液晶显示屏显示及打印，打印机会打印这次保护动作报告和采样值，一般有哪几种保护启动和动作，保护动作报文序列按动作时间顺序排列，也可以从分 CPU 调取分报告，可以看出分 CPU 的动作过程（包括中间过程）和采样值，检查监控或 SOE 事件顺序记录是否符合保护动作报告所显示的内容，如果不符，则需要再次分析数据，直到找出原因。

处理方案：①针对实际动作行为与保护或操作箱指示灯不符，进行数据的综合分析；②根据动作报告模拟试验进行事故再现，看内部逻辑和保护报告、灯光信号是否与模拟一致；③重点检查内部逻辑配线和对插件进行测试，对错误接线及插件进行改正和更换。

（2）二次回路接线错误。

根据处理步骤（1）的分析判断，如果是二次接线错误，则根据试验数据判别问题所在，进行针对性地查找，如果判别不出则进行整个回路的查找。

处理方案：①根据竣工图和保护原理图对实际接线进行核对；②对错误接线进行改正前需要进行确认；③对改正后接线回路进行试验，确保动作逻辑、信号符合整定要求。

（3）保护整定错误。

核对保护所在定值区，与整定单应一致，检查并打印保护装置定值，对照整定单进行核对并进行更能试验。

处理方案：①确认整定定值区与先前整定一致；②按照整定单对保护进行功能性试验，核对整定值对保护动作的影响；③根据正确的整定值进行再次试验检查。

（五）光纤电流差动保护装置通道中断

1. 缺陷现象

某光纤电流差动保护装置发"通道 A（B）通信中断"报文，装置面板上"告警"灯常亮、"通道告警"灯亮。

2. 安全注意事项

线路两侧第一套纵联保护需改为信号状态，工作时需两侧配合进行。

3. 缺陷原因诊断及分析

光纤电流差动保护装置的光纤通道异常情况，故障原因主要有定值设置错误、光纤接口故障、光纤尾纤衰耗增加、光缆故障等。

通过以下检查判断故障点：保护装置自环测试，功能不正常则可以判断为整定值设置错误或保护装置硬件故障（包括装置光纤接口故障）；当光纤自环试验正常，可在光纤通信配线架处分别测试光纤通道的功率或自环后进行保护功能试验，功能不正常则可以判断为保护装置尾纤连接故障，当为复用通道时，可改在复用接口装置的 2M 电口自环，判断复用接口装置是否有异常；对侧光纤通信配线架处分别测试光纤通道的功率或自环本侧后进行保护功能试验，功能不正常则可以判断为通信设备或光缆连接故障。

4. 处理步骤

（1）定值设置错误。

首先应检查定值设置情况，包括通信速率、通信时钟、通道自环情况等。根据保护实际情况，检查"保护功能控制字"设置是否正确。

主机方式设置。应根据复用通道的不同类型设置成主机方式或从机方式。两侧装置必须一侧整定为主机方式，另一侧整定为从机方式。

双通道设置。此位置"1"时，通道 A、通道 B 任一通道故障时，报相应通道告警（只闭锁故障通道，不闭锁差动保护）；此位置"0"时，通道 A、通道 B 两个通道全故障时，才报通道告警。在采用双通道时，将此位置"1"；在采用单通道时，将此位置"0"。

通信时钟的设置。此位置"1"时，通道选择外时钟；此位置"0"时，通道选择内时钟。采用专用通道时，此位置"0"，复用 64k 通道时，此位置"1"。

通信速率的设置。此位置"1"时，通道 A 选择 2Mbit/s 速率；此位置"0"时，通道 A 选择 64kbit/s 速率。在采用专用通道时，此位置"1"。

通道自环试验。在做通道自环实验或通道远方环回实验时，将此位置"1"；正常运行时，必须将此位置"0"。

定值设置错误的处理方案：核对定值单，发现不符之处立即改正。

（2）光纤接口故障。

将保护装置光纤尾纤从光纤接口断开，注意记录 RX、TX 分别是哪根尾纤。修改保护定值控制字，进行光纤自环试验。自环试验时应将控制字"通道环回实验"位置"1"，定值设为"主机方式""内时钟"，将装置光纤口 RX、TX 用尾纤对接。若自环试验时，"通道告警"灯仍不能复归，则可判断为光纤接口故障。采用复用通道时，可将自环位置改在复用接口设备的 2M 电口上自环进行测试。

光纤接口故障的处理方案：CSC-103 系列线路保护装置是主后一体的线路保护装置，处理时需要停用第一套线路保护。关闭保护装置电源，更换光纤接口插件。再次进行光纤自环试验，确认"通道告警"灯能够恢复时，再恢复光纤尾纤。

（3）光纤尾纤衰耗增加。

当光纤自环试验正常，可在保护装置光纤接口处、光纤通信配线架处分别测试光纤通道的功率，需要两侧配合测试。通过实测本侧（对侧）的发信功率、收信功率，比对两侧光纤通道的衰耗，判断是否由于光纤尾纤衰耗增加或光缆故障引起通道中断。一般 1310nm 波长发信功率为–14dBm，接收灵敏度–40dBm，应保证收信裕度在 8dBm 以上（收信裕度=收信功率–接收灵敏度）。若接收灵敏度不满足要求，应检查光纤通道的衰耗与光纤通道的实际长度，一般尾纤衰耗 2dBm 以内，波长 1310nm 衰耗为 0.35dBm/km。

光纤尾纤衰耗增加的处理方案：光纤尾纤在保护屏内往往由于转折点多、放置不够规范等原因造成衰耗增加。首先应使用备用尾纤进行试验，以便尽快恢复。若无备用尾纤，则应仔细检查尾纤的放置，不得出现过大的转折和绑扎过紧等情况。对尾纤头部用专用工具进行清洁，再测量其衰耗。若尾纤头部已无法处理，可重新焊接光纤头或更换保护屏至光纤通信配线架的尾纤。

（4）光缆故障。

当检查光纤尾纤没有出现衰耗过大的情况，而光纤通信配线架处的光信号功率却很低时，应询问对侧的发信功率是否正常。若对侧也没有问题，则可判断为光缆通道上存在故障。

光缆故障的处理方案：需要通信专业配合检查光缆终端塔、光电通信配线架等处的光线熔接情况，以及光信号功率，综合判断故障点。

（六）线路保护装置通信中断

1. 缺陷现象

变电站监控后台线路保护通信中断。

2. 安全事项

线路保护通信中断处理时，对不能停电处理的必须加强监护，防止走错间隔或误碰，做好措施或申请调度，避免通信中断范围扩大甚至全部断开。

3. 缺陷原因诊断及分析

线路保护通信中断的主要原因有保护装置与自动化系统的通信出现问题，保护装置通信接口模块故障，保护装置通信面板故障，交换机、HUB 或规约转换装置故障。

可作以下分析判断：①面板显示正常，一般由外部通信故障引起中断，检查通信线、端子接线、通信接口设备和保护管理机；②黑屏且直流失电告警信号出现，必定为装置电源失去或者电源插件故障；③黑屏或面板乱码、闪烁，可能为面板故障或电源插件故障。

4. 处理步骤

（1）保护装置通信接口模块故障、通信接线松动。

先检查保护装置至保护管理机之间的接线是否牢固、完好，保护管理机通信指示灯是否正常，保护装置面板显示是否正常，是否出现通信模块故障或是装置故障的告警。

处理方案：①对相应的装置通信接线进行紧固；②对保护装置进行重启；③更换相关装置模块，或对告警灯重新复归处理等。

（2）保护装置通信面板故障。

保护装置通信通信面板故障会导致通信面板与 CPU 通信中断。

处理方案：①检查保护装置否有报文或异常报文，对报文数据进行分析，根据故障码来进行相应处理；②对保护装置进行重启，如果还没有恢复，则需要更换保护面板；③检查保护装置直流电源模块输出是否符合要求，如果不对则应更换。

（3）交换机、HUB 或规约转换装置故障。

交换机、HUB 或规约转换装置故障会造成单网络中断或是双网络中断，保护小室内的单一或所有保护装置、测控装置的通信全部中断。

处理方案：①对网络传输设备及其接线进行排查，整固接线或进行重新插紧；②检查交换机、HUB 及规约转换装置（包括站控层）信号灯指示是否正常，如停止不动，则说明无交换数据，对相应装置进行重启，如果不行，测量其电源及电源模块输出是否正常；③更换相关装置的直流电源模块。

（七）操作箱指示灯异常

1. 缺陷现象

操作箱指示灯不正常，运行灯闪灭（闪烁），装置面板位置灯指示与开关实际位置不对应。

2. 安全注意事项

首先在开关运行的前提下，检查操作箱背板端子排和保护屏端子排上有无异常，并插紧操作箱各插件和紧固回路上的螺丝。工作中不得断开操作箱电源和取出操作箱内插件，在紧固螺丝时防止短接回路。若操作箱位置指示灯依旧显示不正常，为防止开关在无保护下运行，需要将对应间隔改冷备用进行检查。工作前需做好安全措施，断开出口压板和连跳回路，并用红色绝缘胶布包好，防止误碰出口。

3. 缺陷原因诊断及分析

操作箱指示灯不正常，往往是由于操作箱电源模块故障，开入插件故障，二次回路故障或开关位置继电器辅助接点故障等原因造成。运行灯闪灭（闪烁）故障往往是操作箱电源模块故障。

通过以下检查判断故障点：测试开入回路直流电压，若开入正电源为 0，则可以判断操作箱电源板有故障；若外部开入正常，但保护装置显示开入异常，则可以判断操作箱开入插件故障引起；若装置背板开入不正常，端子相处开入接点通断正常，则可以判断为二次回路故障；若一次设备机构箱除测试通断与运行状态不一致，则可以判断指示灯异常是由于开关位置辅助接点故障引起。

4. 处理步骤

（1）操作箱电源模块故障。

一般情况下除了位置指示灯或运行灯不正常，其他指示灯均有不正常现象的话，首先检查操作箱电源模块是否正常。空气开关在打开和投入时，分别用万用表直流档测量空气开关上桩头和下桩头端子输出电压是否正确。如不正确，则需要更换空气开关。如果正确，则需要检查操作箱内部是否接触良好，并测量操作箱电源模块是否正常。投入空气井关，测量操作箱电源接入点是否有正确电压接入。断开空气开关，取出操作箱电源插件，检查是否有电容烧毁、电阻熔断或发热痕迹。

处理方案：如果是操作箱空气开关故障，则及时更换空气开关，空气开关容量应符合要求。工作中防止短路发生。如果是操作箱内部故障，将保护改信号装置后，可拉开装置直流电源，打开装置面板，进行如下检查：①查看各插件是否紧固；②检查装置 CPU 板上各芯片是否插紧；③检查装置内部温度是否过热，否则应采取散热措施。然后合上装置直流电源，重启装置，查看能否恢复正常。若不能恢复，测量操作箱电源插件各点是否正常，有无短路现象。更换电源插件后进行相应检查，确保装置恢复正常。注意：新更换的电源插件直流电源额定电压应与原保护装置的直流电源额定电压一致。

（2）开入插件故障。

如果只有位置指示灯不正常，其他指示灯正常，则可能是开入插件故障。按照步骤（1）检查电源模块是否正确，在端子排外侧拆开开关位置开入接点，并用红色胶布包好。用短接线短接开入端子，查看指示灯是否正确动作。如果指示灯不正确，则开入插件故障。

处理方案：拉开装置直流电源，打开装置面板，直接更换开入插件，并确认插件完全插紧，并合上装置直流电源重启，查看是否恢复正常。

（3）二次回路故障。

按照步骤（1）、（2）检查装置是否故障。如果装置正常，检查其外部二次回路。用万用表测量回路各点对地电位，并仔细查看端子排是否有锈蚀、短路、螺丝松动等情况。

处理方案：检查电源回路各点电压是否正常，电缆有无破损或者短路，并重新紧固各回路点螺丝，再次测量各回路接点对地电位。

（4）开关位置继电器辅助接点故障。

确认二次设备及二次回路正常后，检查开关一次设备。拆开端子排外侧开关位置继电器辅助接点，并用红色绝缘胶布包好。用万用表电阻档测量继电器输出接点的通断情况，并分合开关几次。如果接点的常开和常闭接点同时通或断，或一副接点始终没有变化，则位置继电器故障。

处理方案：测量继电器其他空余端子输出接点是否正确。如果正确，则可以将二次线接入到空余端子。如果没有多余空余端子，则需要更换位置继电器。更换时，需将拆开的端子用红色胶布包好。更换好后进行带开关试验，确认开关位置继电器到操作箱指示灯均正确。

（八）保护装置 GOOSE 链路断链（智能变电站）

1. 缺陷现象

后台报"GOOSE 链路中断"，装置"告警"灯亮。

2. 安全注意事项

根据报文及后台链路图判断线路保护接受 GOOSE 信号断链具体链路，涉及智能终端或其他保护（如母线保护）的，如有需要将相应保护及线路保护改信号。涉及组网交换机的，需确认交换机流转信息影响哪些设备，根据实际情况进行安措执行。

3. 缺陷原因诊断及分析

线路保护装置 GOOSE 链路中断，故障原因主要有：

（1）保护装置及智能终端故障：软件运行异常、光口板、CPU 板故障。

（2）物理链路故障：光纤松动、衰耗大。

（3）交换机故障：软件故障，硬件故障。

检查后台信号，确定该 GOOSE 的其他接收方（测控、终端等）通信正常，则线路保护接收 GOOSE 异常；若其他接收方均出现异常，则判断交换机或源头装置故障。若线路保护侧异常，首先检查光纤是否完好，光纤衰耗、光功率是否正常；若异常，则判断光纤或熔接口故障。若光纤各参数正常，可在交换机发送端光纤处抓包，若报文异常则交换机故障或母线保护故障；若数据正常，则线路保护本身出现故障。

4. 处理步骤

（1）装置故障。

若判断为硬件故障，则更换相应插件后进行完整的保护试验验证；若判断为软件缺陷，则进行软件升级处理，升级完成后进行完整的保护试验；若为光口故障，则根据配置情况更换光口，更换后检查各装置链路是否正常。

（2）物理链路故障。

通过报文的抓取，若判断为物理链路中断，确认中断点，更换对应的备用光纤，若无备用芯则需要重新更换光缆，更换后测试光功率是否正常并检查各装置链路是否恢复。

（3）交换机故障。

当检查发现交换机整机故障、各光口均无数据灯亮情况，则判断交换机装置故障。确认交换机电源模块是否异常，用调试电脑登录交换机看具体故障信息，若无法恢复，则考虑更换交换机，更换后核对相应装置链路及信号正确性。

若交换机其余光口均正常，仅线路保护侧光口无法正常运行，则考虑更换交换机备用光口，确认交换机备用光口是否划分 VLAN，需要时需进行交换机 VLAN 划分工作，更换光口后测试相关链路是否恢复，报文是否正确。

二、主变压器间隔

（一）变压器保护电流断线

1. 缺陷现象

保护装置"告警"灯亮，查看报文显示"TA 断线"告警。

2. 安全注意事项

电流断线告警处理时需要加强监护，防止电流互感器开路、短路造成保护其他异常、动作。处理前将保护改信号，做好隔离措施。

3. 缺陷原因诊断及分析

变压器保护装置电流断线原因主要有交流插件或采样模块坏，电流回路断线，电流互感器二次侧无输出，设计回路异常。

按以下步骤测试判断：对保护装置背板电流输入线用钳形电流表进行测试，若钳形表显示正常而保护装置显示不正常，则可以判断为装置内部（交流变换插件、采样模块）故障；若钳形表显示不正常，则进一步到端子箱处用钳形表测试，电流显示正常则可以判断问题在二次回路上；若此处也不正常，则可以判断问题电流互感器本体故障或本体上接线错误。

4. 处理步骤

（1）保护装置交流插件及模数变换插件 VFC 板坏。

首先检查保护装置面板显示各相电流大小，与钳形表测量的输入回路电流大小进行比较，当实际测各侧电流都有输入、而 LCD 显示有效值显示某相确无电流，可以确认是保护装置交流插件或模数变换插件损坏。

处理方案：如果不停电处理，则需要先停用变压器保护，短接各侧电流输入并接地，再断开装置交流电流回路连接片，分别更换好交流插件或者模数变化插件后，加模拟量来调整刻度，同时观察 LCD 显示有效值是否与模拟量一致。

（2）二次交流电流断线。

用钳形表测量保护屏有无输入电流，当测量某相无输入电流且 LCD 显示也无，基本可确定二次电流回路存在问题。

处理方案：首先从开关端子箱处测量电流互感器二次侧有无输入，当要短接电流回路进行测量回路绝缘电阻或测试回路是否导通时，需要停用变压器保护或者停电处理，只有在主变压器停电或停用变压器保护后，才能在二次电流回路上做上述检查工作，用仪器或万用表来测量电流回路电缆绝缘电阻大小或是否断线。

（3）电流互感器二次侧无输出。

当确认变压器保护装置和二次回路无异常，则需要使用钳形表测量开关端子箱处电流互感器二次侧有无输出电流，如果在开关端子箱隔离输入保护屏电流回路后测量电流互感器二次侧无电流，则判断为电流互感器异常或电流互感器二次引出电缆断线。

处理方案：无输出电流则检修开关，检查电流互感器，进行变比试验，有问题则予以更换。

（二）变压器差动保护装置差流越限告警

1. 缺陷现象

装置面板"报警"灯亮且无法复归。装置显示报文：差流越限，监控后台报"差动保护差流越限"。

2. 安全注意事项

差动保护差流越限，应立即采取措施，及时进行处理。处理时应根据情况做安措：①保护装置插件故障、定值问题时，必须停用差动保护，并做好相关试验；②需对电流二次回路处理时必须停用差动保护，并防止 TA 二次开路。

3. 缺陷原因诊断及分析

变压器保护装置运行时有差流，故障原因主要有装置电流插件故障、定值设置错误、运行状态引起、电流二次回路异常，按以下步骤测试判断：①对保护装置背板电流输入线用钳形电流表进行测试，若钳形表显示而正常而保护装置显示不正常，则可以判断为装置内部（交流变换插件、采样模块）故障；②若钳形表显示不正常，则进一步到端子箱处用钳形表测试，电流显示正常则可以判断问题在二次回路上；③若此处也不正常，则可以判断问题电流互感器本体故障或本体上接线错误，特别注意电流大小和方向与变压器的变比、接线组别、电流互感器的变比、接线和保护装置的原理（转角方式和平衡系数）有关。

4. 处理步骤

（1）保护装置插件故障。

使用钳形电流表，测量交流插件的输入电流是否正常。如各侧电流输入均正常，将钳形表所得数据与保护装置采样数据比较，以确定交流采样插件板好坏。

处理方案：①若发现交流插件故障时，应立即更换电流插件，更换时应短接电流回路，防止电流回路开路，处理完毕后恢复保护装置运行；②对于保护装置采样有 CPU 和 DSP 显示的，如 CPU 和 DSP 显示其中之一无，则检查更换低通滤波插件。注意更换时应断开直流电源空气开关，严禁带电更换。

若未更换 CPU 插件，仅需做刻度及电流平衡试验，否则按全校要求做好相关试验。

（2）定值设置错误或运行状态引起。

主变压器保护装置三相有差流，用钳形电流表测试主变压器各侧实际负荷电流，如保护装置电流测量显示与钳形表显示一致，可判断电流输入回路正常，保护装置交流插件正常，初步判断有两种可能：①设置错误；②运行状态调整引起。

处理方案：将保护改信号装置后，进行二次通流试验，检查主变压器各侧通入的电流与保护装置显示是否一致，同时检查通流侧的实际变比与整定变比是否一致。

处理过程：重新整定保护装置电流变比，二次通流试验正常；有载调压变压器在运行当中需要经常改变分接头来调整电压，这样实际上改变了变压器的变比。差动保护的归算是按照额定或实际最有可能运行的电压来计算的。这样分接头位置改变后，会导致不平衡电流的产生。

（3）二次回路异常。

当检查发现保护屏处测得电流值与开关端子箱处电流值不一致时，可判断开关端子箱至保护屏的电流回路有问题。应重点检查二次回路上各屏、端子箱内的电流端子排连接片、大电流端子短接情况，进行紧固处理。检查电流回路连接电缆、配线、接地等是否有明显的松动、铜线搭壳、绝缘破损等情况，并进行处理。

若保护屏处测得电流值与开关端子箱处电流值一致，但某相电流仍异常，则必须停电处理。

处理方案：当发现存在回路端子松动、连接不良等情况时，应进行紧固。对于电流端子，应特别注意二次接线的压接情况，防止因为电缆芯剥离较短而压接在电缆芯绝缘皮上的情况。在这种情况下，往往表现为电流不平衡，出现似通非通的现象。对于大电流端子，不仅要检查是否紧固，更要注意是否存在大电流端子断裂、二次配线上存在铜丝搭壳的现象。

当发现在二次回路上存在大电流端子断裂、电流端子排坏的情况，必须进行更换时，应根据现场实际情况，充分考虑可操作性和安全性，申请合适的设备状态进行处理。设备条件允许时，应停电处理。若无法停电处理，必须做好防止电流二次回路开路的措施，进行更换端子排或大电流端子的操作。

若电流互感器至开关端子箱处电缆有问题，必须停电处理。对电流互感器二次接线引出处进行检查，对该电缆的整体绝缘进行检查。若接线及绝缘检查正常，则需对电流互感器进行试验，确认电流互感器是否需要更换。

（三）保护装置 GOOSE 链路中断（智能变电站）

1. 缺陷现象

后台报"GOOSE 链路中断"，装置"告警"灯亮。

2. 安全注意事项

根据报文判断主变压器保护接受 GOOSE 断链信号的具体链路，涉及智能终端或其他保护（如母线保护）的如有需要将相应保护及主变压器保护改信号。涉及组网交换机的需确认交换机流转信息影响哪些设备，根据实际情况进行安措执行。

3. 缺陷原因诊断及分析

变压器保护装置 GOOSE 链路中断，故障原因主要有：

（1）保护装置及智能终端故障：软件运行异常，光口板、CPU 板故障；

（2）物理链路故障：光纤松动、衰耗大；

（3）交换机故障：软件故障，硬件故障。

检查后台信号，确定该 GOOSE 的其他接收方（测控、终端等）通信正常，则主变压器保护接收 GOOSE 异常；若其他接收方均出现异常，则判断交换机或源头装置故障。若主变压器保护侧异常，首先检查光纤是否完好，光纤衰耗、光功率是否正常；若异常，则判断光纤或熔接口故障。若光纤各参数正常，可在交换机发送端光纤处抓包，若报文异常则交换机故障或母线保护故障；若数据正常，则主变压器保护本身出现故障。

4. 处理步骤

（1）装置故障。

若判断为硬件故障，则更换相应插件后进行完整的保护试验验证；若判断为软件缺陷，则进行软件升级处理，升级完成后进行完整的保护试验；若为光口故障，则根据配置情况更换光口，更换后检查各装置链路是否正常。

（2）物理链路故障。

通过报文的抓取，若判断为物理链路中断，确认中断点，更换对应的备用光纤，若无备用芯则需要重新更换光缆，更换后测试光功率是否正常并检查各装置链路是否恢复。

（3）交换机故障。

当检查发现交换机整机故障、各光口均无数据灯亮时，则判断交换机装置故障。确认交换机电源模块是否异常，用调试电脑登录交换机看具体故障信息，若无法恢复，则考虑更换交换机，更换后核对相应装置链路及信号正确性。

若交换机其余光口均正常，仅涉及主变压器保护侧光口无法正常运行，则考虑更换交换机备用光口，确认交换机备用光口是否划分 VLAN，需要时需进行交换机 VLAN 划分工作，更换光口后测试相关链路是否恢复，报文是否正确。

（四）保护装置对时异常

1. 缺陷现象

装置发"对时异常"信号至后台。

2. 安全注意事项

保护装置保护相关逻辑运行均不依赖于对时信号，对时信号只影响报文的时间。一般情况下处理该缺陷不需要停役相关设备，若需更换插件，则相应保护改信号。

3. 缺陷原因诊断及分析

变压器保护装置对时异常，故障原因主要有：①对时装置故障；②保护装置的对时模件故障；③对时电缆故障。

检查后台，若有多台装置同时报对时异常信号，则可能是对时装置出现故障。如果只有本装置报对时异常信号，则检查直流 B 码电压是否正常。如果更换直流 B 码接线后仍不能对时正常，需要更换对时模件。

4. 处理步骤

（1）对时装置故障。若 GPS 对时装置故障，则更换 GPS 装置或天线，更换后查看全站装置对时信号。

（2）对时电缆故障。检查直流 B 码电压是否正常，若对时装置部分发送接点有问题，可以先更换备用对时输出接点，更换后查看装置对时信号是否恢复。若发出端正常、接收端测不到电压，则更换直流 B 码接线，更换后查看装置对时信号是否恢复。

（3）保护装置的对时模件故障。若保护装置对时模件故障，则更换对时板件，更换后查看对时信号是否正常。

（五）本体保护装置本体信号异常

1. 缺陷现象

非电量保护装置本体信号无法复归，告警灯常亮。

2. 安全注意事项

首先通过本体保护装置和后台监控对保护装置进行检查，初步判断是一次故障还是二次故障。如果是保护装置或二次回路故障，则断开各出口压板，防止误出口。在保护屏端子排上进行测量时，要防止误碰出口回路或误短路直流回路，特别是通过转接板引出插件进行电压测量时，务必要仔细小心，防止回路短路造成板件器件烧毁。如果是主变压器本体相关设备或继电器故障，则需要将主变压器停运，配合一次工作进行检查。如需要上主变压器工作时，做好相应的安全措施。

3. 缺陷原因诊断及分析

本体信号无法复归说明故障长期存在，需要结合主变压器本体保护实际动作情况和后台监控显示进行检查。

按以下步骤测试判断：①如果主变压器异常动作且未自动复归，且与非电量保护装置本体保护信号一致，则发信正确；②如果主变压器运行正常，非电量保护装置本体保护信号无法复归，一般情况下可能是由于装置内部插件故障，二次回路故障或本体保护相关继电器接点粘连等。

4. 处理步骤

（1）装置内部故障。

首先确定保护装置内部是否正确动作。先确认断开本体保护所有出口压板后，检查装置接入电源是否正确，并在端子排外侧拆开从主变压器来的二次开入回路，并用绝缘胶布包好。然后用短接线短接开入接点和正电源，并检查动作灯是否亮，按下复归按钮后动作灯是否复归。如果无法复归，则本体保护装置内部有故障。打开面板，拔出开入插件后检查是否有线圈、电容器件等烧毁痕迹或插件表面温度过高，用转接板引出插件，测量其有无输出电压来判断插件的好坏。

处理方案：首先确保装置电源空气开关断开，插入新的插件后确保插件已完全插入；更换好插件后，重新短接开入接点并复归进行试验，确认保护发信灯可以复归。

（2）二次回路故障。

按照前面步骤检查装置是否故障。如果装置正常，检查其外部二次回路。用万用表测量回路各点对地电位，并仔细查看端子排是否有锈蚀、短路、螺丝松动等情况。

处理方案：首先检查电源回路各点电压是否正常，电缆有无破损或者短路，并重新旋紧各回路点螺丝；再次测量各回路接点对地电位。

（3）本体保护继电器接点粘连。

按照前面步骤判断二次设备和二次回路有无故障。如果均无故障，则需要到主变压器本体上进行检查。工作前需将主变压器置检修状态。根据信号灯检查相应本体装置与回路。如瓦斯信号灯动作，需到主变压器上手动检查气体继电器是否动作、接点是否粘连、接点能否复归等。在主变压器上工作需做好相应的安全措施。

处理方案：断开相关本体保护继电器输出回路的接点。如果保护上信号复归，而本体上输出接点始终闭合，则可以判断为继电器内部接点粘连，需及时更换相关配件。更换后再进行相关保护回路的调试，确认保护装置和后台监控均正确动作后方可投运主变压器。

（六）主变压器保护失灵联跳开入报警

1. 缺陷现象

主变压器保护显示"失灵联跳长期开入"，告警灯常亮。

2. 安全注意事项

主变压器保护显示"失灵联跳长期开入"，需尽快查出原因，避免主变压器保护不正确动作，根据故障原因可申请改变运行方式。

3. 缺陷原因诊断及分析

主变压器保护高压侧、中压侧任何一侧失灵联跳开入超过 3s 后，装置报"失灵联跳开入报警"，并闭锁失灵联跳功能。

按以下步骤测试判断：如果"失灵联跳长期开入"报警一直存在且未自动复归，同时检查母差保护或其他失灵保护装置的动作报文，如果母差保护或其他失灵保护装置报"失灵联跳"，则发信正确，需要进一步确认装置内部插件、二次回路是否存在故障或相关继电器接点粘连。

4. 处理步骤

（1）开出端装置内部故障。

首先确定开出端保护装置（断路器保护、母差保护）出口继电器是否动作。通过断开出口负端回路、测量出口负端端子排电位判断是否为开出端装置内部故障。

处理方案：首先将开出端保护装置改信号，重启开出端保护装置电源，检查装置开出是否正常。若无法复归，则需更换保护装置开出插件。更换插件后，重新检查装置开出是否正常，并检查主变压器保护异常是否恢复。

（2）二次回路故障。

按照前面步骤检查装置是否故障。如果装置正常，检查其外部二次回路。断开接收端装置负端回路，用万用表测量负端电缆对地电位是否正确。

处理方案：首先检查回路各点电压是否正常，电缆有无破损或者短路，将对应正端或者负端电缆芯更换备用芯，并检查主变压器保护异常是否恢复。

（3）主变压器保护开入插件故障。

按照前面步骤检查二次回路是否有故障，如果二次回路正常，即在二次回路接线完好情况下接收端装置开入电位为负电，则判断为主变压器保护开入插件故障。

处理方案：首先检查主变压器保护开入（"失灵联跳长期开入"）这副点位的电位正负情况，若为负电，则判断为主变压器保护开入插件故障，将接收端保护装置即主变压器保护改信号，重启接收端保护装置电源，检查装置开入是否正常。若无法复归，则需更换保护装置开入插件。更换好插件后，重新检查装置开入是否正常，并检查主变压器保护异常是否恢复。

三、母线间隔

（一）母线保护装置面板显示异常

1. 缺陷现象

母线保护装置屏幕闪烁、显示断码或黑屏。

2. 安全注意事项

根据装置原理，母线保护装置黑屏且通信中断时，若电源回路有问题，则保护功能会失去。工作前应停用该母线保护，防止在消缺时保护误动。

安全措施：停用母线保护。

3. 缺陷原因诊断及分析

保护装置黑屏且伴随通信中断、直流失电告警信号的出现，往往是由于装置电源失去或者电源插件故障等原因引起的。若没有通信中断、直流失电信号，则可能是面板故障。

按以下步骤测试判断：测量装置电源输入，如不正常则可判断面板异常是由于电源回路故障引起；若装置输入直流电压正常而输出不正常，则可判断为电源板故障；若装置直流电源输入、输出均正常，则可以判断仅为面板故障引起黑屏。

4. 处理步骤

（1）电源故障。

判断外部输入到保护装置的直流电源是否正常。使用万用表直流电压档测量保护装置直流电源空气开关 DK 上桩头电压是否正常。若空气开关上桩头电压不正常，则应首先检查直流电压小母线至端子排的配线是否存在断线、短路、绝缘破损、接触不良等情况（不考虑全站直流电压异常的情况）。若空气开关上桩头电压正常，则应检查空气开关下桩头电压是否正常，进而检查空气开关下桩头至保护装置之间的配线是否存在断线、短路、绝缘破损、接触不良等情况。从而确定是否由于配线或空气开关故障引起的直流电源异常。检查中不得引起电压回路短路、接地。

处理方案：更换空气开关或整理、更换配线。更换自屏顶小母线的配线时要先拆电源侧、再拆负荷侧；恢复时先恢复负荷侧、后恢复电源侧。

（2）保护装置电源插件故障。

若检查输入到保护装置的电源正常，则应继续检查保护装置电源插件是否正常。断开保护装置直流电源，检查电源插件外观是否存在明显的故障点。使用转接插件，通电检查电源插件的输出电压是否正常。使用万用表测量电压时，要防止表棒线短路，不得带电插拔插件。

处理方案：若发现电源插件故障时，应立即更换电源插件。处理完毕后恢复保护装置运行，并告知市调和省调保护功能已恢复。更换时应断开直流电源空气开关，严禁带电更换。

（3）面板故障。

若缺陷现象仅表现为黑屏，且没有装置通信中断或直流失电的告警信号，说明装置运行正常，那么黑屏的可能性只能存在于显示部分。打开保护装置前面板，检查液晶显示屏的数据线是否插紧，液晶屏的电源是否正常。或更换排线后看液晶是否有显示，如果有则说明是排线故障，在排除排线故障情况下一般可能是液晶板坏，要予以更换。

处理方案：断开保护装置直流电源空气开关，断开面板通信线，取出面板并进行相关检查，更换故障元件或直接更换面板。更换后合上保护装置直流电源空气开关，进行相关测试确认面板恢复正常。

注意：更换面板时，需要确定面板的选型和版本是否匹配，防止因面板不匹配导致再次异常；更换面板后，为防止地址冲突，应先对新面板的通信地址、通信串口按原面板的参数进行设置，然后方可恢复通信线。更换面板后，可采取键盘试验、调定值、检查采样值等操作，检查新面板功能是否正常。

（二）母线保护装置 TA 断线告警/闭锁

1. 缺陷现象

微机型母差保护"装置告警"灯点亮。

2. 安全注意事项

当报文显示为"电流回路断线"时，母线保护被闭锁，应立即汇报市调和省调，告知保护装置缺陷情况，以便及时采取措施。若报文为"电流回路异常"，保护本身不会被闭锁，可直接处理。工作前将母差保护改信号，防止在消缺时发生保护误动。

首先应根据装置报文判断异常的电流回路属于哪个间隔；然后应根据该间隔本身的保护、测控装置显示的电流量与母线保护显示的电流量进行综合判断，是否属于该间隔电流互感器一次设备输出的问题。若属于电流互感器问题，应停电处理。

安全措施：母线保护改信号。

3. 缺陷原因诊断及分析

（1）TA 断线闭锁。

差电流大于 TA 断线闭锁定值，延时 9s 发 TA 断线信号，告警发出后闭锁差动保护。电流回路正常后，0.9s 自动恢复正常运行。TA 断线闭锁分相判别、分相闭锁。TA 断线闭锁逻辑框图如图 12-1 所示。

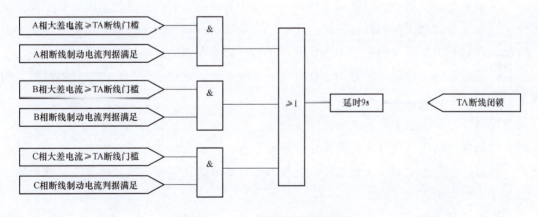

图 12-1 TA 断线闭锁逻辑框图

（2）TA 断线告警。

为提高 TA 断线灵敏度，增加 TA 告警逻辑。当差电流大于 TA 告警定值，延时 9s 发 TA 告警信号，但不闭锁差动保护。电流回路正常后，0.9s 自动恢复正常运行。TA 断线告警逻辑框图如图 12-2 所示。

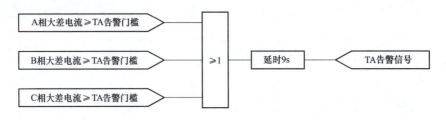

图 12-2 TA 断线告警逻辑框图

电流回路异常（断线）报警且无法复归，说明电流回路存在异常，可能是电流回路有断线或者不平衡等情况出现。应结合装置显示的报文来综合判断具体的故障线路。故障原因主要有装置电流插件故障、定值设置错误（电流系数）、电流二次回路有寄生回路、母联电流变比及伏安特性不匹配等。

通过钳形表测试装置电流输入，若与一次实际值不一致，则判断可能为电流二次回路故障；若钳形表的显示与一次实际值一致，但装置采样显示与一次值不一致，则判断可能为保护装置交流插件故障；若保护装置输入的电流量完全正常，而报文中却出现电流回路告警信号时，则可能为保护装置的定值设置错误。

4．处理步骤

（1）二次回路故障。

应重点检查二次回路上各屏、端子箱内的电流端子排连接片、大电流端子短接情况，进行紧固处理。检查电流回路连接电缆、配线、接地等是否有明显的松动、绝缘破损等情况，并进行处理。

处理方案：当发现存在回路端子松动、连接不良等情况时，应进行紧固。对于电流端子，应特别注意二次接线的压接情况，防止因为电缆芯剥离较短而压接在电缆芯绝缘皮上的情况。在这种情况下，往往表现为电流不平衡、似通非通的现象。对于大电流端子，不仅要检查是否紧固，更要注意是否存在大电流端子断裂、二次配线上存在软线铜丝搭壳的现象。

当发现在二次回路上存在大电流端子断裂、电流端子排坏的情况，必须进行更换时，应根据现场实际情况，充分考虑可操作性和安全性，申请合适的设备状态进行处理。设备条件允许时，应停电处理。若无法停电处理，必须做好防止电流二次回路开路的措施后，更换端子排或大电流端子。

（2）交流插件故障。

使用钳形电流表，检查交流插件的输入电流是否正常。如各侧电流输入均正常，用钳形表所得数据与保护装置采样数据比较，以确定交流采样插件板号。

处理方案：若发现交流插件故障时，应立即更换电流插件，更换时应短接电流回路，防止电流回路开路。处理完毕后恢复保护装置运行。对于保护装置采样有 CPU 和 DSP 显示的，如 CPU 和 DSP 显示其中之一无，则检查更换低通滤波插件。更换时应断开直流电源空气开关，严禁带电更换。

（3）定值设置错误。

当检查到保护装置输入的电流量完全正常，而报文中却出现电流回路告警信号时，应先检查保护装置的定值设置。查看装置"系统参数定值"，根据各间隔实际电流互感器变比与装置设置的"电流调整系数"进行综合判断。RCS-915 系列母线保护中，选取各支路中多数相同的电流互感器变比"调整系数"为 1，不同变比的支路按比例设置，特别是没有用到的支路的调整系数设置为"0"。

处理方案：应根据装置系统参数设置，判断各支路应设置的"电流调整系数"值，如发现设置错误应予以改正。当系统参数定值整定后，母差保护定值或失灵保护定值必须重新整定，否则装置会认为该区定值无效。应对母差保护定值或失灵保护定值重新执行整定程序，即查看定值后不按"ESC"直接退出，按"ENT"键并输入密码，完成整定后返回。处理完毕后，告警现象应消失。

（三）母线保护运行灯灭（闪烁）

1. 适用范围

微机母线差动保护。

2. 缺陷现象

母线保护运行灯灭（闪烁）。保护装置面板"告警"灯亮。装置显示内存（程序、定值）出错或定值无效等报文。

3. 安全注意事项

首先应根据装置报文判断告警原因。当报文中存在内存（程序、定值）出错或定值无效等信息时，保护装置实际是被闭锁的，应立即汇报市调和省调，告知保护装置缺陷情况，以便及时采取措施。工作前停用该母线保护，防止在消缺时发生保护误出口的事故。若没有异常报文，工作前可不采取将保护改信号的措施。

安全措施：停用母线保护（视情况而定）。

4. 缺陷原因诊断及分析

保护装置运行灯灭（闪烁），往往是由于装置定值出错引起的。其他情况下，应根据装置显示的报文来综合判断是否存在装置 CPU 插件故障或者由于面板故障引起运行指示灯不正常。

若装置输入直流电压正常而输出不正常，则可判断为电源板故障；若装置直流电源输入、输出均正常，则可以判断仅为面板故障引起；若装置电源板、面板均正常，则可以判断可能为 CPU 插件故障引起运行灯闪烁。

5. 处理步骤

（1）装置定值出错。

南瑞继保的保护装置定值在定值区号或系统参数定值整定后，母差保护定值或失灵保护定值必须重新整定，否则装置会认为该区定值无效。装置运行灯灭，并显示报文"该区定值无效"。当出现此报文后，应认真核对定值单，检查装置内定值区号、系统参数定值是否和整定单一致。

处理方案：若装置内定值区号、系统参数定值及母差保护定值或失灵保护定值和整定单保持一致，则必须对母差保护定值或失灵保护定值重新执行整定程序，即查看定值后不按"ESC"直接退出，而按"ENT"键并输入密码，完成整定后返回。

（2）CPU 插件故障。

查看装置报文，当出现"内存（程序）出错"报文时，应立即将保护改信号。

处理方案：将保护改信号后，可拉开装置直流电源，打开装置面板，进行如下检查：①查看各插件是否紧固；②检查装置 CPU 插件上各芯片是否插紧；③检查装置内部温度是否过热，否则应采取散热措施。然后合上装置直流电源，重启装置，查看能否恢复正常。若不能恢复，考虑更换 CPU 插件。

（3）面板故障。

若装置报文没有明显出错指示，且装置面板告警灯不亮，则应检查装置面板是否存在故障，从而导致运行指示灯显示不正常。打开装置面板，查看装置面板及指示灯两端电压是否正常。检查时应避免引起直流短路、表棒线搭壳等情况。

处理方案：断开保护装置直流电源空气开关，断开面板通信线，取出面板并进行相关检查，更换故障元件或直接更换面板。更换后合上保护装置直流电源空气开关，进行相关测试确认面板恢复正常。若发现仅为指示灯故障或面板上排线存在故障导致电源不正常时，可直接更换排线。

注意：更换面板时，需要确定面板的选型和版本是否匹配，防止因面板不匹配导致再次异常；更换面板后，为防止地址冲突，应先对新面板的通信地址、通信串口按原面板的参数进行设置，然后方可恢复通信线。更换后面板后，可通过键盘试验、调定值、检查采样值等操作，检查新面板功能是否正常。

（四）母线保护边断路器失灵开入异常

1. 缺陷现象

母线保护装置面板"告警"灯亮且无法复归。装置显示报文：边断路器失灵开入异常。

2. 安全注意事项

首先应根据装置报文判断告警原因。告警一般不会闭锁保护装置，工作前应采取将母差保护改信号的措施。

安全措施：母线保护改信号。

3. 缺陷原因诊断及分析

装置检测到失灵启动接点长期开入（电流元件不满足动作条件），经 10s 闭锁本支路失灵开入，失灵开入接点正常后 50ms 解除闭锁。界面会弹出"边断路器失灵开入异常"告警事件及测量值报文，发"运行异常"告警信号，并闭锁该失灵开入。断路器失灵电流判别逻辑框图如图 12-3 所示。

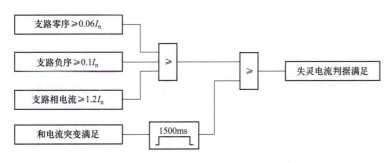

图 12-3　断路器失灵电流判别逻辑框图

4. 处理步骤

利用抓包工具查看报文，根据报文指示的开入量状态，判断是否确实存在开入接点闭合的情况。必须根据 SV/GOOSE 链路对照表抓取相关报文，光纤插拔前做好相关记录，告知运行及监控人员过程中可能出现的相关装置告警信息等。

处理方案：当发现确实存在开入量误闭合的情况时，应断开该间隔 GOOSE 光纤，并重新插拔后观察开入异常是否消失，查看装置报文是否恢复。若未恢复，则可用装置模拟该间隔智能终端，将正常开入给到母差保护装置，如装置开入不变位，则可判断为装置的开入板存在故障，应及时更换备品。如装置开入变位，说明外部开入存在问题。应重点检查外部回路的问题。在退出该间隔智能终端出口压板并投入检修压板后，重启该智能终端，重启后若仍未恢复正常，则判断智能终端开出板件存在问题。当查明原因并恢复正常后，须再次检查装置报文，确认告警现象已消失。

（五）母线保护报 SV 断链告警

1. 适用范围

微机母线差动保护。

2. 缺陷现象

母线保护报装置告警，相关 SV 链路报中断异常。

3. 安全注意事项

若为合并单元异常，则按合并单元检修处理，对应间隔的保护及母差保护改信号。若为合并单元故障，则一次设备应陪停，退出母差保护该间隔 SV 接收软压板，智能终端 GOOSE 出口软压板。

安全措施：母线保护改信号。

4. 缺陷原因诊断及分析

检查合并单元故障后台，若合并单元有异常信号或多套与该合并单元相关的保护装置有 SV 断链信号，则初步判断为合并单元故障，检查合并单元。在合并单元 SV 发送端抓包，若抓包报文异常（如无 SV 报文，APPID、MAC 地址、SV ID 不匹配），则判断为合并单元故障；合并单元的故障原因有光模块故障、CPU 板件故障、电源板件故障、通信板件故障。

光纤或熔接口故障若仅有本间隔保护 SV 链路中断信号，则检查光纤是否完好，光纤衰耗、光功率是否正常，若异常，则判断光纤或熔接口故障。

保护装置故障在保护装置 SV 接收端光纤处抓包，若报文正常，则判断为保护装置故障；保护装置的故障原因有光模块故障、CPU 板件故障、电源板件故障、通信板件故障。

5. 处理步骤

（1）合并单元故障。

检查合并单元，若合并单元故障，先更换该光口的光模块，若缺陷未消除，则升级程序或更换 CPU 板件，更换后进行完整的合并单元测试。

检查电源板，若电源板故障，更换电源板，更换后做电源模块试验，并检查所有与合并单元相关的链路通信及相关保护的采样值是否正常。

若其他插件故障，更换后测试该插件的功能。

（2）母差保护装置故障。

检查母差保护装置，若母差保护装置故障，先更换该光口的光模块，若缺陷未消除，则升级程序或更换 CPU 板件，更换后进行完整的保护装置测试。

检查电源板，若电源板故障，更换电源板，更换后做电源模块试验，并检查所有与线路保护相关的链路通信及相关保护的采样值是否正常。

若其他插件故障，更换后测试该插件的功能。

（3）光纤或熔接口故障。

更换备芯或重新熔接光纤，更换后测试光功率是否正常，链路中断是否恢复。

（六）母线保护报 GOOSE 断链告警

1. 适用范围

微机母线差动保护。

2. 缺陷现象

母线保护报装置告警，相关 SV 链路报中断异常。

3. 安全注意事项

若为智能终端异常，则按智能终端检修处理。对应间隔的保护及母差保护改信号。若为智能终端故障，则一次设备应陪停，退出母差保护该间隔 SV 接收软压板，智能终端 GOOSE 出口软压板。

安全措施：母线保护改信号。

4．缺陷原因诊断及分析

（1）智能终端故障。

检查后台，若智能终端有异常信号或多套与该智能终端相关的保护装置有 GOOSE 断链信号，则初步判断为智能终端故障，检查智能终端。在智能终端 GOOSE 发送端抓包，若抓包报文异常（无 GOOSE 心跳报文、APPID、MAC 地址、GocbRef 不匹配），则判断为智能终端故障；智能终端的故障原因有光模块故障、CPU 板件故障、电源板件故障、通信板件故障。

（2）光纤或熔接口故障。

若仅有本间隔保护 SV 链路中断信号，则检查光纤是否完好，光纤衰耗、光功率是否正常，若异常，则判断光纤或熔接口故障。

（3）保护装置故障。

在保护装置 GOOSE 接收端抓包，若抓包报文正常，则判断为保护装置故障。保护装置的故障原因有光模块故障、CPU 板件故障、电源板件故障、通信板件故障。

5．处理步骤

（1）智能终端故障。

1）检查智能终端，若智能终端故障，先更换该光口的光模块，若缺陷未消除，则升级程序或更换 CPU 板件，更换后进行完整的智能终端测试。

2）检查电源板，若电源板故障，更换电源板，更换后做电源模块试验，并检查所有与智能终端相关的链路通信及相关保护的采样值是否正常。

3）若其他插件故障，更换后测试该插件的功能。

（2）母差保护装置故障。

1）检查母差保护装置，若母差保护装置故障，先更换该光口的光模块，若缺陷未消除，则升级程序或更换 CPU 板件，更换后进行完整的保护装置测试；

2）检查电源板，若电源板故障，更换电源板，更换后做电源模块试验，并检查所有与线路保护相关的链路通信及相关保护的采样值是否正常；

3）若其他插件故障，更换后测试该插件的功能。

（3）光纤或熔接口故障。

更换备芯或重新熔接光纤，更换后测试光功率是否正常，链路中断是否恢复。

四、故障录波装置

（一）故障录波装置异常启动

1．缺陷现象

故障录波装置启动录波。录波文件显示某段母线二次电压（电流）失电或异常。查看录波文件，启动原因为电压量（电流量）启动。

2. 安全注意事项

根据装置原理，当发生采集模块故障时，可能在采集模块内部发生电压二次回路短路或电流二次回路开路等异常情况。首先应将显示异常的电压回路从端子排外侧断开，将异常的电流回路从端子排外侧短接。对于模拟量输入故障录波装置，由于电压取自交流电压小母线，电流从保护装置绕组末级串接，因此要格外小心，防止误操作导致保护装置误动作。

3. 缺陷原因分析

故障录波电压量启动原因主要有电压回路虚接或断线、电流回路短路、空气开关故障、采集模块故障、二次回路故障、电网电压波动、零漂幅值及整定错误。

按以下步骤测试判断：若空气开关上端头输入电压存在异常，则需要检查二次回路，进一步排除故障点；若存在空气开关自动跳闸，空气开关上端头电压正常而下端头电压不正常则可以判断为交流空气开关故障；若输入到故障录波装置的电压均正常，仅装置内采集显示电压不正常，则可以判断为故障录波装置的交流输入采样模块故障；当检查回路均不能找到故障点时，应对接入母线电压进行监视，可能由于电网一次电压波动与定值设置不匹配引起。

4. 处理流程

（1）二次回路故障。

故障录波装置电压、电流采样显示不正确，则怀疑输入到装置的二次回路存在问题。二次回路问题主要有两大原因：①配线断线、短路、绝缘破损、接触不良；②二次回路存在干扰。首先检查回路上的配线，若有问题则直接进行处理；若配线正常，则怀疑存在干扰。故障录波装置模拟量的采集由于保护小室的配置等原因，二次电缆长度可能存在过长情况，电压、电流回路甚至有可能取自另外的保护小室，由此造成的干扰不可忽略。

处理方案：对配线进行更换或者整理，注意自屏顶小母线的配线更换时要先拆电源侧，再拆负荷侧；恢复时先恢复负荷侧，后恢复电源侧。防止引起交流短路或者触电。对于从保护装置末级串接的电流回路，要在保护装置屏上确保电流回路已经被可靠短接后，再更换去往故障录波装置的配线，防止保护装置误动作。对于二次回路干扰的处理，梳理二次电压、电流的采集回路，尽可能地使用短距离的采集点，选择合理的二次电缆线径，使用屏蔽电缆。

（2）空气开关故障。

查找故障时采用分段查找的方法来确定故障部位。从端子排外侧测量外部输入的交流电压是否正常。用万用表测量本屏装置交流电压空气开关输入。若电压显示不正确，则怀疑输入到装置的电压回路上存在问题。若输入到空气开关的电压正常，则应检查空气开关是否正常，有没有存在接触不良、熔断等情况。检查中注意不得引起电压回路短路、接地。

处理方案：更换交流电压空气开关。需要注意的方面：空气开关上端头的配线带电，工作中注意用绝缘胶带包扎好，防止方向套脱落。更换中注意不要引起屏上其他运行的空气开关误断，必要时用绝缘胶带进行隔离。更换完毕后，对二次接线再次进行检查、紧固，并测量下端头对地电阻。

（3）采集模块故障。

当检查空气开关也正常，则应对输入到录波装置的配线、插头进行检查，对插头采取紧固螺丝等措施。合上空气开关，手动启动录波后检查录波文件。若仍未恢复，即可判断为录波装置采集模块故障。

处理方案：检查录波器配置文件，记录所有接到故障模块的回路。将这些回路按照电压回路断开、电流回路从外侧短接后打开连接片的方法从端子排上进行隔离。更换采集模块后再恢复二次回路。危险点：断开及恢复回路时注意防止电压二次回路短路或接地和电流二次回路开路，特别是电流二次回路在断开前必须先使用短接线短接，恢复时必须先将连接片连上才能拆开短接线。

（4）电网电压波动。

当检查回路均不能找到故障点时，应对故障电压母线上所连接的线路状态进行查看。当所接线路中存在负荷波动较大的系统，如钢铁厂、高铁牵引站等，电网电压的波动及 $3U_0$ 等电压量可能会启动故障录波。

处理方案：当查明是由于电网电压引起录波器启动时，可通过调整启动定值降低启动灵敏度，防止录波器长期启动产生大量录波数据，影响正常的录波。注意：调整定值需依据正式定值单执行。

（5）零漂幅值及整定错误。

当由于装置精度不佳及零漂幅值大或整定门槛设置过低引起的故障录波异常启动，应进行装置性能检测和整定门槛值校验。

处理方案：由于装置精度不佳及零漂幅值大或整定门槛设置过低引起的故障录波异常启动，更换装置对应插件和调整定值门槛值。

（二）故障录波装置运行灯灭

1. 缺陷现象

故障录波装置管理单元运行灯灭。

2. 安全注意事项

根据故障录波装置原理，装置中的管理单元对采集单元采集的数据进行分析、录波。采集单元只负责数据的采集。因此管理单元的故障不会引起电压、电流回路的短路或者开路。处理时，需停用故障录波装置。

3. 缺陷原因分析

故障录波装置管理单元运行灯灭的原因主要有管理单元电源故障，运行指灯故障。

按以下步骤测试判断：首先确认空气开关下端头的电压是正确的，排除空气开关的影响。若装置输入直流电压正常而输出不正常，则可判断为电源板故障；若装置直流电源输入、输出均正常，则可以判断仅为运行指示灯故障。

4. 处理流程

（1）管理单元电源故障。

关闭管理单元，打开管理单元机箱，检查电源的输出电压。当电源输出电压偏低或者没有输出时，可判断为管理单元电源故障。如运行指示灯闪烁，则有很大可能为装置电源接线接触不良或逆变电源工作不正常。

处理方案：更换管理单元的电源板。注意工作中应使用防静电手套和工具。

（2）运行指示灯故障。

若检查电源正常，后台运行数据正常，键盘、鼠标各项操作反应灵敏、无异常，则判断可能仅仅为运行指示灯故障。使用万用表测量其两端电阻，判断是否由于发光二极管损坏。

处理方案：更换运行指示灯。

（三）故障录波装置告警无法复归

1. 缺陷现象

故障录波装置告警灯亮且不能复归。

2. 安全注意事项

告警不能复归通常为板件或硬件故障，交流回路不涉及，做好安全措施和监护，防止误碰或误拆，避免造成电流二次回路开路或电压二次回路短路。

3. 缺陷原因分析

故障录波装置的告警原因主要有管理板或采样板故障、装置参数设置不正确、对时异常。

按以下步骤测试判断：观察故障录波装置的告警灯、运行灯等指示灯和装置软件中的告警信息，判断装置异常的原因。装置中的管理板或者采样板有故障，装置定值设置不正确，对时故障等原因，均会导致装置告警。

4. 处理流程

（1）管理板或采样板等故障。

观察故障录波装置的告警灯、运行灯等指示灯。如果告警灯亮则说明故障录波装置存在异常情况，登录故障录波装置，查看装置软件中的告警信息，判断装置的具体异常情况。

处理方案：①对告警灯重新复归处理；②对故障录波装置进行重新启动；③重新启动也无法复归，则根据处理步骤查明的具体异常情况，进行外观或芯片检查，或更换相关板件。

（2）装置参数设置不正确。

根据处理步骤（1）检测后的详细信息来判断装置参数是否设置正确。

处理方案：对比定值单，检查故障录波装置定值及配置是否设置正确。

（3）对时异常。

当对时异常造成故障录波装置告警时，应首先查看时间同步装置是否正常，如果时间同步装置运行监视灯熄灭，或显示异常不能自动复位，可进行复位或关机重启；如果超过半小时也收不到信号或者时间同步装置失去同步，则需检查北斗/GPS天线安装是否正确；如时间同步装置正常，则应检查输出，如果输出方式为静态空接点，则可用万用表电阻档测试是否有导通输出，如果串口输出则应检查输出数据信息格式。

处理方案：对于对时异常，先检查时间同步装置输出的对时信号是否正常。如果不正常，则更换正常的授时源。如果故障录波装置接收的对时信号正确，则需要更换故障录波装置的对时板件。

（四）故障录波装置录波或数据不正确

1. 缺陷现象

故障录波装置不能启动录波，录波文件显示与实际故障间隔不对应，录波数据不正确。

2. 安全注意事项

根据装置原理，当发生录波故障时，首先应停用故障录波装置，断开装置与外部回路的连接（电流、电压、直流回路做好相应的安全措施）。

3. 缺陷原因分析

故障录波装置不能启动录波的原因主要有管理单元主机故障、输入量不正确、病毒感染。

按以下步骤测试判断：观察故障录波装置的告警灯、运行灯等指示灯，并结合装置软件中的告警信息等综合判断。若录波装置自身无法启动，但电源输入正常，则初步判断可能是管理单元主机故障或感染病毒；若发现录波器运行正常但录波数据不正确，则可以重点检查各开关量和交流量的输入与内部设置是否一致。

4. 处理流程

（1）管理单元主机故障。

当检查空气开关正常，启动录波装置主机，如不能正常启动程序，检查主机内部电源、内存、主板及硬盘，如能正常启动，打开录波程序，看能否正常运行，是否频繁死机，可以外加输入量，看采样是否正常。

处理方案：发现主机内部电源、内存、主板及硬盘存在损坏情况，更换厂家提供的备品备件，使主机能正常启动。检查录波器配置文件，如有问题，进行程序重装和版本升级。

（2）输入量不正确。

检查外部输入与装置内部配线是否对应，开关量和交流量的输入与内部设置是否一致，固定连接的线路（主变压器）设置是否对应。

处理方案：核对设计图纸和现场实际接线，开关量和交流量的输入与内部设置如不正确，则及时更改，对应设置固定连接的线路（主变压器）。

（3）病毒感染。

采用专用杀毒软件进行主机病毒感染检查。

处理方案：采用专用杀毒软件进行主机病毒杀毒处理，完成后重启。

（五）故障录波装置通信中断

1. 缺陷现象

调度录波主站不能调取录波数据，站内无异常现象。

2. 安全注意事项

站内各线路、主变压器故障录波装置联网方式：经一个总交换机连至站内安全Ⅱ区交换机（如距离远时一般需光电转换），Ⅱ区交换机经路由器、电力调度数据网送至调度主站。处理时注意安全，防止误断运行中的通信网络。

3. 缺陷原因分析

因此，通信中断涉及通信网络多个环节。当管理单元运行正常但主站通信中断时，一般由以下情况引起：

（1）管理单元软件、IP 地址设置问题；

（2）网卡故障及网络线松动；

（3）光电转换器、交换机、路由器故障。

4. 处理流程

（1）管理单元软件、IP 地址设置问题。

首先检查管理单元主机软件及设置，如通信进程是否开启、IP 地址是否设置错误等。在管理单元上用 ping 命令分别 ping 本机网卡、网关、调度主机，逐级判断故障点。不能 ping 通本机网卡，判断本机网卡坏；不能 ping 通网关，判断站内故障；能 ping 通网关，判断主站或通信网络有问题，由通信及主站维护人员处理。

处理方案：根据 IP 设置表，正确设置管理单元的 IP 地址，并重启管理单元程序。联系远方值班人员核对通信是否恢复。若程序无法启动，需检查工控机内程序的备份，使用备份程序启动。

（2）网卡故障或网络线异常。

当判断站内通信故障时，根据 ping 命令的结果进行逐级处理。若故障点不在网卡上，应检查网络线是否存在松动掉落的情况。检查交换机接入网口、光电转换器的运行指示灯。若灯灭，检查网线或光纤头是否插好、网线是否完好。

处理方案：打开管理单元，更换网卡后重新启动。或者对网络线进行处理后核对通信状态。

（3）光电转换器、交换机、路由器故障。

若网线、光纤完好，则说明光电转换器、交换机、路由器故障。另外可用本机 ping 站内其他录波主机，若能 ping 通，说明总的交换机无故障，至Ⅱ区交换机的光电转换器故障的可能性大。其次，可用自带的专业电脑，其 IP 设定为同一网段的主机地址，接在Ⅱ区交换机侧的光电转换器网口，ping 录波主机。若不能 ping 通，说明光电转换器坏。

处理方案：更换光电转换器，需要先确定哪一侧光电转换器坏，轮流更换一侧光电转换器，将坏的光电转换器更换后，再检查主站通信是否恢复。逐个试验交换机、路由器的网络口，直到通信恢复，若均不能恢复，则应先确认是否由于主站将网络口封锁，应申请开通。查明属于交换机、路由器故障时，应进行更换。

五、保护信息子站

（一）保护信息子站与主站通信中断

1. 缺陷现象

保护信息子站与主站通信中断，主站无法获得保护信息子站数据。

2. 注意事项

保护信息子站一般安装在就地保护小室。需要通过网络线或者光纤连接至电力数据网柜的Ⅱ区非实时交换机。工作时需要注意Ⅱ区交换机上其他的设备，防止引起通信中断。

3. 缺陷原因分析

保护信息子站远程通信中断原因主要有程序走死、装置死机、光纤/网络线故障、设置错误。

先检查装置运行是否正常，子站厂家的应用软件是否运行正常，确认设备是否运行正常。若正常，则在子站侧使用网络测试命令（如 ping、telnet 等）验证子站与主站通信情况，判断网络是否正常。若正常，则检查子站的网络 IP 设置及交换机网络口设置，更正后消除故障。

4. 处理流程

（1）程序走死或装置死机。

保护信息子站的硬件主要有嵌入式装置型和服务器型两种。出现程序走死或者装置死机时会造成通信中断。检查装置运行情况，判断程序是否运行正常，检查子站操作系统是否运行正常。如操作系统运行正常，则检查子站厂家的应用软件是否运行正常；检查装置是否存在运行灯指示不正常的现象或装置面板是否运行正常。

处理方案：重启程序或装置。若程序无法启动，需检查装置内的设置。

（2）光纤/网络线故障。

若装置或程序均正常而远方通信失败，应着重检查网络线、光纤及光纤收发器等光电转换设备。

处理方案：使用网络对线器检查网络线是否能够正常通信。若网络线坏，需要重做网络头或者重新敷设网络线。若采用光纤通信，应检查光纤收发器上的工作指示灯是否正常。若指示不正常，需更换。若由于光纤头有污迹导致通信中断，则需要重做光纤头。若光缆损坏，则需重新敷设通信光缆。所有硬件问题检查确认无误后，在子站侧使用网络测试命令（如 ping、telnet 等）验证子站与主站通信恢复。

（3）设置错误。

设置错误主要在子站的网络 IP 设置及交换机网络口设置。

处理方案：联系主站，核对子站 IP 地址和交换机的网络通信口，进行正确的 IP 设置，并将网线插入 II 区数据网屏上非实时交换机的指定网络口，并开通相应的网络口。

（二）保护信息子站与保护装置通信中断

1. 缺陷现象

保护信息子站运行工况通信状态显示装置通信中断。

2. 安全注意事项

保护信息子站一般安装在就地保护小室。需要通过网络线或者光纤连接至电力数据网柜的 II 区非实时交换机。工作时需要注意 II 区交换机上其他的设备，防止引起通信中断。

3. 缺陷原因分析

保护信息子站系统画面或告警框提示的错误原因主要有网络连接故障、信息设置错误。

首先检查设备通信是否正常，若出现保护通信状态为"中断"或者该装置上送的信息长期不变位的情况，即可判断为网络连接故障；通信正常则检查保护装置地址设置是否一致，并检查保护信息子站的定义库是否与保护装置信息模板一致，核对保护装置发送的实际信息，判断出错部位。

4. 处理流程

（1）网络连接故障。

保护装置通过 RS-485 串口或者以太网连接，将保护信息传送至保护信息子站。由于网络连接故障，可能造成保护装置与子站设备的通信中断，导致保护信息不能及时准确地上送子站。检查时应首先判断该保护的通信状况是否正常，检查保护通信参数是否发生改变。根据现场条件检查保护信息子站上该保护数据的变化情况。若出现保护通信状态为"中断"或者该装置上送的信息长期不变位的情况，即可判断为网络连接故障。工作时应注意不得进行影响保护功能的开入、开出变位试验。

处理方案：如果通信线为 RS-485 串口线，则先使用万用表测试 RS-485 的双绞线是否损坏，如硬件没有损坏，再使用子站系统上自带的串口调试设备对出现故障的装置进行串口问答报文测试；如通信线为以太网线，则使用网络对线器或者在子站上使用网络测试命令（如 ping、telnet 等）检查网络线是否能够正常通信。若网络线坏，需要重做网络头或者重新敷设网络线。

（2）信息设置错误。

保护信息子站的信息点定义错误时，保护装置发送到保护信息子站的信息名称就会不对应或者丢失。首先检查保护装置地址设置是否一致，并检查保护信息子站的定义库是否与保护装置信息模板一致，核对保护装置发送的实际信息，判断出错部位。此类故障应结合综合检修，全面核对各个保护信息点，确保上送信息的正确性。这部分检查需要根据不同型号的子站参考其子站说明书进行相应的配置检查、核对。

处理方案：重新对保护信息子站定义库进行设置。

第十三章 500kV 常规变电站
改扩建工程实施要点

随着社会经济水平与人民生活逐渐提高，电网规模快速发展，对各电压等级的电网提出了更高要求。超高压电网是跨省（地、市）输送电能的骨干网架，500kV 变电站作为超高压电网的"心脏"，站内设备规模直接决定了电网输电能力和供电可靠性。在建设阶段，考虑经济性和施工效率等因素，变电站内设备一般随着周边负荷增长分期进行扩建；同时由于二次设备精密程度较高，元器件寿命周期进入后期也需及时进行改造，基于以上背景，500kV 变电站改扩建工程已然成为常见的运维检修工作之一。

本书第十三章和第十四章旨在通过介绍 500kV 变电站改扩建工程，区分常规变电站和智能变电站特点，详细分析二次运检专业在改扩建工作中需注意的二次回路、安全措施、调试方法及注意事项等，帮助二次运检人员快速掌握 500kV 改扩建知识，保障现场作业本质安全。

第一节 常规变电站主变压器保护改造工程要点

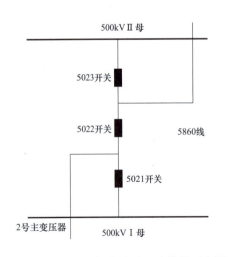

图 13-1 主变压器保护改造一次接线示意图

500kV 常规变电站中主变压器保护改造涉及三侧不同电压等级大量相关联运行二次回路，安措隔离与接口试验应特别注意二次回路对侧设备状态、安措隔离可靠性和试验完整性。现用下述案例对 500kV 常规变电站主变压器保护改造工程进行详细分析介绍。

一、工程概述

以 500kV××变电站 2 号主变压器改造为例，一次接线见图 13-1。2 号主变压器 500kV 侧安装在第二串，断路器为 5021、5022 断路器，其中 2 号主变压器保护装置及三侧测控装置为本期新上屏,其余为原备用装置,采用"原屏位新屏柜"方式改造。

本次主变压器改造涉及断路器保护、母线保护等,需拆接大量启失灵、失灵联跳、出口跳闸、联闭锁等重要回路。

二、二次回路工作注意事项

(一)500kV 部分

1. 500kV 母线电压回路的拆接

(1)需停役设备:2 号主变压器及三侧断路器改检修。

(2)拆接注意事项:

1)工作中严禁误碰 500kV 母线电压互感器端子箱中母线电压进线端子,做好安全隔离措施,防止交流电压短路接地;

2)拆除前在 500kV 母线电压互感器端子箱依次划开 2 号主变压器 500kV 三相电压,且在 2 号主变压器保护屏中依次测量到三相电压消失;

3)电压回路搭接工作前,用万用表电阻档测量电缆二次回路电阻,三相之间电阻应基本平衡,检查确无电压回路短路和接地后,方可搭接电压二次回路。

2. 2 号主变压器保护与 5021、5022 断路器保护相关启失灵回路的拆接

(1)需停役设备:

1)2 号主变压器及三侧断路器改检修;

2)5021、5022 断路器保护改信号。

(2)拆接注意事项:先拆除 5021、5022 断路器保护屏中的正电端,在 2 号主变压器保护屏侧监测到该芯无电压后再拆除,两边用绝缘胶布包裹好,依次拆除其他芯。

3. 2 号主变压器保护与 5021、5022 断路器保护相关联跳回路的拆接

(1)需停役设备:

1)2 号主变压器及三侧断路器改检修;

2)5021、5022 断路器保护改信号。

(2)拆接注意事项:先拆除 2 号主变压器保护屏中的正电端,在 5021、5022 断路器保护屏中监测到该芯无电压后再拆除,两边用绝缘胶布包裹好,依次拆除其他芯。

4. 2 号主变压器保护与 5021、5022 断路器相关跳闸回路的拆接

(1)需停役设备:

1)2 号主变压器及三侧断路器改检修;

2)5021、5022 断路器改检修。

(2)拆接注意事项:先拆除 2 号主变压器保护屏中的正电端,在对侧监测到该芯无电压后再拆除,两边用绝缘胶布包裹好,依次拆除其他芯。

5. 2 号主变压器保护与主变压器故障录波器相关信号回路的拆接

（1）需停役设备：

1）2 号主变压器及三侧断路器改检修；

2）主变压器故障录波器改信号。

（2）拆接注意事项：先拆除主变压器故障录波器屏中的正电端，在 2 号主变压器保护屏中监测到该芯无电压后再拆除，两边用绝缘胶布包裹好，依次拆除其他芯。

（二）220kV 部分

1. 220kV 母线电压回路的拆接

（1）需停役设备：2 号主变压器及三侧断路器改检修。

（2）拆接注意事项：

1）工作中严禁误碰 220kV 母线电压并列屏中正母和副母电压进线端子，做好安全隔离措施，防止交流电压短路接地；

2）拆除前在 220kV 母线电压并列屏依次划开 2 号主变压器 220kV 正母、副母三相电压，且在 2 号主变压器保护屏中依次测量到三相电压消失；

3）电压回路搭接工作前，用万用表电阻档检查电缆二次回路电阻，三相之间电阻应基本平衡，检查确无电压回路短路和接地，方可搭接电压二次回路。

2. 2 号主变压器保护与 220kV 母线保护相关启失灵、解复合电压闭锁回路的拆接

（1）需停役设备：

1）2 号主变压器及三侧断路器改检修；

2）220kV 母差第一套保护、220kV 母差第二套保护轮流改信号。

（2）拆接注意事项：先拆除 220kV 母线保护屏中的正电端，在 2 号主变压器保护屏侧监测到该芯无电压后再拆除，两边用绝缘胶布包裹好，依次拆除其他芯。

3. 2 号主变压器保护与 220kV 母线保护相关跳闸和联跳回路的拆接

（1）需停役设备：

1）2 号主变压器及三侧断路器改检修；

2）220kV 母差第一、二套保护轮流改信号。

（2）拆接注意事项：先拆除 2 号主变压器保护屏中的正电端，在 220kV 母线保护屏监测到该芯无电压后再拆除，两边用绝缘胶布包裹好，依次拆除其他芯。

（三）35kV 部分

35kV 母线电压回路拆接需停役设备和注意事项可参考 500kV 母线电压回路拆接。

（四）公用部分

（1）需停役设备：无。

（2）拆接注意事项：

1）2 号主变压器保护屏与直流分电屏相关直流电源回路拆除前，先在直流分电屏拉

开对应直流电源空气开关，在 2 号主变压器保护屏中监测到无直流电后再拆除，两边用绝缘胶布包裹好，依次拆除其他芯；

2）2 号主变压器保护屏与时钟同步对时屏相关对时回路拆除前，先核对电缆确为同一根后再拆除，两边用绝缘胶布包裹好，依次拆除其他芯；

3）2 号主变压器保护屏与相邻运行屏柜相关交流电源回路拆除前，需摸排清楚交流环供情况，防止运行屏柜失去交流电源。

（五）自动化部分

新设备组网、监控后台和远动装置数据库制作及监控系统修改。

（1）需停役设备：无。

（2）注意事项：

1）工作前分别联系网调和省调做好网安挂牌和数据封锁，已完成属地市公司委托运维检修的还需联系地调做好相应措施；

2）工作时加强厂家监护，防止误入运行间隔、误改运行数据；

3）数据库修改前后做好备份。

三、调试工作注意事项

1. 220kV 母差第一、二套保护与 2 号主变压器 220kV 断路器的传动试验

（1）注意事项：

1）母差保护中有至运行间隔的电流、出口回路；

2）传动过程中 220kV 断路器场地需派人监护，若断路器有一次工作则需获得一次工作负责人许可后方可开始传动。

（2）安措布置：

1）将 220kV 第一、二套母差保护至运行间隔出口跳闸、远跳、失灵联跳回路的压板拆开、端子划开，并用红色绝缘胶布包好；

2）传动试验完成后由技改施工单位在 2 号主变压器保护侧拆除 220kV 母线保护跳 2 号主变压器 220kV 断路器回路，并用红色绝缘胶布包好，投产前由技改施工单位恢复该安全措施。

2. 220kV 母差第一、二套保护与 2 号主变压器保护失灵联跳回路的传动试验

试验验证回路不同，但注意事项和安措参考第 1 点，安措需拆除 220kV 母线保护失灵联跳开入回路。

3. 2 号主变压器保护与 220kV 母差第一套、第二套保护启失灵、解复合电压闭锁回路的传动试验

试验验证回路不同，但注意事项和安措参考第 1 点，安措需拆除 2 号主变压器保护启

220kV 母差保护失灵、解复合电压闭锁回路。

4. 5022、5021 断路器保护与 2 号主变压器保护失灵联跳回路的传动试验

（1）注意事项：

1）5022 断路器保护可联跳运行 5023 断路器、远跳开入××线路保护；

2）5021 断路器保护可将失灵开入运行的 500kV Ⅰ 母保护。

（2）安措布置：

1）在 5022 断路器保护屏采用退出压板和在端子排处形成断开点的安措布置方式，防止误跳运行 5023 断路器、远跳误开入××线路保护；

2）在 5021 断路器保护屏采用退出压板和在端子排处形成断开点的安措布置方式，防止 5021 断路器失灵误开入运行的 500kV Ⅰ 母母线保护；

3）参考第 1 点，拆除 5022、5021 断路器保护失灵联跳开入回路。

5. 2 号主变压器保护与 5022、5021 断路器保护启失灵回路的传动试验

试验验证回路不同，但注意事项和安措可参考第 4 点，安措需拆除 2 号主变压器保护启 5022、5021 断路器保护失灵回路。

第二节　常规变电站线路保护改造工程要点

500kV 常规变电站中线路保护改造主要涉及相邻边断路器、中间断路器保护，因断路器保护启失灵、远跳等联跳逻辑较多，安措隔离与接口试验应特别注意二次回路对侧设备状态、安措隔离可靠性和试验完整性。现用下述案例对 500kV 常规变电站线路保护改造工程进行详细分析介绍。

一、工程概述

以 500kV ××变电站××线路保护改造为例，一次接线见图 13-2。××线路安装在第二串，断路器为 5023、5022 断路器，其中××线路保护装置为本期新上屏，采用"原屏位新屏柜"方式改造。

本次线路保护改造涉及断路器保护启失灵、远跳、闭锁重合闸回路，线路保护交流电压直流电源、交流电源、故障录波信号等回路。实际工程中线路保护改造往往结合断路器保护改造一同进行，断路器保护改造见本章第六节内容。

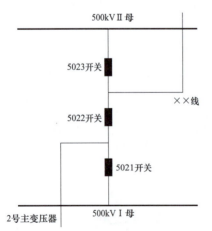

图 13-2　线路保护改造一次接线示意图

二、二次回路工作注意事项

（一）500kV 部分

1. ××线路保护与 500kV 母线电压互感器端子箱电压回路的拆接

可参考"第五节　常规变电站主变压器保护改造工程要点"对应电压回路拆接部分。

2. ××线路保护与 5023、5022 断路器保护相关启失灵回路的拆接

（1）需停役设备：

1）××线改检修；

2）5023、5022 断路器保护改信号。

（2）拆接注意事项：先拆除 5023、5022 断路器保护屏中的正电端，在××线路保护屏侧监测到该芯无电压后再拆除，两边用绝缘胶布包裹好，依次拆除其他芯。

3. ××线路保护与 5023、5022 断路器保护相关闭锁重合闸回路的拆接

（1）需停役设备：

1）××线改检修；

2）5023、5022 断路器保护改信号。

（2）拆接注意事项：先拆除 5023 断路器保护、保护屏中的正电端，在××线路保护屏侧监测到该芯无电压后再拆除，两边用绝缘胶布包裹好，依次拆除其他芯。

4. ××线路保护与 5023、5022 断路器相关跳闸回路的拆接

（1）需停役设备：

1）××线改检修；

2）5023、5022 断路器改检修。

（2）拆接注意事项：先拆除××线路保护屏正电端，在对侧监测到该芯无电压后再拆除，两边用绝缘胶布包裹好，依次拆除其他芯。

5. 5023、5022 断路器保护与××线路保护相关远跳回路的拆接

（1）需停役设备：

1）××线改检修；

2）5023、5022 断路器保护改信号。

（2）拆接注意事项：先拆除××线保护屏中的正电端，在 5032、5022 断路器保护屏侧监测到该芯无电压后再拆除，两边用绝缘胶布包裹好，依次拆除其他芯。

6. ××线路保护与 500kV 线路故障录波器相关信号回路的拆接

（1）需停役设备：

1）××线改检修；

2）相关故障录波器改信号。

（2）拆接注意事项：先拆除故障录波器屏中的正电端，在××线路保护屏中监测到该

芯无电压后再拆除，两边用绝缘胶布包裹好，依次拆除其他芯。

7. ××线第二套保护与 500kV 线路故障录波器相关电流回路的拆接

（1）需停役设备：

1）××线改检修；

2）线路故障录波器改信号。

（2）拆接注意事项：

1）故障录波器 5022、5023 断路器电流一般从××线第二套保护屏后串接；

2）电流回路拆除前，先使用钳形表确认该电缆无电流，防止误拆运行间隔电流；

3）电流回路接口后，需要做二次负载试验，防止电流回路开路。

（二）公用及自动化部分

常规变电站不同保护改造工程中，公用及自动化部分工作内容无明显差异，可参考"第五节 常规变电站主变压器保护改造工程要点"对应部分。

三、调试工作注意事项

1. ××线路保护与 5023、5022 断路器保护相关启失灵回路的传动试验

（1）注意事项：

1）5023 断路器保护可将失灵开入运行的 500kV Ⅱ母母线保护；

2）5022 断路器保护可失灵联跳 2 号主变压器、5021 断路器。

（2）安措布置：

1）在 5023 断路器保护屏采用退出压板和在端子排处形成断开点的安措布置方式，防止 5023 断路器保护失灵开入运行的 500kV Ⅱ母母线保护；

2）在 5022 断路器保护屏采用退出压板和在端子排处形成断开点的安措布置方式，防止 5022 断路器保护失灵联跳 2 号主变压器、跳 5021 断路器。

3）传动试验完成后由技改施工单位在××线路保护屏做好防止启失灵误开入 5023、5022 断路器保护的二次回路安措，拆除相应失灵出口电缆并用红色绝缘胶布包好，投产前由技改施工单位恢复该安全措施。

2. 5023、5022 断路器保护与××线路保护相关远跳回路的传动试验

试验验证回路不同，但注意事项和安措可参考第 1 点，还需注意与××线对侧做好沟通，确认是否具备实际远跳条件，若不具备实际传动条件，可在××线保护屏采用监测远跳信号的方式验证该回路。安措需在线路保护屏内拆除远跳回路。

第三节 常规变电站母线保护改造工程要点

500kV 常规变电站中母线保护改造主要涉及相邻边断路器保护，因断路器保护失

灵等联跳逻辑较多，安措隔离与接口试验应特别注意二次回路对侧设备状态、安措隔离可靠性和试验完整性。现用下述案例对 500kV 常规变电站母线保护改造工程进行详细分析介绍。

一、工程概述

500kV××变电站 500kV 母母线保护改造，一次接线见图 13-3。其中 500kV 母母线第一套、第二套保护装置为本期新上屏，采用"原屏位新屏柜"方式改造。

本次母线保护改造，涉及大量交流电流、直流电源、交流电源、故障录波信号、跳闸、启失灵等回路。

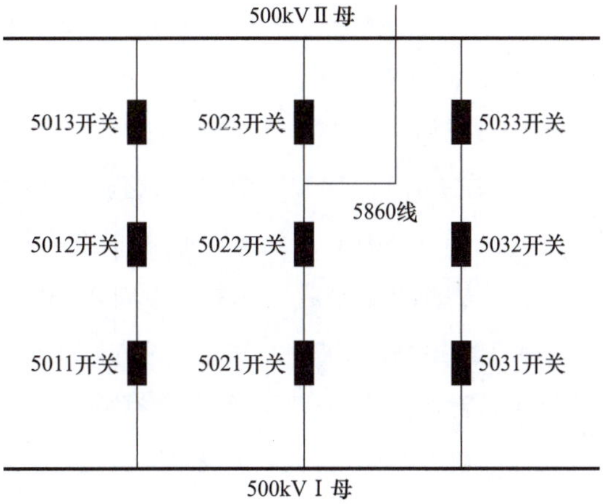

二、二次回路工作注意事项

图 13-3　母线保护改造一次接线示意图

（一）500kV 部分

1. 500kV 母母线保护与相应边断路器保护相关回路的

（1）需停役设备：

1）5013、5023、5033 等 500kV 母边断路器改检修；

2）500kV 母母线保护轮流改信号（保护改信号为最低要求，实际中一般选择 500kV 母线停电进行母线保护改造，可大幅降低作业风险）。

（2）注意事项：

1）包含母线失灵保护启断路器保护、断路器保护失灵母线保护、母线保护闭重断路器保护；

2）先拆除对应回路的正电端，在电缆对侧监测到该芯无电压后再拆除，两边用绝缘胶布包裹好，依次拆除其他芯。

2. 500kV 母母线保护与相应边断路器跳闸回路的拆接

（1）需停役设备：

1）5013、5023、5033 等 500kV 母边断路器改检修；

2）500kV 母母线保护轮流改信号。

（2）注意事项：先拆除对应回路的正电端，在电缆对侧监测到该芯无电压后再拆除，两边用绝缘胶布包裹好，依次拆除其他芯。

（二）公用及自动化部分

常规变电站不同保护改造工程中，公用及自动化部分工作内容无明显差异，可参考"第五节　常规变电站主变压器保护改造工程要点"对应部分。

三、调试工作注意事项

1. 5013、5023、5033 断路器保护与 500kV 母母线保护相互启失灵回路的传动试验

（1）注意事项：5013、5023、5033 断路器保护可将启失灵开入运行的 5012、5022、5032 断路器保护。

（2）布置：

1）在 5013、5023、5033 断路器保护屏，采用退出压板和在端子排处形成断开点的布置方式，防止 5013、5023、5033 断路器保护失灵开入 5012、5022、5032 断路器保护；

2）传动试验完成后由技改施工单位在 500kV 母第一、二套母线保护屏做好失灵误开入 5013、5023、5033 断路器保护的二次回路，拆除相应电缆并用红色绝缘胶布包好，投产前由技改施工单位恢复该安全措施。

2. 500kV 母母线保护与 5013、5023、5033 断路器跳闸回路的传动试验

（1）注意事项：传动过程中 500kV 断路器场地需派人监护，若断路器有一次工作则需获得一次工作负责人许可后方可开始传动；

（2）安措布置：参考第 1 点，拆除 5013、5023、5033 断路器跳闸回路。

3. 500kV 母母线保护与 5013、5023、5033 断路器保护回路的传动试验

试验验证回路不同，但注意事项和安措参考第 1 点，安措需拆除 5013、5023、5033 断路器保护闭重回路。

第四节　常规变电站主变压器间隔扩建工程要点

500kV 常规变电站中主变压器扩建往往涉及原有的单线串变化为线变串，增加的主变压器二次回路与相邻断路器、母线等一次设备的二次回路均有关联，若原本有短引线保护则还需先对其进行拆除。此外主变压器作为三个电压等级的设备，扩建还对站内 220kV 和 35kV 电网结构有一定影响，且在对 220kV 和 35kV 电压等级的扩建接口方面也与传统 220kV 变电站较为不同。现用下述案例对 500kV 常规变电站主变压器扩建工程进行详细分析介绍。

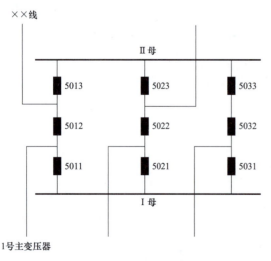

图 13-4　主变压器扩建一次接线示意图

一、工程概述

以 500kV ××变电站 1 号主变压器扩建为例，一次接线见图 13-4。1 号主变压器

500kV 侧安装在第一串，断路器为 5011、5012 断路器，拆除原 5011、5012 断路器短引线保护更换为主变压器保护；2 号主变压器 4、5 号低压电抗器改接到 1 号主变压器，命名更改为 1 号主变压器 1 号、2 号低压电抗器。其中，1 号主变压器保护屏及 220kV 测控屏为本期新上屏，其余都为原备用装置。

本次扩建主变压器涉及断路器保护、主变压器保护、母线保护等，需接口大量启失灵、失灵联跳、出口跳闸、联闭锁等重要回路。

二、二次回路工作相关注意事项

（一）500kV 部分

1. 5011、5012 断路器短引线及间隔与运行设备二次回路隔离

（1）需停役设备：

1）5011、5012 断路器改检修；

2）5011、5012 断路器短引线保护改信号。

（2）隔离注意事项：

1）做好 5011 断路器与 500kV Ⅰ母母差保护相关回路的安措，包含电流回路及大电流短接端子、失灵回路等；

2）做好 5012、5013 断路器及××线路保护相关回路的安措，包含电流回路、失灵回路、联跳 5013 断路器回路及启动××线路保护远跳回路、闭锁重合闸回路等。

2. 5011、5012 断路器保护与 1 号主变压器保护接口

（1）需停役设备：5011、5012 断路器改检修。

（2）接口注意事项：

1）做好 5011 断路器与 500kV Ⅰ母母差保护相关回路的安措，包含电流回路及大电流短接端子、失灵回路等。

2）做好 5012、5013 断路器及××线路保护相关回路的安措，包含电流回路、失灵回路、联跳 5013 断路器回路及启动××线路保护远跳回路、闭锁重合闸回路等。

3）对 5011、5012 断路器 TA 进行一次通流前，检查除 5011、5012 断路器保护电流外的其他组电流回路都已在 5011、5012 电流互感器端子箱的大电流切换端子处可靠短接。

（二）220kV 部分

1. 1 号主变压器保护与 220kV Ⅰ段第一套、第二套母线保护二次回路接口

（1）需停役设备：220kV Ⅰ段第一套、第二套母差保护轮流改信号。

（2）接口注意事项：

1）做好 220kV Ⅰ段第一套、第二套母差保护运行间隔的联跳回路安措；

2）做好防止 220kV Ⅰ段第一套、第二套母差保护 TA 开路、TV 短路或接地的安措。

2. 1 号主变压器保护与 220kV 母线电压回路接口

（1）需停役设备：无。

（2）接口注意事项：220kV 切换电压相关接口时做好防止母线交流电压短路或接地的安措。

3. 1 号主变压器保护与 220kV 1 号母联断路器、220kV 正母分段断路器、220kV 副母分段断路器接口

（1）需停役设备：

1）220kV 1 号母联断路器改检修；

2）220kV 正母分段断路器改检修；

3）220kV 副母分段断路器改检修。

（2）接口注意事项：目前省内已不考虑 500kV 主变压器保护跳母联、分段断路器的功能，实际施工中常规变电站保留该类回路电缆但两侧均不接入端子排。

（三）35kV 部分

1. 2 号主变压器间隔与 4、5 号低压电抗器间隔相关二次回路隔离

（1）需停役设备：

1）2 号主变压器 35kV 母线改检修；

2）停用 2 号主变压器低压电抗器及电容器自动投切装置。

（2）接口注意事项：

1）隔离前检查同屏内母线电压端子排接线方式，防止隔离后其他间隔母线电压失去；

2）投切回路隔离时注意核对防止误拆其他间隔投切回路；

3）与母线接地开关电气闭锁回路隔离后，需验证新电气闭锁回路是否完善无误。

2. 1 号主变压器间隔与 1、2 号低压电抗器间隔相关二次回路接口（电能表、无功投切等）

（1）需停役设备：无。

（2）接口注意事项：接口前检查电缆绝缘阻抗。

（四）公用及故障录波保护信息部分

1. 现场交流动力电源、冷却器电源回路接口

（1）需停役设备：场地动力电源停役。

（2）接口注意事项：

1）动力电源搭接前联系运行人员临时断开场地动力电源，并在动力电源空气开关处挂"禁止合闸、有人工作"标识牌；

2）动力电源拆接前后测量回路绝缘状况。

2. 1 号主变压器 220kV 侧电能表接口

（1）需停役设备：无。

（2）接口注意事项：

1）接口前测量回路绝缘，接口过程中认真仔细，防止交流回路短路接地；

2）接口前认真核对电缆，确保相序等正确。

3. 1号主变压器保护及测控直流电源、交流电源、时钟同步等二次回路接口

（1）需停役设备：无。

（2）接口注意事项：

1）接口前测量回路绝缘；

2）直流电源接口过程中认真仔细，防止直流回路短路接地；

3）母线电压接口过程中要防止勿动运行间隔回路，避免交流电压短路、接地；

4）时钟同步装置接口前确认对时方式。

4. 1号主变压器保护与故障录波器接口

（1）需停役设备：相关故障录波器改信号。

（2）接口注意事项：

1）工作前做好安全措施，防止误动运行间隔回路；

2）工作认真仔细，防止交流电压短路、交流电流开路。

5. 保护信息子站配置下装

（1）需停役设备：无。

（2）接口注意事项：

1）工作前做好网安挂牌和数据封锁；

2）工作时加强厂家监护，防止误入运行间隔、误改运行数据；

3）数据库修改前后做好备份；

4）提前做好通道策略开通或调整的相关资料准备。

（五）自动化部分（后台监控画面遥动、"五防"闭锁逻辑、I/O 闭锁逻辑增加、修改及验证工作）

（1）需停役设备：无。

（2）注意事项：

1）工作前做好网安挂牌和数据封锁；

2）工作时加强厂家监护，防止误入运行间隔、误改运行数据；

3）数据库修改前后做好备份。

三、调试工作注意事项

（一）保护传动调试

1. 1号主变压器第一套保护、第二套保护、非电量保护、5011 断路器保护、5012 断路器保护间隔内传动

（1）注意事项：

1）5011 断路器保护有至 500kV Ⅰ母两套母差保护的失灵回路；

2）5012 断路器保护有至 5013 断路器的失灵联跳回路、至××线路的远跳回路；

3）二次专业传动一次设备前，提前与一次工作负责人沟通，获得一次工作负责人许可后方可开始传动工作，并派人至现场监护。

（2）安措布置：

1）退出 5011 断路器保护至 500kV Ⅰ母第一套、第二套母差保护失灵压板，划开出口连片，并用红色绝缘胶布包好；

2）退出 5012 断路器保护至 5013 断路器两组失灵跳闸回路出口压板、划开端子中间连片，并用红色绝缘胶布包好；

3）退出 5012 断路器保护至××线路远跳出口压板，划开端子中间连片，并用红色绝缘胶布包好；

4）划开电压端子中间连片，外侧用红色绝缘胶布包好；

5）将电流回路外部短接，划开中间连片，外侧用红色绝缘胶布包好。

2. 1 号主变压器第一套、第二套保护与 220kV Ⅰ段正副母第一套、第二套母差保护屏失灵回路传动试验

（1）注意事项：

1）母差保护中有至运行间隔的电流、出口回路；

2）接口试验后提醒基建人员在主变压器保护侧做好母差失灵安措。

（2）安措布置：

1）将 220kV 第一、二套母差保护至运行间隔出口跳闸、远跳、失灵联跳回路的压板拆开、端子划开，并用红色绝缘胶布包好；

2）拆除母差遥信公共端，并将公共端做好绝缘措施；

3）电压回路划开中间连片，外侧用红色绝缘胶布包好；

4）母差保护屏中 1 号主变压器间隔电流回路外侧短接，划开中间连片，外侧用红色绝缘胶布包好，相邻至运行间隔电流回路用红色绝缘胶布包好。

（二）"三遥"及水平联闭锁配置调试

1. 遥测、遥信与后台、监控主站分别核对

（1）注意事项：

1）信号核对时注意及时在核对表上做好标记；

2）注意间隔事故总触发全站事故总检查。

（2）安措布置：工作前做好数据封锁。

2. 1 号主变压器本体及各侧测控遥控试验

（1）注意事项：

1）后台及调度遥控前，需将全站运行间隔遥控出口压板退出，切至就地位置；

2）1 号主变压器 50121 隔离开关与××线 501367 线路接地开关之间联闭锁逻辑，需在××线 12 小时临停期间验证。

（2）安措布置：遥控前做好全站切就地。

（三）"五防"闭锁逻辑验收

1. 1 号主变压器 5011 断路器间隔内闭锁逻辑验证

注意事项：1 号主变压器 50111 隔离开关为安措隔离开关，一次设备不可实际分合，需模拟置位，其余隔离开关、接地开关可以实际分合。

2. 1 号主变压器 50122 隔离开关与××线 501367 接地开关间闭锁逻辑验证

注意事项：一次设备不可实际分合，线路接地开关需置位，验证二者间闭锁逻辑。

3. 1 号主变压器 50111 隔离开关与 500kV Ⅰ母 5117、5127 接地开关间闭锁逻辑验证

注意事项：

（1）1 号主变压器 50111 隔离开关，500kV Ⅰ母 5117、5127 接地开关需模拟置位；

（2）1 号主变压器 50111 隔离开关闭锁 500kV Ⅰ母 5117、5127 接地开关的逻辑，需通过在 500kV Ⅰ母测控查看接收的 1 号主变压器 50111 隔离开关位置是否正确来验证。

4. 1 号主变压器 220kV 断路器间隔内闭锁逻辑验证

注意事项：1 号主变压器 220kV 正、副母Ⅰ段隔离开关为安措隔离开关，一次设备不可实际分合，需模拟置位，其余隔离开关、接地开关可以实际分合。

5. 1 号主变压器 220kV 正母、副母Ⅰ段隔离开关与 220kV 正母Ⅰ段 1、2 号接地开关及 220kV 副母Ⅰ段 1、2 号接地开关间闭锁逻辑验证

注意事项：

（1）1 号主变压器 220kV 正、副母Ⅰ段隔离开关与 220kV 正母Ⅰ段 1、2 号接地开关及 220kV 副母Ⅰ段 1、2 号接地开关需模拟置位；

（2）1 号主变压器 220kV 正、副母Ⅰ段隔离开关闭锁 220kV 正母Ⅰ段 1、2 号接地开关及 220kV 副母Ⅰ段 1 号、2 号接地开关的逻辑，需通过在 220kV 正母Ⅰ段/副母Ⅰ段母线测控查看接收的母线隔离开关位置是否正确来验证。

6. 1 号主变压器 220kV 断路器间隔倒母线逻辑验证

注意事项：220kV 1 号母联断路器、隔离开关位置需模拟置位。

第五节　常规变电站线路间隔扩建工程要点

500kV 常规变电站中线路扩建往往涉及原有的单线串变化为线线串，增加的线路二次回路方面与相邻断路器、母线等一次设备的二次回路均有关联，若原本有短引线保护则还需先对其进行拆除。此外，扩建后形成线变串或线线串的结构形式对断路器重合闸方式也有不同要求，线路保护特有的远跳逻辑也需进行专门试验验证。现用下述案例对 500kV 常

规站线路扩建工程进行详细分析介绍。

一、工程概述

以 500kV××变电站××线扩建为例，一次接线图见图 13-5。××线安装在第五串靠近Ⅱ母侧，同时完善第五串，原 5052 做边断路器使用，现新建 1 台断路器 5053 做边断路器、2 组隔离开关（50522、50531）、3 组接地开关（505227、505317、505367）；新上隔离开关的闭锁与运行隔离开关无电气闭锁回路，闭锁的实现在主单元通过逻辑闭锁实现。新增××两套线路保护，一套 5053 断路器保护。其余都为原备用装置。

本次扩建线路涉及断路器保护、母线保护等，需接口大量启失灵、出口跳闸、联闭锁等重要回路。

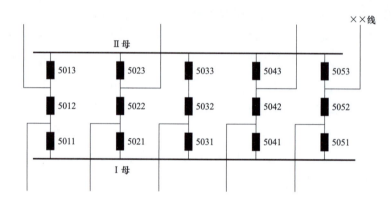

图 13-5　线路扩建一次接线示意图

二、二次回路工作注意事项

（一）500kV 部分

1. 配合新上××线，5052 断路器间隔相关二次回路拆除

（1）需停役设备：5052 断路器改检修。

（2）拆除注意事项：

1）做好相关交流电压、电流回路，跳闸回路安全措施；

2）拆除前确认待拆除电缆已无电压；

3）拆除电缆时需小心仔细，防止带动运行电缆造成端子松动；

4）保留备用电缆的裸露铜芯，需用红色绝缘胶布妥善包好。

2. 配合新上××线，500kV Ⅱ母第一、二套母线保护与 5052 断路器相关二次回路拆除

（1）需停役设备：

1）5052 断路器改检修；

2）500kV Ⅱ母第一、二套母线保护轮流改信号。

（2）拆除注意事项：

1）500kV Ⅱ母第一套母差保护内有运行回路，包含电流回路及大电流短接端子、失灵回路等；

2）拆除前确认待拆除电缆已无电压；

3）移除电缆时需小心仔细，防止带动运行电缆；

4）保留备用电缆的裸露铜芯，需用红色绝缘胶布妥善包好。

3. 500kV Ⅱ母第一套、第二套母线保护相关二次回路接口

（1）需停役设备：500kV Ⅱ母第一套、第二套母线保护轮流改信号；

（2）接口注意事项：做好 500kV Ⅱ母第一套母差保护内相关运行回路安全措施，严防误跳、误出口运行间隔，严禁短路和接地。

4. 配合新上 5053、5052 断路器保护相关二次回路接口

（1）需停役设备：5052 断路器改检修；

（2）接口注意事项：做好 5052 断路器保护屏内相关运行回路安全措施，包含至 5051 断路器保护闭重回路、至 5051 断路器失灵联跳回路等，严防误跳、误出口运行间隔，严禁短路和接地。

（二）公用及故障录波保护信息部分

因常规变电站公用及故障录波保护信息部分各类间隔差别不大，故现场交流动力电源、电能表、装置交直流电源、时钟同步等二次回路接口及故障录波保护信息部分可参考"第一节　常规变电站主变压器间隔扩建工程要点"的"二次回路工作注意事项"的第四部分。

本段仅对特殊注意事项进行强调：

（1）与主变压器间隔不同，线路间隔场地无冷却器；

（2）500kV 故障录波器按串配置，需接入对应故障录波器中。

（三）自动化部分

因常规变电站扩建工程在自动化方面的工作内容差别不大，本段可参考"第一节　常规变电站主变压器间隔扩建工程要点"的"二次回路工作相关注意事项"的第五部分。

三、调试工作注意事项

（一）保护传动调试

1. 500kV Ⅱ母第一套、第二套母线保护与 5053 断路器跳闸回路传动试验

（1）注意事项：

1）母线保护中有至运行间隔的电流、出口回路，防止误开路、误跳运行间隔；

2）二次专业传动一次设备前，提前与一次工作负责人沟通，获得一次工作负责人许

可后方可开始传动工作，并派人到现场监护。

（2）安措布置：

1）将 500kV Ⅱ母第一、二套母线保护至运行间隔出口跳闸、失灵联跳回路的压板拆开、端子划开，并用红色绝缘胶布包好；

2）拆除母差遥信公共端，并将公共端做好绝缘措施；

3）母线保护中对应间隔电流回路外侧短接，划开中间连片，外侧用红色绝缘胶布包好，相邻至运行间隔电流回路用红色绝缘胶布包好。

2. 5053 断路器保护与 500kV Ⅱ母第一套、第二套母线保护失灵回路传动试验

（1）注意事项：

1）母线保护中有至运行间隔的电流、出口回路，防止误开路、误跳运行间隔；

2）二次专业传动一次设备前，提前与一次工作负责人沟通，获得一次工作负责人许可后方可开始传动工作；

3）接口试验后提醒基建人员在线路保护侧做好母差保护失灵安措。

（2）安措布置：

1）将 500kV Ⅱ母第一套、第二套母线保护至运行间隔出口跳闸、失灵联跳回路的压板拆开、端子划开，并用红色绝缘胶布包好；

2）拆除母差遥信公共端，并将公共端做好绝缘措施；

3）母线保护中对应间隔电流回路外侧短接，划开中间连片，外侧用红色绝缘胶布包好，相邻至运行间隔电流回路用红色绝缘胶布包好。

3. 5052 断路器保护与××线路保护远跳回路传动试验

（1）注意事项：5052 断路器保护中有至运行间隔的失灵及远跳回路。

（2）安措布置：

1）将 5052 断路器保护至运行间隔失灵联跳、远跳回路的压板断开，对应端子划开中间连片或拆除内配线，并用红色绝缘胶布包好；

2）拆除遥信公共端，并将公共端做好绝缘措施。

4. 5052 断路器保护与 5053 断路器保护闭重回路、至 5053 断路器联跳回路传动试验

（1）注意事项：

1）5052 断路器保护中有至运行间隔的电流、失灵联跳及远跳回路；

2）二次专业传动一次设备前，提前与一次工作负责人沟通，获得一次工作负责人许可后方可开始传动工作，并派人至现场监护。

（2）安措布置：

1）将 5052 断路器保护至运行间隔失灵联跳、远跳回路的压板断开，对应端子划开中间连片或拆除内配线，并用红色绝缘胶布包好；

2）拆除遥信公共端，并将公共端做好绝缘措施。

（二）"三遥"及水平联闭锁配置调试

1．遥测、遥信与后台、监控主站分别核对

（1）注意事项：

1）核对信号时注意及时在核对表上做好标记；

2）注意间隔事故触发全站事故总检查。

（2）安措布置：工作前做好数据封锁。

2．××线路测控、5053 断路器测控、5052 断路器测控遥控试验

（1）注意事项：后台及调度遥控前，需将全站运行间隔遥控出口压板退出，切至就地位置；

（2）安措布置：遥控前做好全站切就地。

（三）"五防"闭锁逻辑验收

1．××线路间隔内闭锁逻辑验证

注意事项：50532、50521 隔离开关为安措隔离开关，一次设备不可实际分合，需模拟置位，其余隔离开关、接地开关可以实际分合。

2．50521 隔离开关与线路 505167 接地开关间闭锁逻辑验证

注意事项：运行隔离开关无法实际动作，需模拟置位，验证二者间闭锁逻辑。

3．50532 隔离开关与 500kV Ⅱ母接地开关 5217、5227 间闭锁逻辑验证

注意事项：

（1）50532 隔离开关、500kV Ⅱ母接地开关 5217、5227 需模拟置位；

（2）50532 隔离开关闭锁 500kV Ⅱ母接地开关 5217、5227 的逻辑，需通过在 500kV Ⅱ母测控查看接收的 50532 隔离开关位置是否正确来验证。

第六节　常规变电站断路器保护改造工程要点

500kV 常规变电站中间断路器保护改造主要涉及相关断路器保护、线路保护、主变压器保护和母线保护，关联性强，启失灵、失灵联跳、远跳等联跳逻辑多，单独改造安全风险较高，断路器保护常结合线路保护或主变压器保护一同改造，中间断路器保护因运行方式特殊性在改造时往往采用临停 12 小时快速化改造的方式。改造工作安措隔离与接口试验应特别注意对侧设备状态、安措隔离可靠性和试验完整性。现用下述案例对 500kV 常规变电站断路器保护改造工程进行详细分析介绍。

一、工程概述

500kV ××变电站××线 5023 断路器保护（边断路器保护）、2 号主变压器/××线 5022 断路器保护（中间断路器保护）改造，一次接线见图 13-6。其中 5023 断路器保护、5022

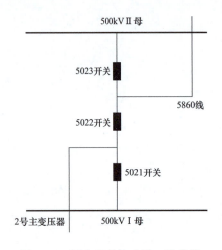

图 13-6　断路器保护改造一次接线
示意图

断路器保护装置为本期新上屏，采用"原屏位新屏柜"方式改造。

本次断路器保护改造，涉及大量启失灵、远跳、交流电压、直流电源、交流电源、故障录波信号等回路。当边断路器、中间断路器一同改造时，对应出线间隔受运行方式所限，一般处于检修状态，若仅边断路器或中间断路器改造，需考虑出线间隔运行的情况，最低应满足出线间隔保护轮流改信号完成拆接工作。

实际工程中间断路器保护改造往往结合线路保护改造一同进行，当中间断路器停电较为困难时，会采用中间断路器临时停电 12 小时的方式完成中间断路器保护快速化改造。

二、二次回路工作注意事项

（一）500kV 部分

1．5023、5022 断路器保护与××线第一套、第二套保护相互启失灵回路的拆接

（1）需停役设备：××线路保护改信号（边断路器、中间断路器一同改造时，对应线路已处于检修状态）。

（2）拆接注意事项：先拆除对应启失灵回路的正电送电端，在对侧监测到该芯无电压后再拆除，两边用绝缘胶布包裹好，依次拆除其他芯。

2．××线第一、二套保护与 5023、5022 断路器保护相关闭重回路的拆接

（1）需停役设备：××线路保护改信号；

（2）拆接注意事项：先拆除 5023、5022 断路器保护屏中的正电端，在××保护屏侧监测到该芯无电压后再拆除，两边用绝缘胶布包裹好，依次拆除其他芯。

3．5023、5022 断路器保护与××线第一、二套保护相关远跳回路的拆接

（1）需停役设备：××线路保护改信号；

（2）拆接注意事项：先拆除××线保护屏中的正电端，在 5032、5022 断路器保护屏侧监测到该芯无电压后再拆除，两边用绝缘胶布包裹好，依次拆除其他芯。

4．5023、5022 断路器保护与 500kV 故障录波器相关信号回路的拆接

（1）需停役设备：

1）××线改断路器及线路检修；

2）故障录波器改信号。

（2）拆接注意事项：先拆除线路故障录波器屏中的正电端，在 5023、5022 断路器保护中监测到该芯无电压后再拆除，两边用绝缘胶布包裹好，依次拆除其他芯。

5. 5023 断路器保护与 500kV Ⅱ母母线第一、二套保护相关回路的拆接

（1）需停役设备：

1）××线改断路器及线路检修；

2）500kV 母线保护轮流改信号。

（2）拆接注意事项：

1）包含母线保护失灵启断路器保护、断路器保护失灵启母线保护、母线保护闭重断路器保护等回路；

2）先拆除对应回路的正电端，在电缆对侧监测到该芯无电压后再拆除，两边用绝缘胶布包裹好，依次拆除其他芯。

6. 5022 断路器保护与 2 号主变压器第一、二套保护相关启动失灵、失灵联跳回路的拆接

（1）需停役设备：

1）××线改断路器及线路检修；

2）2 号主变压器保护轮流改信号。

（2）拆接注意事项：先拆除正电端，在对侧监测到该芯无电压后再拆除，两边用绝缘胶布包裹好，依次拆除其他芯。

7. 5022 断路器保护与 5021 断路器保护相互闭重回路的拆接

（1）需停役设备：

1）××线改断路器及线路检修；

2）5021 断路器保护改信号。

（2）拆接注意事项：先拆除对应回路的正电端，在电缆对侧监测到该芯无电压后再拆除，两边用绝缘胶布包裹好，依次拆除其他芯。

8. 5022 断路器保护失灵联跳 5021 断路器回路的拆接

（1）需停役设备：

1）××改断路器及线路检修；

2）5021 断路器改检修。

（2）拆接注意事项：先拆除对应回路的正电端，在电缆对侧监测到该芯无电压后再拆除，两边用绝缘胶布包裹好，依次拆除其他芯。

（二）公用及自动化部分

常规变电站不同保护改造工程中，公用及自动化部分工作内容无明显差异，可参考"第五节　常规变电站主变压器保护改造工程要点"对应部分。

三、调试工作注意事项

1. 5023 断路器保护与 500kV Ⅱ母第一、二套母线保护相关回路的传动试验

（1）注意事项：

1）500kV Ⅱ 母母线保护可跳运行间隔；

2）相关回路包含母线失灵保护启断路器保护、断路器保护失灵启母线保护、母线保护闭重断路器保护等。

（2）安措布置：

1）在 500kV Ⅱ 母母线保护屏，退出所有跳闸出口压板，并在端子排处形成断开点，防止误出口运行间隔；

2）传动试验完成后由技改施工单位在 5023 断路器保护屏侧拆除 5023 断路器保护失灵开入 500kV Ⅱ 母母线保护回路，并用红色绝缘胶布包好，投产前由技改施工单位恢复该安全措施。

2. 5022 断路器保护与 2 号主变压器第一、二套保护相关启失灵、失灵联跳回路的传动试验

（1）注意事项：2 号主变压器保护除 5022 断路器外可跳其他运行断路器。

（2）安措布置：

1）在 2 号主变压器保护屏保将除 5022 断路器失灵出口压板外的所有出口压板退出，并在端子排处形成断开点，防止误出口运行间隔。

2）参考第 1 点，在 5022 断路器保护屏中拆除失灵联跳 2 号主变压器回路。

3. 5022 断路器保护与 5021 断路器保护相互闭重回路的传动试验

（1）注意事项：5021 断路器保护可将失灵开入运行的 500kV Ⅰ 母母线保护、××线路保护。

（2）安措布置：

1）在 5021 断路器保护屏，采用退出压板和在端子排处形成断开点的安措布置方式，防止 5021 断路器保护失灵误开入运行的 500kV Ⅰ 母母线保护、××线路保护；

2）参考第 1 点，在 5022 断路器保护屏拆除闭重 5021 断路器保护回路安措。

4. 5022 断路器保护失灵联跳 5021 断路器回路的传动试验

（1）注意事项：

1）5022 断路器保护中有至运行间隔的出口回路；

2）传动过程中间断路器场地需派人监护，若断路器有一次工作则需获得一次工作负责人许可后方可开始传动。

（2）安措布置：参考第 1 点，在 5022 断路器保护屏拆除跳 5021 断路器回路。

5. ××线第一、二套保护与 5023、5022 断路器的传动试验

（1）注意事项：

1）××线路保护中有至运行间隔的出口回路；

2）传动过程中间断路器场地需派人监护，若断路器有一次工作则需获得一次工作负责人许可后方可开始传动。

（2）安措布置：参考第 1 点，拆除 5023、5022 断路器跳闸回路。

6. ××线路保护与 5023、5022 断路器保护相关启失灵回路的传动试验

（1）注意事项：××线路保护可跳其他运行间隔。

（2）安措布置：

1）在××线路保护屏，采用退出压板和在端子排处形成断开点的安措布置方式，防止误出口运行间隔；

2）参考第 1 点，在 5023、5022 断路器保护屏拆除启失灵回路。

7. 5023、5022 断路器保护与××线路保护相关远跳回路的传动试验

试验验证回路不同，但注意事项和安措可参考第 6 点，还需注意与××线对侧做好沟通，确认是否具备实际远跳条件，若不具备实际传动条件，可在××线保护屏采用监测远跳信号的方式验证该回路。安措需断路器保护屏内拆除远跳回路。

第十四章 500kV 智能变电站改扩建工程实施要点

与智能变电站相比，常规变电站存在采集资源重复、存在多套系统、厂站设计、调试复杂、互操作性差、标准化规范化不足等问题；智能变电站能够完成范围更宽、层次更深、结构更复杂的信息处理，变电站内、站与调度、站与站之间、站与大用户和站与分布式能源的互动能力更强，信息的交换和融合更方便快捷，控制手段更灵活可靠，同时智能变电站是智能电网发展的有力支撑，因此，常规变电站智能化改造将是变电站发展的必然趋势。

常规变电站智能化改造过程中不可能将全站设备停电进行改造，只能按停电计划分步实施，意味着变电站内长时间既存在常规型二次系统，又存在智能型二次系统，智能型与常规型二次系统之间的信息交互难以避免。改造后的间隔保护装置采用光纤通过 GOOSE 报文和 MMS 报文进行通信，未改造间隔保护装置通过传统的电缆进行通信，如何实现硬接点与 GOOSE 信号间的转换，即未改造间隔保护的电信号如何转换成光信号传递给已改造的智能型保护装置，已改造的间隔保护的光信号如何转换成电信号传递给未改造间隔的保护装置，是 500kV 变电站二次系统智能化改造的核心问题，也是关系到变电站改造过程中安全稳定运行的重要因素。

因此，在常规变电站智能化改造过程中，将采用过渡接口装置，过渡接口装置可实现电缆信息与光缆信息之间的可定义转换。一方面，通过智能电子设备（IED）与过渡接口装置之间的临时文件配置，过渡接口装置收到 IED 发出的虚端子信息后，能够驱动定义好的硬节点，提供给尚未进行智能化改造的常规型装置；另一方面，过渡接口装置通过电缆接收到常规型装置发出的硬电缆信息后，能够驱动指定的虚端子，根据相应的临时文件配置，通过光缆介质传递给 IED，过渡接口装置原理如图 14-1 所示。

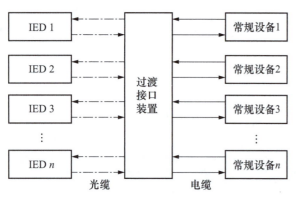

图 14-1 过渡接口装置原理图

第一节　母线保护智能化改造工程要点

一、工程概述

500kV 系统采用 3/2 断路器接线方式，该一次接线方式下各间隔由两个断路器同时供电，停役一条母线不影响间隔供电，因此 500kV 部分改造可采用表 14-1 中的两种方案。

表 14-1　　　　　　　　　　　　500kV 部分改造方案对比表

	方案比对	是否采用
方案一：先改造母线保护、后改造间隔保护	先改造母线保护，借助原母线保护二次回路通过过渡接口装置与新母差保护进行连接，各间隔改造完毕后依次与母线保护进行接口，缺点是接口完毕后若需实际传动母线保护至各间隔断路器，需要再停一次母线	采用，更有利于现场工作
方案二：先改造间隔保护、后改造母线保护	先进行各间隔智能化改造，改造完毕后，通过过渡接口装置与原母差保护进行连接，各间隔改造完成后停母线进行母线保护改造及传动试验，缺点是间隔改造时增加原母差保护装置的操作	不采用

根据表 14-1 中两种方案的优缺点对比，考虑到老母线保护设备较老，新设备更加可靠，采用方案一更加有利于现场工作，因此 500kV 母线保护通常采用先改造母线保护、后改各间隔保护的方案。保护改造流程分为准备阶段、开始阶段、过渡阶段和结束阶段。

（1）准备阶段：完成新母线保护的调试及新母线保护和母差保护过渡接口屏的光纤连接。为方便结束阶段过渡接口装置退役，过渡接口装置通过 GOOSE 交换机获得新母线保护发送的 GOOSE 控制块，并将其转换成硬接点信号。

（2）开始阶段：将 500kV 母线及其边断路器改检修状态，完成原母差保护装置的拆除工作；完成原母线保护与原 TA 端子箱的电流回路拆除，完成原母线保护的信号回路和故障录波回路拆除，同时，为方便过渡阶段新母线保护与原边断路器保护及边断路器机构的电缆连接，避免新放临时长电缆，保留原母线保护屏柜及原母线保护与原断路器机构和原断路器保护的二次回路。在完成二次回路的拆除和保留工作后，将过渡接口装置和原母差保护屏保留的二次回路搭接，完成新母线保护和原断路器机构及原断路器保护的接口试验，在接口试验正确后完成新母线保护信号回路和故障录波回路的搭接和验证。此时新母线保护改造完成，新母线保护和原间隔二次回路的联系除电流回路外，均通过过渡接口装置完成，开始阶段完成后二次回路如图 14-2 所示。

（3）过渡阶段：分批对间隔设备进行停电改造，间隔保护改造完成后轮停新母线保护进行与智能终端和新断路器保护的二次回路搭接及接口试验。

（4）结束阶段：当所有间隔保护改造完成后，母差过渡接口装置即可退役，退役时拆除过渡接口装置与交换机的光缆即可，此时所有间隔完成改造，母线保护与其他装置回路联系如图 14-3 所示。

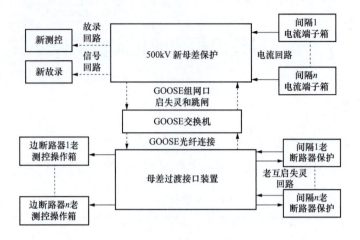

图 14-2　新母差保护改造后过渡过程二次回路

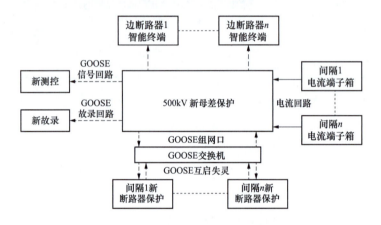

图 14-3　新母差保护最终二次回路图

二、二次回路工作注意事项

以如图 14-4 所示主接线结构的变电站 500kV Ⅰ 段母线母差改造为例，进行改造典型流程总结。500kV××变电站 500kV 部分为 3/2 断路器接线，包含 3 个完整串，现进行Ⅰ母母线保护智能化改造。

（一）500kV 部分

1. 500kVⅠ母第一、二套母线保护（常规）与 5011、5021、5031 断路器电流回路拆除，500kVⅠ母第一、二套母线保护（智能）与 5011、5021、5031 断路器电流回路接口

（1）需停役设备：

1）500kVⅠ段母线改检修；

2）5011、5021、5031 断路器改检修；

3）500kVⅠ母第一、二套母线保护（常规）改信号。

（2）拆接注意事项：

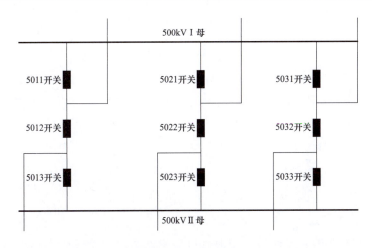

图 14-4　主接线图

1）电流回路拆除前，先使用钳形表确认该电缆无电流，防止误拆运行间隔电流；

2）电流回路接口后，需要做二次负载试验，防止电流回路开路。

2. 500kV I 母第一、二套母线保护（智能）与母差过渡接口装置接口

（1）需停役设备：无。

（2）接口注意事项：500kV I 母第一、二套母线保护（智能）与母差过渡接口装置接口均为检修设备，且与运行间隔之间无关联，注意严禁误入运行间隔。

3. 母差过渡接口装置与 500kV I 母第一、二套母线保护（常规）二次回路接口

（1）需停役设备：

1）500kV I 母第一、二套母线保护（常规）改信号；

2）5011、5021、5031 断路器保护改信号；

3）500kV I 段母线改检修；

4）5011、5021、5031 断路器改检修。

（2）接口注意事项：

1）确认 5011、5021、5031 断路器保护处检修状态；

2）回路接口前应先检查电缆绝缘，绝缘测量正常再接入，防止直流接地或短路；

3）接口时应确认母差过渡接口装置与母线保护二次回路一一对应，防止误接线。

（二）公用部分

1. 500kV I 母第一、二套母线保护（常规）与直流分电屏相关直流电源的拆除，500kV I 母第一、二套母线保护（智能）与直流分电屏相关直流电源的接口

（1）需停役设备：

1）500kV I 段母线改检修；

2）500kV I 母第一、二套母线保护（常规）改信号。

（2）拆接注意事项：

1）拆除前，先在直流分电屏拉开相应直流电源空气开关，在 500kV Ⅰ 母第一、二套母线保护（常规）屏中监测到无直流电后再拆除，两边绝缘胶布包裹好，依次拆除其他芯；

2）电缆接口前应先检查电缆绝缘，绝缘测量正常再接入，防止直流接地或短路。

2. 500kV Ⅰ 母第一、二套母线保护（常规）与时钟同步对时屏相关对时电缆的拆除，500kV Ⅰ 母第一、二套母线保护（智能）与时钟同步对时屏相关对时电缆的接口

（1）需停役设备：

1）500kV Ⅰ 段母线改检修；

2）500kV Ⅰ 母第一套、第二套母线保护（常规）改信号。

（2）拆接注意事项：

1）拆除前，先核对电缆确为同一根后再拆除，两边用绝缘胶布包裹好，依次拆除其他芯；

2）电缆接口前应先检查电缆绝缘，绝缘测量正常再接入，防止直流接地或短路。

3. 500kV Ⅰ 母第一、二套母线保护（常规）与故障录波器及母线设备测控相关信号回路的拆除

（1）需停役设备：

1）500kV Ⅰ 段母线改检修；

2）500kV Ⅰ 母第一、二套母线保护（常规）改信号。

（2）拆除注意事项：

1）先拆除故障录波器屏中的正电端，在 500kV Ⅰ 母第一、二套母线保护（常规）中监测到该芯无电压后再拆除，两边用绝缘胶布包裹好，依次拆除其他芯；

2）电缆接口前，应先检查电缆绝缘，绝缘测量正常再接入，防止直流接地或短路 [500kV Ⅰ 母第一、二套母线保护（智能）通过网线直接与监控设备，只有装置故障、异常信号需要通过电缆传输]。

三、调试工作注意事项

1. 500kV Ⅰ 母第一、二套母线保护（智能）与 5011/5021/5031 断路器的传动试验

（1）注意事项：传动过程 500kV 断路器场地派人监护，注意间隔对应。

（2）安措布置：传动试验完成后由技改施工单位在 500kV Ⅰ 母第一、二套母线保护（智能）屏退出相应 GOOSE 出口压板，防止误跳 5011、5021、5031 断路器，投产前由技改施工单位恢复该安全措施。

2. 500kV Ⅰ 母第一、二套母线保护（智能）与 5011、5021、5031 断路器保护相关启失灵回路的传动试验

（1）注意事项：传动试验时注意间隔对应。

（2）安措布置：传动试验完成后由技改施工单位在 500kV Ⅰ 母第一、二套母线保护

（智能）屏退出相应 GOOSE 出口压板，防止启失灵误开入 5011、5021、031 断路器保护，投产前由技改施工单位恢复该安全措施。

3. 5011、5021、5031 断路器保护与 500kV Ⅰ母第一、二套母线保护（智能）失灵联跳回路传动试验

（1）注意事项：传动试验时注意间隔对应。

（2）安措布置：传动试验完成后由技改施工单位在 500kV Ⅰ母第一、二套母线保护（智能）屏退出相应 GOOSE 接收压板，防止失灵联跳 5011、5021、5031 断路器保护。

第二节　线线串保护智能化改造工程要点

一、工程概述

在 500kV Ⅰ、Ⅱ段母线母线保护智能化改造完毕后即可进行线路间隔改造，且由于母线保护已完成智能化改造，无需采用过渡接口装置，以图 14-5 所示主接线介绍线线串保护改造方案。

如图 14-5 所示为线线串，包含 5011、5012、5013 断路器，××一线，××二线线路保护，改造分三阶段：

（1）准备阶段：完成新线路保护及 5011、5012、5013 断路器保护的调试。

（2）开始阶段：××一线，××二线，5011、5012、5013 断路器改检修状态，完成原线路保护装置及断路器保护装置的拆除工作；完成新上线路保护及断路器保护的安装调试，完成母差您好间隔拆除及接口。

（3）结束阶段：新间隔安装调试完成后经带负荷试验即可投入使用。

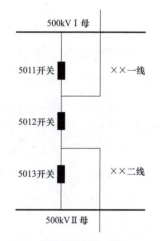

图 14-5　500kV 线路主接线图

二、二次回路工作注意事项

（一）500kV 部分

1. ××一线，××二线第一套、第二套保护（常规）与 500kV 交流电压分电屏电压回路的拆除，××一线，××二线第一套、第二套保护（智能）与 500kV 交流电压分电屏电压回路的接口

（1）需停役设备：××一线、××二线改断路器及线路检修。

（2）拆接注意事项：

1）工作中严禁误碰 500kV 交流电压分电屏中母线电压进线端子，做好安全隔离措

施，防止交流电压短路接地；

2）电缆拆除前要注意核对电缆牌，拆除前在 500kV 交流电压分电屏拉开××一线、××二线母线电压空气开关，在××一线、××二线保护屏中监测到母线电压消失后，再拆除电压回路，并用红色绝缘胶布包好；

3）电压回路搭接工作前，用万用表电阻档检查电缆二次回路电阻，三相之间电阻应基本平衡，检查确无电压回路短路和接地，方可搭接电压二次回路。

2. 5011、5012、5013 断路器保护（常规）与 500kV 交流电压分电屏相关电压回路的拆除，5011、5012、5013 断路器保护（智能）与 500kV 交流电压分电屏相关电压回路的接口

（1）需停役设备：5011、5012、5013 断路器改检修。

（2）拆接注意事项：可参考第 1 点，拉开对应间隔的母线电压空气开关。

3. ××一线、××二线第一套、第二套保护（常规）与 5011、5021、5031 断路器电流回路拆除，××一线、××二线第一套、第二套保护（智能）与 5011、5021、5031 断路器电流回路接口

（1）需停役设备：××一线、××二线改断路器及线路检修。

（2）拆接注意事项：

1）电流回路拆除前，先使用钳形表确认该电缆无电流，防止误拆运行间隔电流；

2）电流回路接口后，需要做二次负载试验，防止电流回路开路。

4. 5011、5012、5013 断路器保护（常规）与 5011、5021、5031 断路器电流回路拆除，5011、5012、5013 断路器保护（智能）与 5011、5021、5031 断路器电流回路接口

（1）需停役设备：5011、5012、5013 断路器改检修。

（2）拆接注意事项：参考第 3 点。

5. ××一线、××二线第一套、第二套保护（常规）与 500kV 线路故障录波器相关信号回路的拆接

（1）需停役设备：

1）××一线、××二线改断路器及线路检修；

2）故障录波器改信号。

（2）拆接注意事项：

1）先拆除线路故障录波器屏中的正电端，在对侧××一线、××二线第一套、第二套保护中监测到该芯无电压后再拆除，两边用绝缘胶布包裹好，再拆除下一芯；

2）电缆接口前，应先检查电缆绝缘，绝缘测量正常再接入，防止直流接地或短路。

6. 5011、5012、5013 断路器保护（常规）与 500kV 故障录波器相关信号回路的拆接

（1）需停役设备：

1）5011、5012、5013 断路器改检修；

2）故障录波器改信号。

（2）拆接注意事项：参考第 5 点。

7. 5011、5012、5013 断路器与 500kV 线路故障录波器相关电流回路的拆除

（1）需停役设备：

1）5011、5012、5013 断路器改检修；

2）故障录波器改信号。

（2）拆除注意事项：参考第 3 点。

8. 5011、5013 断路器保护（常规）与 500kV Ⅰ、Ⅱ 母母差第一套、第二套保护相关启失灵回路、失灵联跳回路的拆除

（1）需停役设备：

1）5011、5013 断路器改检修；

2）500kV 母线保护轮流改信号。

（2）拆接注意事项：参考第 5 点。

9. ××一线、××二线第一套、第二套保护，5011、5012、5013 断路器保护（智能）组网光纤接口

（1）需停役设备：

1）5011、5012、5013 断路器改检修；

2）500kV 母线保护改信号；

3）××一线、××二线改检修。

（2）拆接注意事项：

1）接口完成后注意与母线保护链路是否恢复；

2）注意母线保护失灵联跳压板及启失灵压板是否投入。

（二）公用部分

1. ××一线、××二线第一套、第二套保护（常规）与直流分电屏相关直流电源的拆除，××一线、××二线第一套、第二套保护（智能）与直流分电屏相关直流电源的接口

（1）需停役设备：××一线、××二线改检修（最大停电范围，下同）。

（2）拆接注意事项：

1）拆除前，先在直流分电屏拉开相应直流电源空气开关，在××一线、××二线第一套、第二套保护屏中监测到无直流电后再拆除，两边用绝缘胶布包裹好，再拆除下一芯；

2）电缆接口前，应先检查电缆绝缘，绝缘测量正常再接入，防止直流接地或短路。

2. 5011、5012、5013 断路器第一套、第二套智能终端与直流分电屏相关直流电源的接口

（1）需停役设备：5011、5012、5013 断路器改检修。

（2）接口注意事项：参考第 1 点。

3. 5011、5012、5013 断路器保护（常规）与直流分电屏相关直流电源的拆除，5011、5012、5013 断路器保护（智能）与直流分电屏相关直流电源的接口

（1）需停役设备：5011、5012、5013 断路器改检修。

（2）接口注意事项：参考第 1 点。

4. ××一线、××二线第一套、第二套保护（常规）与时钟同步对时屏相关对时电缆的拆除，××一线、××二线第一套、第二套保护（智能）与时钟同步对时屏相关对时电缆的接口

（1）需停役设备：××一线、××二线改检修。

（2）接口注意事项：参考第 1 点。

5. 5011、5012、5013 断路器保护（常规）与时钟同步对时屏相关对时电缆的拆除，5011、5012、5013 断路器保护（智能）与时钟同步对时屏相关对时电缆的接口

（1）需停役设备：5011、5012、5013 断路器改检修。

（2）拆接注意事项：参考第 1 点。

6. 5011、5012、5013 断路器第一套、第二套智能终端与时钟同步对时屏相关对时光纤的接口

（1）需停役设备：5011、5012、5013 断路器改检修。

（2）接口注意事项：光纤接口前，应先确认光纤两端是否为同一根，并且检查光纤是否良好后再接入。

三、调试工作注意事项

1. ××一线、××二线第一套、第二套保护，5011、5012、5013 断路器保护与5011、5012、5013 断路器的跳闸传动试验

（1）注意事项：

1）5011、5013 断路器保护可将失灵开入运行的母线保护；

2）传动过程 500kV 断路器场地派人监护。

（2）安措布置：退出 5011、5013 断路器保护失灵联跳母线 GOOSE 出口压板。

2. ××一线、××二线第一套、第二套保护与 5011、5012、5013 断路器保护相关启失灵回路的传动试验

（1）注意事项：5011、5013 断路器保护可将失灵开入运行的 500kV Ⅰ、Ⅱ母母线保护。

（2）安措布置：

1）在 5011、5013 断路器保护屏，做好 5011、5013 断路器保护失灵误开入运行的500kV Ⅰ、Ⅱ母母线保护的二次回路安措，退出相关出口软压板。

2）传动试验完成后由技改施工单位在××一线、××二线线路保护屏退出相应GOOSE 出口压板，防止 5011、5013 断路器保护启失灵误开入运行的 500kV Ⅰ、Ⅱ母母线

保护，投产前由技改施工单位恢复该安全措施。

3. 5011、5012、5013 断路器保护与××一线、××二线第一套、第二套保护相关远跳回路的传动试验

（1）注意事项：与××一线、××二线对侧做好沟通，确认是否具备实际远跳条件。若不具备实际传动条件，可在××一线、××二线保护屏采用监测远跳信号的方式验证该回路。

（2）安措布置：工作中做好监护，防止误入运行间隔。

4. 5011、5013 断路器保护与 500kV I、II 母母线第一套、第二套母线保护相关启失灵回路的传动试验

（1）注意事项：母线保护可跳运行间隔。

（2）安措布置：

1）在母线保护将所有 GOOSE 出口压板退出，防止误跳运行间隔；

2）可参考第 2 点，在 5011、5013 断路器保护退出相应 GOOSE 出口压板，防止 5011、5013 断路器保护失灵误开入母线保护的二次回路安措。

5. 5011、5012、5013 断路器保护相关跳闸、闭重回路的传动试验

主要风险点来自边断路器保护将失灵开入运行的母线保护，注意事项和安措布置可参考第 1 点。

第三节　线变串保护智能化改造工程要点

一、工程概述

500kV I、II 段母线保护智能化改造完成后即可进行线变串保护改造。500kV 主变压器为自耦变压器，包括 500、220、35kV 三侧，主变压器保护改造后采用模拟采样、光纤跳闸模式。考虑到主变压器保护的二次接线复杂，由于在主变压器保护改造时 220kV 部分还没有改造，在主变压器 220kV 侧增加过渡接口装置，以实现主变压器 220kV 部分与 220kV 母联、母差保护的有效连接。数字化主变压器保护与传统断母线保护及操作回路的配合，解决了智能化改造过程中智能设备与传统设备配合的问题，由于 35kV 电压等级设备一般为常规设备，主变压器保护无需配合，现以如图 14-6 所示接线方式介绍线变串改造工程，由于线路及断路器保护改造已在线线串改造中说明，本章节仅介绍主变压器保护改造相关内容。

主变压器保护进行更换后，数字化主变压器保护经组网口与断路器保护的失灵配合，通过智能终端实现直跳口跳主变压器保护相关断路器。断路器保护考虑母线故障时，主变压器断路器失灵，此时需要母线保护启动主变压器断路器失灵，跳主变压器三侧，所以将

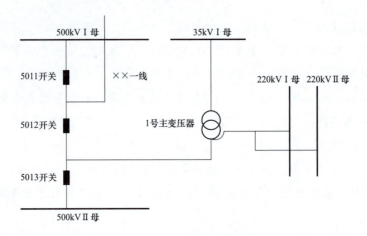

图 14-6　500kV 主变压器接线图

母差保护启动接点接入新的主变压器保护。主变压器与母线之间关系主要考虑当主变压器故障时，主变压器断路器失灵对母线的影响。假设主变压器侧发生故障时主变压器断路器失灵，短路电流经过主变压器后产生电压降，如果母线失灵保护复压闭锁将会导致失灵保护拒动的严重后果，必须先解除母线失灵复压闭锁，然后再启动母线失灵保护，跳开母线相关断路器。考虑到在主变压器保护改造时 500kV 部分母差保护已完成智能化改造，220kV 部分还没有改造，因此在主变压器 220kV 侧增加过渡接口装置，以实现主变压器220kV 部分与 220kV 母联、母差保护的有效连接。具体原理如图 14-7 所示。

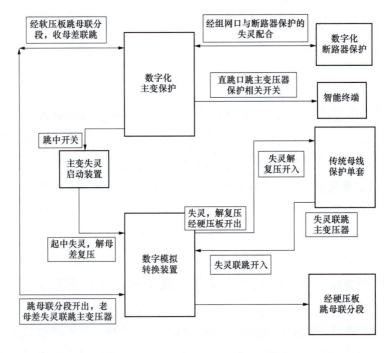

图 14-7　主变压器保护回路联系图

根据以上改造计划，将主变压器保护改造分为四个阶段：

（1）准备阶段：新上主变压器保护调试及新主变压器保护和主变压器过渡接口屏的光纤连接。为方便结束阶段过渡接口装置退役，过渡接口装置通过 GOOSE 交换机获得新主变压器保护发送的 GOOSE 控制块，并将其转换成硬接点信号。

（2）开始阶段：将 1 号主变压器和其各侧断路器改检修状态，完成原主变压器保护装置的拆除工作；同时，为方便过渡阶段新主变压器保护与 220kV 部分的电缆连接，避免新放临时长电缆，保留原母线保护屏柜及原母线保护与原断路器机构和原断路器保护的二次回路。在完成二次回路的拆除和保留工作后，将过渡接口装置和原主变压器保护屏保留的二次回路搭接，完成新主变压器保护和 220kV 侧各回路的接口试验，在接口试验正确后完成新主变压器保护信号回路和故障录波回路的搭接和验证。此时新主变压器保护改造完成，新主变压器保护和 220kV 侧二次回路的联系除电流回路外，均通过过渡接口装置完成。

（3）过渡阶段：对 220kV 部分进行改造，并与主变压器保护进行接口。

（4）结束阶段：当 220kV 母差、母联保护智能化改造完成后，主变压器过渡接口装置即可退役，退役时拆除过渡接口装置与交换机的光缆即可，此时主变压器与相关间隔智能化改造完成，实现全智能化连接。

二、二次回路工作注意事项

（一）500kV 部分

1. 1 号主变压器第一套、第二套保护（常规）与 500kV 交流电压分电屏电压回路的拆除，1 号主变压器第一套、第二套保护（智能）与 500kV 交流电压分电屏电压回路的接口

（1）需停役设备：1 号主变压器及各侧断路器改检修。

（2）拆接注意事项：可参考"第十一节　线线串保护智能化改造工程要点"的"二次回路工作注意事项"的第一部分第 1 点。

2. 1 号主变压器第一套、第二套保护（常规）与 5012、5013 断路器电流回路拆除，1 号主变压器第一套、第二套保护（智能）与 5012、5013 断路器电流回路接口

（1）需停役设备：1 号主变压器及各侧断路器改检修。

（2）拆接注意事项：可参考"第十一节　线线串保护智能化改造工程要点"的"二次回路工作注意事项"的第一部分第 3 点。

3. 1 号主变压器第一套、第二套保护（常规）与主变压器故障录波器相关信号回路的拆除

（1）需停役设备：1 号主变压器及各侧断路器改检修。

（2）拆接注意事项：可参考"第十一节　线线串保护智能化改造工程要点"的"二次回路工作注意事项"的第一部分第 5 点。

（二）220kV 部分

1. 1 号主变压器第一套、第二套保护（常规）与 220kV 交流电压分电屏电压回路的拆除，1 号主变压器 220kV 第一套、第二套合并单元与 220kV 母线合并单元电压回路的接口

（1）需停役设备：1 号主变压器及各侧断路器改检修。

（2）拆接注意事项：

1）工作中严禁误碰 220kV 交流电压分电屏中母线电压进线端子，做好安全隔离措施，防止交流电压短路接地；

2）电缆拆除前要注意核对电缆牌，拆除前在 220kV 交流电压分电屏拉开 1 号主变压器第一套、第二套保护母线电压空气开关，在 1 号主变压器第一套、第二套保护屏中监测到母线电压消失后，再拆除电压回路，并用红色绝缘胶布包好；

3）光纤搭接前要确认两端为同一根光纤，并确认光纤良好。

2. 1 号主变压器第一套、第二套保护（常规）与 220kV 第一套、第二套母线保护启失灵、解复压失灵联跳回路拆除

（1）需停役设备：

1）1 号主变压器及各侧断路器改检修；

2）220kV 母线保护改信号。

（2）拆接注意事项：

1）确认母线保护处信号状态，做好母线保护出口回路安措；

2）先拆除母线保护屏中的正电端，在 1 号主变压器保护屏侧监测到该芯无电压后再拆除，两边绝缘胶布包裹好，依次拆除其他芯。

3）工作中做好监护，严禁误拆运行间隔。

3. 1 号主变压器第一套、第二套保护（常规）与 220kV 母联、分段跳闸回路拆除

（1）需停役设备：

1）1 号主变压器及各侧断路器改检修；

2）220kV 母联、分段保护改信号。

（2）拆接注意事项：

1）先拆除母联、分段保护屏中的正电端，在 1 号主变压器保护屏侧监测到该芯无电压后再拆除，两边绝缘胶布包裹好，依次拆除其他芯；

2）工作中做好监护，严禁误拆运行间隔；

3）母联、分段视为运行设备，严防误碰。

4. 1 号主变压器第一套、第二套保护（智能）与主变压器过渡接口装置接口

（1）需停役设备：无。

（2）拆接注意事项：1 号主变压器第一套、第二套保护（智能）与主变压器过渡接口

装置接口均为检修设备，且与运行间隔之间无关联，注意严禁误入运行间隔。

5. 主变压器过渡接口装置与 220kV 母线保护、母联分段断路器二次回路搭接

（1）需停役设备：

1）1 号主变压器及各侧断路器改检修；

2）220kV 母线保护改信号。

（2）拆接注意事项：

1）确认 220kV 母线保护处信号状态；

2）回路接口前，应先检查电缆绝缘，绝缘测量正常再接入，防止直流接地或短路；

3）接口时应确认主变压器过渡接口装置与母线保护、母联、分段断路器二次回路一一对应，防止误接线；

4）做好母线保护出口回路安措，严防误碰和误接线。

6. 主变压器第一套、第二套保护（智能）组网光纤搭接

（1）需停役设备：

1）1 号主变压器及各侧断路器改检修；

2）500kV 母线保护改信号。

（2）拆接注意事项：

1）接口完成后注意检查与母线保护链路是否恢复；

2）注意检查母线保护失灵联跳压板及启失灵压板是否投入。

（三）公用部分

1. 1 号主变压器第一套、第二套保护（常规）与直流分电屏相关直流电源的拆除，1 号主变压器第一套、第二套保护（智能）与直流分电屏相关直流电源的接口

（1）需停役设备：1 号主变压器及各侧断路器改检修。

（2）拆接注意事项：

1）拆除前，先在直流分电屏拉开相应直流电源空气开关，在 1 号主变压器第一套、第二套保护屏中监测到无直流电后再拆除，两边用绝缘胶布包裹好，依次拆除其他芯；

2）电缆接口前，应先检查电缆绝缘，绝缘测量正常再接入，防止直流接地或短路。

2. 1 号主变压器第一套、第二套保护（常规）与时钟同步对时屏相关对时电缆的拆除，1 号主变压器第一套、第二套保护（智能）与时钟同步对时屏相关对时电缆的接口

（1）需停役设备：1 号主变压器及各侧断路器改检修。

（2）拆接注意事项：参考第 1 点。

3. 1 号主变压器 220kV 合并单元、智能终端，35kV 合并单元、智能终端，本体智能终端与直流分电屏相关直流电源的搭接

（1）需停役设备：1 号主变压器及各侧断路器改检修。

（2）接口注意事项：参考第 1 点。

4. 1 号主变压器 220kV 合并单元、智能终端，35kV 合并单元、智能终端，本体智能终端与时钟同步对时屏相关对时电缆的接口

（1）需停役设备 1 号主变压器及各侧断路器改检修。

（2）接口注意事项：参考第 1 点。

三、调试工作注意事项

1. 1 号主变压器第一套、第二套保护与各侧断路器的传动试验

（1）注意事项：

1）在 5013 断路器保护屏做好 5013 断路器保护失灵误开入运行的 500kV Ⅱ母母线保护的二次回路安措；

2）传动过程 500kV 断路器场地派人监护；

3）做好 1 号主变压器启 220kV 母差失灵回路安措。

（2）安措布置：做好 1 号主变压器启 220kV 母差失灵回路安措，拆除相应出口电缆并用红色绝缘胶布包好。

2. 1 号主变压器第一套、第二套保护与 5012、5013 断路器保护相关启失灵回路的传动试验

（1）注意事项：5013 断路器保护可将失灵开入运行的 500kV Ⅱ母母线保护。

（2）安措布置：

1）做好 5013 断路器保护失灵误开入运行的 500kV Ⅱ母母线保护的二次回路安措；

2）传动试验完成后由技改施工单位在××线路保护屏，做好启失灵误开入 5023 断路器保护的二次回路安措，拆除相应失灵出口电缆并用红色绝缘胶布包好，投产前由技改施工单位恢复该安全措施。

3. 1 号主变压器第一套、第二套保护与 220kV 母线保护相关启失灵回路的传动试验

（1）注意事项：确认母线保护在信号状态，防止误出口运行间隔。

（2）安措布置：做好母线保护出口回路安措，拆除相应出口回路电缆并用红色绝缘胶布包好。

4. 1 号主变压器第一套、第二套保护与 220kV 母联、分段断路器出口传动试验

（1）注意事项：

1）1 号主变压器可启 220kV 母线保护失灵；

2）母联、分段断路器应在检修状态，传动时一次场地需派人监护。

（2）安措布置：做好 1 号主变压器启 220kV 母线保护失灵回路安措，拆除相应出口电缆并用红色绝缘胶布包好。

第四节　220kV 线路保护智能化改造工程要点

一、工程概述

220kV 部分改造有别于 500kV 部分，500kV 采用先改造母差保护后改造线路保护的方式，而 220kV 系统由于采用合并单元采样、智能终端跳闸方式，与 500kV 差别较大，以图 14-8 所示接线方式为例，220kV 部分改造方案如表 14-2 所示。

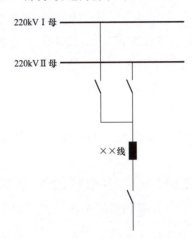

图 14-8　220kV 线路接线图

表 14-2 　　　　　　　　　　　　220kV 部分改造方案对比

改造方案	方案比对	是否采用
方案一：先改造母线保护，再进行间隔保护改造	先改造母线保护，借助原母线保护二次回路通过过渡接口装置与新母差进行连接，各间隔改造完毕后依次与母线保护进行接口，缺点是间隔改造未完成，需解决母差保护数字量电流问题	不采用
方案二：先改造间隔保护，再进行母线保护改造	先进行各间隔智能化改造，改造完毕后，通过过渡接口装置与原母差保护进行连接，各间隔改造完成后停母线进行母线保护改造及传动试验，缺点是间隔改造时增加原母差装置的操作	采用

根据上述方案，若先改造母线保护，由于各间隔设备仍为常规设备，无法提供合并单元电流，母线保护需要进行电流量转接，而先进行间隔保护改造，原母差保护所需的常规采样电流可以通过 TA 备用绕组临时取用，待线路间隔均改造完成后，再进行母线保护改造，和各间隔合并单元接口即可完成，因此保护改造模式采用先线路间隔、后母线保护的改造方案。

220kV 线路保护改造分为四个阶段：

（1）准备阶段：完成新线路保护及线路过渡接口装置的调试。

（2）开始阶段：将××线和改检修状态，完成老线路保护装置的拆除工作；完成新上线路保护及过渡接口装置的安装调试。

（3）过渡阶段：采用过渡接口装置实现智能化线路保护与常规母线保护之间的信号传输，采用备用 TA 提供母线保护所需电流。

（4）结束阶段：当所有间隔智能化改造完成后，对母差进行改造，母线保护改造完成后 220kV 部分智能化改造完成，主变压器过渡接口装置即可退役。

二、二次回路工作注意事项

（一）220kV 部分

1. ××线第一套、第二套保护（常规）与 220kV 交流电压分电屏电压回路的拆除，××线第一套、第二套合并单元与 220kV 母线设备合并单元电压回路的接口

（1）需停役设备：××线改断路器及线路检修。

（2）拆接注意事项：

1）工作中严禁误碰 220kV 交流电压分电屏中母线电压进线端子，做好安全隔离措施，防止交流电压短路接地；

2）电缆拆除前要注意核对电缆牌，拆除前在 220kV 交流电压分电屏拉开××线母线电压空气开关，在××线保护屏中监测到母线电压消失后，再拆除电压回路，并用红色绝缘胶布包好；

3）光纤搭接前要确认两端为同一根光纤，并确认光纤良好。

2. ××线第一套、第二套保护（常规）与 220kV 母线保护启失灵回路的拆除

（1）需停役设备：

1）××线改断路器及线路检修；

2）220kV 母线保护改信号。

（2）拆除注意事项：

1）先拆除 220kV 母线保护屏中的正电端，在××线保护屏侧监测到该芯无电压后再拆除，两边绝缘胶布包裹好，依次拆除其他芯；

2）工作中做好监护，严禁拆除运行间隔。

3. ××线第一套、第二套保护（常规）与 220kV 线路故障录波器相关信号回路的拆除

（1）需停役设备：

1）××线改断路器及线路检修；

2）故障录波器改信号。

（2）拆接注意事项：参考第 2 点。

4. ××线第二套保护（常规）与 220kV 线路故障录波器相关电流回路的拆接

（1）需停役设备：

1）××线改断路器及线路检修；

2）故障录波器改信号。

（2）拆接注意事项：

1）电流回路拆除前，先使用钳形表确认该电缆无电流，防止误拆运行间隔电流；

2）电流回路接口后，需要做二次负载试验，防止电流回路开路。

5. ××线第一套、第二套保护（智能）与母差过渡接口装置回路接口

（1）需停役设备：××线改断路器及线路检修。

（2）拆接注意事项：线路保护通过组网光纤与过渡接口装置连接，实现启失灵，远跳信号的数字量信号与电气量信号转换，搭接完成后应做好试验，确保各信号一一对应。

6. 母差过渡接口装置与 220kV 母线保护启失灵，远跳信号接口

（1）需停役设备：

1）××线改断路器及线路检修；

2）220kV 母线保护改信号。

（2）拆接注意事项：

1）回路接口前，应先检查电缆绝缘，绝缘测量正常再接入，防止直流接地或短路；

2）工作中做好监护，严禁误碰及误接线。

（二）公用部分

1. ××线第一套、第二套保护（常规）与直流分电屏相关直流电源的拆除，××线第一套、第二套保护（智能）与直流分电屏相关直流电源的接口

（1）需停役设备：××线改断路器及线路检修。

（2）接口注意事项：

1）拆除前，先在直流分电屏拉开相应直流电源空气开关，在××线第一套、第二套保护（常规）屏中监测到无直流电后再拆除，两边绝缘胶布包裹好，依次拆除其他芯；

2）电缆接口前，应先检查电缆绝缘，绝缘测量正常再接入，防止直流接地或短路。

2. ××线第一套、第二套保护（常规）与时钟同步对时屏相关对时电缆的拆除，××线第一套、第二套保护（智能）与时钟同步对时屏相关对时电缆的接口

（1）需停役设备：××线改断路器及线路检修。

（2）接口注意事项：可参考第 1 点。

3. ××线第一套、第二套合并单元、智能终端与直流分电屏相关直流电源的接口

（1）需停役设备：××线改断路器及线路检修。

（2）接口注意事项：可参考第 1 点。

4. ××线第一套、第二套合并单元、智能终端与时钟同步对时屏相关对时光纤的接口

（1）需停役设备：××线改断路器及线路检修。

（2）接口注意事项：可参考第 1 点。

三、调试工作注意事项

1. ××线第一套、第二套保护与××线断路器的传动试验

（1）注意事项：

1）在××线保护屏，做好××线保护失灵误开入运行的 220kV 母线保护的二次回路安措；

2）传动过程 220kV 断路器场地派人监护；

3）若线路对侧不具备联调条件，还需做好远跳回路安措。

（2）安措布置：做好××线保护失灵误开入运行的 220kV 母线保护的二次回路安措，拆除相应出口电缆并用红色绝缘胶布包好。

2. ××线第一套、第二套保护与 220kV 母线保护相关启失灵回路及对侧远跳回路的传动试验

（1）注意事项：确认母线保护在信号状态，防止误出口运行间隔。

（2）安措布置：做好母线保护出口回路安措，拆除相应出口回路电缆并用红色绝缘胶布包好。

第五节　220kV 母线保护智能化改造工程要点

一、工程概述

当 220kV 间隔改造完成后，母线保护通过过渡接口装置与各间隔连接，本阶段改造 220kV 母线保护，应采用轮停各间隔方式将原母差保护各电流回路拆除，并进行新母差保护与各间隔合并单元、智能终端、保护设备的光纤接口工作。工作主要分为以下三个阶段：

（1）准备阶段：新母线保护配置文件下装，保护功能调试。

（2）开始阶段：轮停各间隔，将原母差保护电流回路拆除，新母差与各间隔进行接口工作。

（3）结束阶段：各间隔接口完成后，停用母差保护过渡接口装置及主变压器过渡接口装置，常规变电站 220kV 部分智能化改造完成。

二、二次回路工作注意事项

（一）220kV 部分

1. 220kV 母线第一套、第二套保护（常规）与 220kV 交流电压分电屏电压回路的拆除，220kV 母线第一套、第二套保护（智能）与 220kV 母线设备合并单元电压光纤的接口

（1）需停役设备：220kV 母线保护改信号。

（2）拆接注意事项：可参考"第四节　220kV 线路保护智能化改造工程要点"的"二

次回路工作注意事项"的第一部分第1点。

2. 220kV母线第一套、第二套保护（常规）与母差过渡接口装置启失灵、远跳回路拆除，220kV母线第一套、第二套保护（智能）组网光纤接口

（1）需停役设备：

1）220kV母线保护改信号；

2）××线改断路器及线路检修。

（2）拆接注意事项：同本段第1点，主要目的为确保电缆、光纤两侧一致。

3. 220kV母线第一套、第二套保护（常规）与母差过渡接口装置跳闸回路拆除，220kV母线第一套、第二套保护（智能）与××线（轮停间隔）智能终端光纤接口

（1）需停役设备：

1）220kV母线保护改信号；

2）××线改断路器及线路检修。

（2）拆接注意事项：同本段第1点，主要目的为确保电缆、光纤两侧一致。

4. 220kV母线第一套、第二套保护（常规）与××线（轮停间隔）电流回路拆除，220kV母线第一套、第二套保护（智能）与××线合并单元（轮停间隔）电流光纤接口

（1）需停役设备：

1）220kV母线保护改信号；

2）××线改断路器及线路检修。

（2）拆接注意事项：可参考"第四节　220kV线路保护智能化改造工程要点"的"二次回路工作注意事项"的第一部分第4点。

（二）公用部分

1. 220kV母线第一套、第二套保护（常规）与直流分电屏相关直流电源的拆除，220kV母线第一套、第二套保护（智能）与直流分电屏相关直流电源的接口

（1）需停役设备：220kV母线保护改信号。

（2）拆接注意事项：可参考"第四节　220kV线路保护智能化改造工程要点"的"二次回路工作注意事项"的第二部分第1点。

2. 220kV母线第一套、第二套保护（常规）与时钟同步对时屏相关对时电缆的拆除，220kV母线第一套、第二套保护（智能）与时钟同步对时屏相关对时电缆的接口

（1）需停役设备：220kV母线保护改信号。

（2）拆接注意事项：同本段第1点。

第六节　智能变电站主变压器间隔扩建工程要点

500kV智能变电站主变压器扩建与常规变电站类似，智能变电站部分二次回路由电缆

转变为光纤，需注意的是因建设时间与标准规范时间的不一致，虽然要求 500kV 保护应常规采样 GOOSE 跳闸，但 SV 采样方式仍存在于部分智能变电站中，扩建时应按照最新要求执行。此外，主变压器作为有三个电压等级的设备，扩建时对站内 220kV 和 35kV 电网结构有一定影响，且 500kV 智能变电站 220kV 电压等级的保护装置采样要求不同于 500kV，配置合并单元采用 SV 采样，在工作中应注意做好区分。现用下述案例对 500kV 智能变电站主变压器扩建工程进行详细分析介绍。

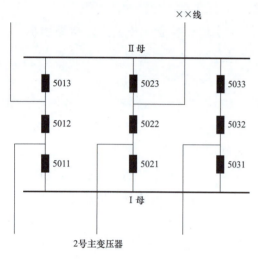

图 14-9　主变压器扩建一次接线示意图

一、工程概述

以 500kV××变电站 2 号主变压器扩建为例，一次接线图见图 14-9。2 号主变压器 500kV 侧安装在第三串，两侧断路器为 5021、5022 断路器，拆除原 5021、5022 断路器短引线保护更换为主变压器保护；1 号主变压器 4、5 号低压电抗器改接到 2 号主变压器，命名更改为 2 号主变压器 1、2 号低压电抗器。其中，2 号主变压器保护屏及 220kV 测控屏为本期新上屏，其余均为原备用装置。

本次扩建主变压器涉及断路器保护、主变压器保护、母线保护等，需接口大量启失灵、失灵联跳、出口跳闸、联闭锁等重要回路。默认 500kV 侧为常规采样、GOOSE 跳闸方式，220kV 侧为 SV 采样、GOOSE 跳闸方式。

二、二次回路工作注意事项

（一）500kV 部分

1. 5021、5022 短引线及 5021、5022 断路器间隔与运行设备二次回路隔离

（1）需停役设备：

1）5021、5022 断路器改检修；

2）5021、5022 短引线保护改信号。

（2）隔离注意事项：

1）做好 5021 断路器保护与 500kV Ⅰ母母差保护相关回路的安措，包含电流回路及大流短接端子、投检修压板、退出相关软压板、拔掉至运行设备光纤等；

2）做好 5022 断路器与 5023 断路器及××线路保护相关回路的安措，包含电流回路、投检修压板、退出相关软压板、拔掉至运行设备光纤等。

2. 5021、5022 测控、智能终端 CID 下装及接口

（1）需停役设备：5021、5022 断路器改检修。

（2）接口注意事项：

1）做好 5021 断路器保护与 500kV Ⅰ母母差保护相关回路的安措，包含电流回路及大流短接端子、投检修压板、退出相关软压板、拔掉至运行设备光纤等；

2）做好 5022 断路器保护与 5023 断路器保护及××线路保护相关回路的安措，包含电流回路、投检修压板、退出相关软压板、拔掉至运行设备光纤等；

3）在配置下装前做好新集成的 SCD 及 CID 配置文件工厂化平台验证；

4）对 5021、5022 断路器 TA 进行一次通流前检查，除 5021、5022 断路器保护电流外的其他组电流回路都已在 5021、5022 电流互感器端子箱的大电流切换端子确已短接可靠。

（二）220kV 部分

1. 220kV Ⅱ段第一套、第二套母线保护 CID 文件下装及接口

（1）需停役设备：220kV Ⅱ段第一、二套母线保护轮流改信号。

（2）接口注意事项：

1）做好 220kV Ⅰ段第一套、第二套母线保护相关运行间隔的联跳回路安措；

2）CID 文件下装前后做好备份工作。

2. 2 号主变压器 220kV 间隔母线电压回路搭接、母线电压互感器测控装置 CID 文件下装及接口

（1）需停役设备：

1）220kV Ⅱ段母线设备第一套、第二套合并单元轮流改信号；

2）220kV Ⅱ段母线上相关第一套、第二套保护应与第一套、第二套母线设备合并单元状态保持一致。

（2）接口注意事项：220kV 切换电压相关接口时确保切换逻辑正确。

3. 220kV 2 号母联断路器智能终端、220kV 正母分段断路器智能终端、220kV 副母分段断路器智能终端 CID 文件下装及接口

（1）需停役设备：

1）220kV 2 号母联断路器改检修；

2）220kV 正母分段断路器改检修；

3）220kV 副母分段断路器改检修。

（2）接口注意事项：

1）CID 文件下装前后做好备份工作；

2）目前浙江已不考虑 500kV 主变压器保护跳母联、分段的功能，实际施工中智能变电站不做相关虚回路修改。

（三）35kV 部分

1. 1 号主变压器间隔与 4、5 号低压电抗器间隔相关二次回路隔离

（1）需停役设备：

1）1 号主变压器 35kV 母线改检修；

2）停用 1 号主变压器低压电抗器及电容器自动投切装置。

（2）接口注意事项：

1）隔离前检查同屏内母线电压端子排接线方式，防止隔离后其他间隔母线电压失去；

2）投切回路隔离时注意核对，防止误拆其他间隔投切回路；

3）与母线接地开关电气闭锁回路隔离后，需验证新电气闭锁回路是否完善无误。

2. 2 号主变压器间隔与 1、2 号低压电抗器间隔相关二次回路接口（电能表、无功投切等）

（1）需停役设备：无；

（2）接口注意事项：接口前检查电缆绝缘阻抗。

（四）公用及故障录波保护信息部分

1. 现场交流动力电源、冷却器电源回路接口

（1）需停役设备：场地动力电源停役。

（2）接口注意事项：

1）动力电源搭接前联系运行人员临时断开场地动力电源，并在动力电源空气开关处挂"禁止合闸、有人工作"标识牌；

2）动力电源拆接前后测量回路绝缘状况。

2. 2 号主变压器 220kV 侧电能表接口

（1）需停役设备：无。

（2）接口注意事项：

1）接口前测量回路绝缘，接口过程中认真仔细，防止交流回路短路接地；

2）接口前认真核对电缆，确保相序等正确。

3. 2 号主变压器间隔内二次设备直流电源、交流电源、时钟同步等二次回路接口

（1）需停役设备：无。

（2）接口注意事项：

1）接口前测量回路绝缘；

2）直流电源接口过程中认真仔细，防止直流回路短路接地；

3）母线电压接口过程中要防止误动运行间隔回路，避免交流电压短路、接地；

4）时钟同步装置接口前确认对时方式。

4. 2 号主变压器与故障录波器 CID 文件下装及接口

（1）需停役设备：相关故障录波器改信号。

（2）接口注意事项：

1）CID 文件下装前后做好备份工作；

2）接口工作前认真核对光缆；

3）回路试验时做好与基建工作人员的配合。

5. 保护信息子站配置下装

（1）需停役设备：无。

（2）接口注意事项：

1）工作前做好网安挂牌和数据封锁；

2）工作时加强厂家监护，防止误入运行间隔、误改运行数据；

3）数据库修改前后做好备份；

4）提前做好通道策略开通或调整的相关资料准备。

（五）SCD及自动化部分

1. SCD文件组态

（1）需停役设备：无。

（2）注意事项：

1）SCD文件修改前后做好文件备份；

2）SCD文件完成后进行新旧SCD文件对比，检查修改内容，避免无关内容被修改。

2. 后台监控画面远动、"五防"闭锁逻辑、I/O闭锁逻辑增加、修改及验证工作

（1）需停役设备：无。

（2）注意事项：

1）工作前做好网安挂牌和数据封锁；

2）工作时加强厂家监护，防止误入运行间隔、误改运行数据；

3）数据库修改前后做好备份。

三、调试工作注意事项

（一）保护传动调试

1. 2号主变压器第一套保护、第二套保护、非电量保护、5021断路器保护、5022断路器保护间隔内传动

（1）注意事项：

1）5021断路器保护有至500kV Ⅰ母两套母差保护的失灵信号；

2）5022断路器保护有至5023断路器的失灵联跳信号、至××线路保护的远跳信号；

3）二次专业传动一次设备前，提前与一次工作负责人沟通，获得一次工作负责人许可后方可开始传动工作，并派人至现场监护。

（2）安措布置：

1）退出5021断路器保护至500kV Ⅰ母第一套、第二套母线保护出口软压板，投入检修压板；

2）退出5022断路器保护至5023断路器出口软压板，投入检修压板；

3）退出5022断路器保护至××线路保护出口软压板，投入检修压板；

4）划开电压端子中间连片，外侧用红色绝缘胶布包好；

5）将电流回路外部短接，划开中间连片，外侧用红色绝缘胶布包好。

2．2 号主变压器第一套、第二套保护与 220kV Ⅰ段正副母第一套、第二套母线保护失灵回路传动试验

（1）注意事项：

1）母线保护中有至运行间隔的电流、跳闸虚回路；

2）二次专业传动一次设备前，提前与一次工作负责人沟通，获得一次工作负责人许可后方可开始传动工作并派人至现场监护；

3）接口试验后提醒基建人员在主变压器保护侧做好母差保护失灵安措。

（2）安措布置：将 220kV 第一套、第二套母线保护至运行间隔出口软压板退出，投入检修压板。

3．500kV Ⅰ母第一套、第二套母差保护与 5021 断路器智能终端、保护传动试验

（1）注意事项：CID 文件下装前后做好新老配置文件对比及备份工作。

（2）安措布置：

1）将 500kV Ⅰ母母差保护内运行间隔 GOOSE 跳闸及启失灵软压板退出；

2）投入母差保护和 5021 断路器智能终端、保护装置检修压板；

3）做好防止母差保护运行间隔 TA 回路开路的安全措施；

4）短接 5021 断路器间隔电流回路外侧端子排，划开中间连片，外侧用红色绝缘胶布包好；

5）SCD 经工厂化调试平台试验验证后，技术上具备免去该项传动试验的可行性。

4．串内××线保护与 5022 断路器智能终端、保护传动试验

（1）注意事项：

1）做好防止运行间隔 TA 开路、TV 短路或接地的安措；

2）CID 文件下装前后做好新老配置文件对比及备份工作。

（2）安措布置：

1）退出 500kV ××线线路保护内跳 5023 断路器 GOOSE 及启失灵软压板；

2）投入线路保护、5022 断路器保护及智能终端检修压板。

5．5023 断路器保护与 5022 断路器保护、智能终端传动试验

（1）注意事项：

1）做好防止运行间隔 TA 开路、TV 短路或接地的安措；

2）CID 文件下装前后做好新老配置文件对比及备份工作。

（2）安措布置：

1）退出 5023 断路器保护跳本断路器 GOOSE 压板及启失灵软压板；

2）投入 5023 断路器保护与 5022 断路器保护、智能终端检修压板。

（二）"三遥"及水平联闭锁配置调试

1．遥测、遥信与后台、监控主站分别核对

（1）注意事项：

1）信号核对时注意及时在核对表上做好标记；

2）注意间隔事故触发全站事故总检查。

（2）安措布置：工作前做好数据封锁。

2．2 号主变压器本体及各侧遥控试验和 2 号主变压器保护、5021 断路器保护、5022 断路器保护、500kV Ⅰ母母差保护软压板遥控试验

（1）注意事项：

1）后台及调度遥控前，需将全站运行间隔遥控出口压板退出，切至就地位置；

2）2 号主变压器 50221 隔离开关与××线 502367 接地开关之间联闭锁逻辑，待××线 12 小时临停期间验证。

（2）安措布置：遥控前做好全站切就地，保护退出远方遥控压板。

（三）"五防"闭锁逻辑验收

1．2 号主变压器 5021 断路器间隔内闭锁逻辑验证

注意事项：2 号主变压器 50211 隔离开关为安措隔离开关，一次设备不可实际分合，需模拟置位，其余隔离开关、接地开关可以实际分合。

2．2 号主变压器 50222 隔离开关与××线 502367 接地开关间闭锁逻辑验证

注意事项：一次设备不可实际分合，需模拟置位，验证二者间闭锁逻辑。

3．2 号主变压器 50211 隔离开关与 500kV Ⅰ母 5217、5227 接地开关间闭锁逻辑验证

注意事项：

（1）2 号主变压器 50211 隔离开关、500kV Ⅰ母 5117、5127 接地开关需模拟置位；

（2）2 号主变压器 50211 隔离开关闭锁 500kV Ⅰ母 5117、5127 接地开关的逻辑，通过在 500kV Ⅰ母测控查看接收的 2 号主变压器 50211 隔离开关位置是否正确来验证。

4．2 号主变压器 220kV 断路器间隔内闭锁逻辑验证

注意事项：2 号主变压器 220kV 正、副母Ⅱ段隔离开关为安措隔离开关，一次设备不可实际分合，需模拟置位，其余隔离开关、接地开关可以实际分合。

5．2 号主变压器 220kV 正、副母Ⅱ段隔离开关与 220kV 正母Ⅱ段 1、2 号接地开关及 220kV 副母Ⅱ段 1、2 号接地开关间闭锁逻辑验证

注意事项：

（1）2 号主变压器 220kV 正、副母Ⅱ段隔离开关与 220kV 正母Ⅱ段 1、2 号接地开关及 220kV 副母Ⅱ段 1、2 号接地开关需模拟置位；

（2）2 号主变压器 220kV 正、副母Ⅱ段隔离开关闭锁 220kV 正母Ⅱ段 1、2 号接地开关及 220kV 副母Ⅱ段 1、2 号接地开关的逻辑，需通过在 220kV 正、副母Ⅱ段母线测控查看

看接收的母线隔离开关位置是否正确来验证。

6. 2 号主变压器 220kV 断路器间隔倒母线逻辑验证

注意事项：220kV 1 号母联断路器、隔离开关位置需模拟置位。

（四）新增回路及变动回路二维表核对

注意事项：

（1）光纤插拔应小心仔细，注意光纤接口卡槽位置，避免损坏或误动运行光纤；

（2）光纤断开时应及时与监控后台确认本间隔通信是否中断，避免误拔其他间隔；

（3）插拔前均应核对光纤标号与光口标号是否一致，做好记录，避免误接、漏接。

第七节　智能变电站线路间隔扩建工程要点

500kV 智能变电站中线路扩建与常规变电站类似，智能变电站部分二次回路由电缆转变为光纤，需注意由于建设时间与标准规范时间不一致，虽然要求 500kV 保护应常规采样、GOOSE 跳闸，但 SV 采样方式仍存在于部分智能变电站中，扩建时应按照最新要求执行。此外，扩建后形成线变串或线线串的结构形式对断路器重合闸方式也有不同要求，线路保护特有的远跳逻辑也需进行专门试验验证。现用下述案例对 500kV 智能变电站线路扩建工程进行详细分析介绍。

一、工程概述

以 500kV××变电站××线扩建为例，一次接线图见图 14-10。扩建第五串，包含短引线间隔 5051、5052 断路器和线路间隔 5052、5053 断路器；新上隔离开关的闭锁与运行隔离开关无电气闭锁回路，闭锁的实现在主单元通过逻辑闭锁实现。新增××线路保护两套，5051、5052、5053 断路器保护一套。其余都为原备用装置。

本次扩建线路涉及断路器保护、母线保护等，需接口大量启失灵、出口跳闸、联闭锁等重要回路。默认 500kV 侧采用常规采样、GOOSE 跳闸方式。

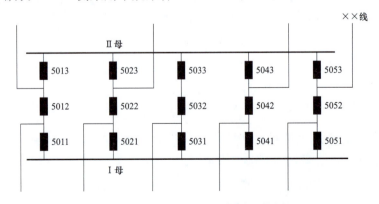

图 14-10　线路扩建一次接线示意图

二、二次回路工作注意事项

（一）500kV 部分

1. 500kV Ⅰ母/母第一套、第二套母线保护相关光缆、电缆回路接口及 CID 文件下装

（1）需停役设备：500kV Ⅰ母/母第一套、第二套母线保护改信号。

（2）接口注意事项：

1）500kV Ⅰ母/母第一套、第二套母差保护内有运行回路，包含电流回路及大流短接端子、投检修压板、退出相关软压板、拔掉至运行设备光纤等；

2）CID 文件下装前后做好备份工作。

2. 500kV Ⅰ母/母测控装置 CID 文件下装

（1）需停役设备：无。

（2）接口注意事项：CID 文件下装前后做好备份工作。

（二）公用及录波部分

因 500kV 侧为常规采样，公用部分不涉及 GOOSE 跳闸，故现场交流动力电源、电能表、装置交直流电源、时钟同步等二次回路接口及故障录波保护信息的常规部分可参考"第二节　常规站线路间隔扩建工程要点"的"二次回路工作注意事项"的第二部分。

本段仅对智能变电站特殊注意事项进行强调：

（1）录波保护信息接口工作时认真检查 CID 配置、虚回路情况和光纤敷设情况，组网方式时需注意交换机转发口配置是否满足要求；

（2）涉及 CID 文件下装的工作做好前后文件备份。

（三）SCD 及自动化部分

因智能变电站扩建工程在 SCD 文件组态及自动化方面的工作内容差别不大，本段可参考"第三节　智能变电站主变压器间隔扩建工程要点"的"二次回路工作注意事项"的第五部分。

三、调试工作注意事项

（一）保护传动调试

1. 500kV 母第一套、第二套母线保护与 5053 断路器跳闸传动试验

（1）注意事项：

1）母线保护中有至运行间隔的电流回路、跳闸虚回路；

2）二次专业传动一次设备前，提前与一次工作负责人沟通，获得一次工作负责人许可后方可开始传动工作，并派人至现场监护。

（2）安措布置：

1）退出 500kV 母第一套、第二套母线保护至运行间隔出口软压板，投入检修压板；

2）母线保护屏中该间隔电流回路外侧短接，划开中间连片，外侧用红色绝缘胶布包好，相邻至运行间隔电流回路用红色绝缘胶布包好。

2. 500kV Ⅰ母第一套、第二套母线保护与 5051 断路器跳闸传动试验

布置时Ⅰ母第一套、第二套母线保护中运行间隔出口软压板。

3. 5053 间隔断路器保护与 500kV 母第一套、第二套母线保护失灵传动试验

试验验证回路不同，但注意事项和同第 1 点，防止误跳运行间隔。

4. 短引线间隔与 500kV Ⅰ母母第一套、第二套母线保护失灵传动试验

试验验证回路不同，但注意事项和同第 2 点，防止误跳运行间隔。

5. 500kV Ⅰ/母第一套、第二套母差保护与各自母线边断路器及智能终端传动试验

（1）注意事项：CID 文件下装前后做好新老配置文件对比及备份工作。

（2）布置：

1）将 500kV 母差保护内运行间隔 GOOSE 跳闸及失灵软压板退出；

2）投入母差保护、扩建间隔断路器保护和智能终端的检修压板；

3）做好防止母差保护运行间隔 TA 回路开路的安全措施；

4）短接边断路器间隔电流回路外侧端子排，划开中间连片，外侧用红色绝缘胶布包好；

5）SCD 文件经工厂化调试平台试验验证后，技术上具备免去该项传动试验的可行性。

（二）"三遥"及水平联闭锁配置调试

智能变电站扩建工程中"三遥"及水平联闭锁配置调试工作注意事项差别不大，可参考"第三节　智能变电站主变压器间隔扩建工程要点"的"调试工作注意事项"的第二部分。

注：因扩建串为不完整串，还需对短引线保护进行相关"三遥"试验。

（三）"五防"闭锁逻辑验收

1. 线路间隔内闭锁逻辑验证

注意事项：50532 隔离开关为隔离开关，一次设备不可实际分合，需模拟置位，其余隔离开关、接地开关可以实际分合。

2. 短引线间隔内逻辑验证

注意事项：50511 隔离开关为隔离开关，一次设备不可实际分合，需模拟置位，其余隔离开关、接地开关可以实际分合。

3. 50521 隔离开关与 505167 接地开关间闭锁逻辑验证

注意事项：第五串均为检修，应实际测试验证二者间的闭锁逻辑。

4. 50522 隔离开关与 505367 接地开关间闭锁逻辑验证

注意事项：第五串均为检修，应实际测试验证二者间的闭锁逻辑。

5. 50511 隔离开关与 500kV Ⅰ母接地开关 5117、5127 间闭锁逻辑验证

注意事项：

（1）50511 隔离开关、500kV Ⅰ母接地开关 5117、5127 需模拟置位；

（2）50511 隔离开关闭锁 500kV Ⅰ母接地开关 5117、5127 的逻辑，需通过在 500kV Ⅰ母母线测控查看接收的 50511 隔离开关位置是否正确来验证。

6. 50532 隔离开关与 500kV 母接地开关 5217、5227 间闭锁逻辑验证

注意事项：

（1）50532 隔离开关、500kV 母接地开关 5217、5227 需模拟置位；

（2）50532 隔离开关闭锁 500kV 母接地开关 5217、5227 的逻辑，通过在 500kV 母测控查看接收的 50532 隔离开关位置是否正确来验证。

（四）新增回路核对

智能变电站扩建工程中二维表核对工作注意事项差别不大，可参考"第三节 智能变电站主变压器间隔扩建工程要点"的"调试工作注意事项"的第四部分。

第十五章 智能变电站配置管控

第一节 智能变电站配置文件

一、配置文件背景

智能变电站中，间隔层设备（保护、测控）与过程层设备（合并单元、智能终端）通过过程层网络连接，设备与设备之间运行时的互操作关系由配置文件决定。配置文件是智能变电站中的关键技术文档，智能变电站集成、运维、改扩建阶段的业务活动均以配置文件为基础开展。系统配置文件如图 15-1 所示。

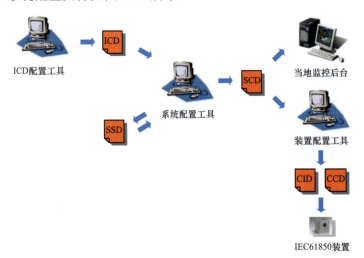

图 15-1 系统配置文件

二、配置文件重要性

ICD 文件描述了装置的能力，ICD 文件是否标准、规范、与装置型号匹配，将影响装置能否正确理解配置。

SCD 文件是智能变电站的"数字化缩影"，包含全站通信子网定义、智能装置的定义与通信参数配置，SCD 通信配置是否正确，决定了装置之间能否正常通信、保护功能是否正确。

CID、CCD 等装置配置文件由 SCD 文件生成、通过下装工具配置到装置，装置根据配置文件描述进行报文接收、功能处理、报文发送，装置配置文件的正确性直接决定了装置能否正常运行。

三、配置文件关键管控点

1. ICD 同源性

（1）ICD 文件模型符合标准规范；

（2）SCD 集成配置使用的 CID 文件与工程项目选用的装置型号匹配。

2. SCD 配置正确性

（1）SCD 文件模型结构及语义符合标准规范；

（2）IED 数据发布/订阅配置正确——"虚回路"正确；

（3）网络通信参数配置正确；

（4）虚端子与物理光口配置正确，虚回路与物理链路配置正确。

3. 装置配置一致性

（1）SCD 文件导出并下装的 CID、CCD 文件与现场装置匹配，进而规避装置 A 的配置下到装置 B 的情况；

（2）使用正确的 CID、CCD 版本下装到现场装置，进而规避下装早期其他版本装置配置文件。

4. 配置文件版本管理

（1）应保证 SCD 真实反映智能变电站现场环境；

（2）涉及 SCD 文件修改的业务活动（新改扩建工程现场调试、验收、运维、反措等），应使用归档的最新版本 SCD 文件进行修改，保证智能变电站全生命周期 SCD 文件版本受控。

四、智能变电站配置文件管控系统定位与作用

智能变电站新改扩建工程调试、验收、运维、反措等业务活动应在施工现场采取有效措施保证 ICD 同源性、SCD 配置正确性、装置配置一致性、配置文件唯一性，使智能变电站可运维、易运维、好运维，保证智能装置运行正常、二次回路运行正确、二次系统安全可靠。

智能变电站配置文件管控系统是配置文件归档管理的技术支撑系统，同时也作为专业管理角色把控现场作业质量，通过管控系统提供的功能与机制对现场业务输出的配置文件进行复查，反向促进现场相关标准业务动作执行到位，最终保证智能变电站正确、安全、

可靠运行。

第二节　智能变电站管控系统功能

一、系统功能概述

文件版本管理：SCD 文件版本管理、SCD 文件版本相关的文件及资料管理（SSD 文件、CID 与 CCD 文件、交换机配置文件等装置配置文件，装置配置一致性保证书，VLAN 划分表、虚端子表等设计资料）、ICD 文件版本管理。

版本控制功能：签入签出机制。

质量管控功能：SCD 文件语法语义检查、装置配置一致性检查、ICD 同源性检查。

现场业务支撑服务：生成现场配置一致性确认表、SCL 语法语义在线检测服务、CRC 复算与校验服务、SCD 差异化比较服务。

二、SCD 文件版本管理

支持按电压等级、厂站名称、SCD 文件版本等条件检索 SCD 文件。通过 SCD 文件的签入、签出、再签入，实现 SCD 文件的版本变更。支持两个 SCD 文件差异化比对功能。图 15-2 为智能变电站配置文件管理。

三、SCD 文件版本相关的文件及资料管理

支持按 SCD 文件版本查询与该版本 SCD 存在一致性关系的装置配置文件（CID、CCD 或早期私有配置文件）、ICD 文件、交换机配置文件及其他设计资料。

四、ICD 文件版本管理

（1）支持按厂家、型号管理 ICD 文件版本；

（2）支持从 ICD 文件版本库下载 ICD 文件功能；

（3）支持上传经检测机构检测的标准 ICD 文件版本上传与归档。

图 15-3 为 ICD 文件版本管理。

五、签入签出机制

支持权限控制，无权限者无法签入或签出 SCD 文件。

签入、签出时，支持审批流程，详见《用户操作使用说明书》。

1. SCD 文件首次签入

（1）签入 SCD 文件时，系统将对提交的 SCD 文件执行规范化校验，并展示校验结果。

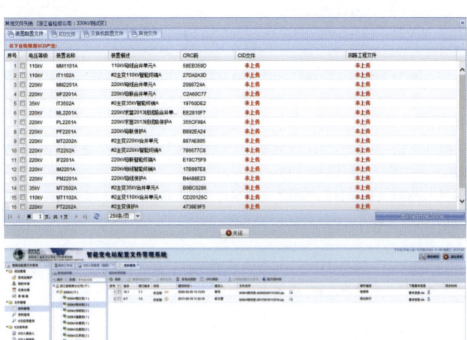

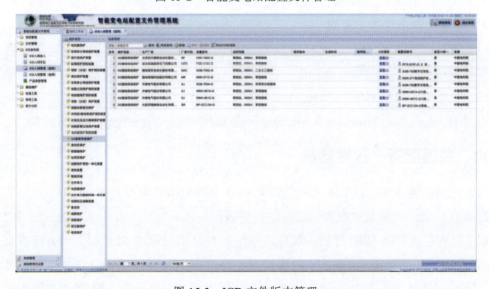

图 15-2　智能变电站配置文件管理

图 15-3　ICD 文件版本管理

（2）签入 SCD 文件时，系统将对提交的 SCD 文件和 CID/CCD 文件进行一致性比较，并展示一致性比较结果。

（3）签入 SCD 文件时，根据提交的 SCD 文件自动生成现场配置一致性确认表。

（4）确认签入 SCD 文件时，系统将根据是否提交 SCD 文件、配置一致性保证书等必须提交的文件进行判断，如未提交完全，系统将拒绝签入。

（5）如所需文件系统判定已提交完整，对所有配置文件提交后，进入校核及审核流程，此时 SCD 文件被锁定，无法进行更改。

（6）签入 SCD 文件成功后，解除 SCD 文件的锁定状态，形成 SCD 文件新版本。

2．SCD 文件签出

（1）仅最新版本的 SCD 文件可签出。

（2）签出成功后，管控系统将立即锁定 SCD 文件，直至下次再签入成功。当 SCD 文件锁定时，不允许执行签出及相关属性的编辑操作。

（3）签出成功后，允许具备操作权限的人员取消 SCD 文件签出状态。

3．SCD 文件再签入

（1）再签入 SCD 文件时，如同首次签入一样，校验 SCD 文件规范性、装置配置一致性，生成现场配置一致性确认表等。

（2）再签入 SCD 文件时，系统将检测提交的 SCD 文件是否源于系统签出的 SCD 文件版本，系统将禁止对非系统签出的 SCD 文件执行再签入操作。

（3）确认签入 SCD 文件时，系统将根据是否提交 SCD 文件、配置一致性保证书等必须提交的文件进行判断，如未提交完全，系统将拒绝签入。

（4）再签入 SCD 文件成功后，系统自动解锁 SCD 文件的锁定状态，并形成 SCD 文件新版本。

4．SCD 文件语法语义检测

（1）支持在签入 SCD 文件时校验 SCD 文件的规范性、完整性，以对现场集成的 SCD 文件进行复核。

（2）校验要求依据 GB/T 32890、DL/T 1873、DL/T 860 等规范，检测内容包括 Schema 校验以及 Header、Substation、Communication、IED、Data Type Templates 等校验。

六、装置配置一致性检查

（1）支持在签入 SCD 文件时对提交的 SCD 文件与装置配置文件（CID、CCD）进行一致性检查，以对现场装置配置一致性进行复核。

（2）过程层虚回路 CRC 比较，SCD 文件中各 IED 的过程层 CRC 码与装置配置文件过程层 CRC 码进行匹配比较，输出一致性检查结果，针对改扩建、运维阶段再次签入的 SCD 文件，支持根据新老版本 SCD 差异部分进行装置配置一致性检查。图 15-4 为装置配置一致性检查。

图 15-4 装置配置一致性检查

七、ICD 同源性检查

（1）支持在签入 SCD 文件时提交 ICD 文件，对提交的 SCD 文件和 ICD 文件进行同源性检查，复核 SCD 是否使用正确的 ICD 文件。

（2）系统根据提交的 SCD 文件生成 SCD 使用的 ICD 版本信息清单。

（3）支持提交 ICD 文件（提交的 ICD 文件视为现场集成配置使用的 ICD），提交的 ICD 文件与 ICD 版本清单匹配并比较 ICD CRC 校验码，展示比较结果。

图 15-5 为 ICD 同源性检查。

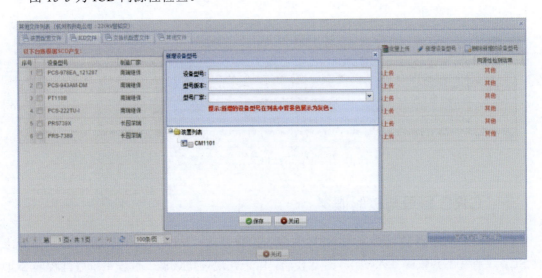

图 15-5 ICD 同源性检查

八、生成现场配置一致性确认表

（1）支持在签入 SCD 文件时，根据提交的 SCD 文件自动生成现场配置一致性确认表（见图 15-6），用于现场装置配置一致性核对。

（2）确认表包括所有 IED 设备的 CCD 文件 CRC 校验码列表及签字页，供现场人员确认并签字。

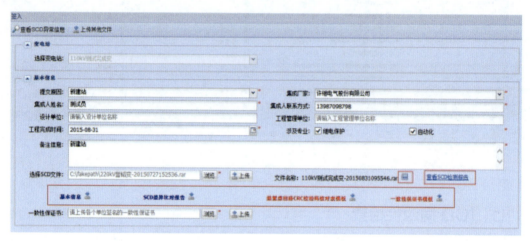

图 15-6　生成现场配置一致性确认表

九、SCL 语法语义在线检测服务

系统提供 SCL 在线检测服务，可随时登录系统上传 ICD 文件、SCD 文件进行（不必依赖签入动作）语法语义检测（见图 15-7），用于在现场集成调试过程中阶段性检测配置文件语法语义规范性。

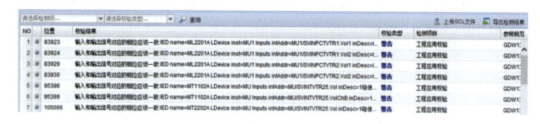

图 15-7　SCL 语法语义在线检测服务

十、CRC 复算与校验服务

（1）系统提供 SCD 文件在线 CRC 复算与校验服务（见图 15-8），可随时登录系统上传 SCD 文件（不必依赖签入动作）进行校验，用于在现场集成调试过程中阶段性校验 SCD 文件中各 IED 的 CRC 码正确性。

（2）系统自动解析并计算各 IED 的 CRC 码，并与 SCD 文件中 IED 节点上记录的 CRC 进行比较。

图 15-8　CRC 复算与校验服务

十一、SCD 差异化比较服务

系统提供两个 SCD 文件在线比较服务（见图 15-9），可随时登录系统上传 SCD 文件（不必依赖签入动作）进行差异化比较，用于在现场集成调试过程中阶段性比较，以检查 SCD 文件的修改是否与工程项目范围一致。通常比较最新 SCD 文件与上一个版本 SCD 文件和最新 SCD 文件与签出的 SCD 文件。

图 15-9　SCD 差异化比较服务

第三节　智能变电站管控系统应用与优化

一、精细的管理规定

当前管控系统为智能变电站集成、运维、改扩建各阶段产生的 SCD 文件版本提供了统一文件版本存储，反措、消缺、技改等业务开展时，可从管控系统获取最新版本 SCD 文件。同时，系统通过签入签出机制对归档的 SCD 版本进行了严格的控制，规避版本紊乱。

由于智能变电站现场集成调试时，版本迭代频繁、参与方众多（集成商、施工单位、厂家、运维单位），因此应通过现场精细化管理规范与相应措施，保证最终归档的 SCD 是最新修改的版本。

二、现场配置一致性核对手段

当前管控系统提供了装置配置一致性核对（根据提交的 SCD 文件和装置配置文件）功能，然而该功能通常在验收资料归档时使用，核对工作是否滞后。

另外，管控系统为现场业务提供装置配置一致性确认表生成功能，现场基于该打印的表格开展确认工作不方便，一般保护、测控装置可通过液晶面板查看装置 CRC 并进行核对，但合并单元、智能终端装置缺乏有效的核查手段。

因此，有必要再提供高效、低成本的手段与方法，供现场保证装置配置一致性。

三、加强 SCD 文件检测深度，杜绝配置隐患

当前仅针对 SCD 文件进行语法语义检测，未涉及全面的虚回路检测，现场虚回路的验证工作主要依赖装置试验、传动试验、带负荷试验等"黑盒检测"手段，可能留下安全隐患。

另外，当前 ICD 文件有检测机构进行检测、集成商的集成配置工具包含基本的语法语义检测功能，建议运维单位、专业管理单位主要关注以下几类检测：虚回路正确性与规范性检测、通信参数配置正确性检测、"虚实一致性"检测（当前物理模型数据缺失，暂不具备自动检测条件）。

总之，建议加强能变电站集成、运维、改扩建各阶段现场业务的 SCD 文件审查工作，为此项工作提供数字化工具赋能。

四、管控系统功能实现优化，提升系统使用体验

1. 配置文件提交归档相关功能优化

保证归档的 SCD 文件是否真实反映智能变电站现场的关键在于现场业务活动的规范与相关手段，管控系统的文件提交归档操作过程建议简化：以签入签出为基础实现文件版本有序迭代，弱化流程审批功能；另外，SCD 文件签出后、新的 SCD 文件签出前，系统中应持续存在一个"活动窗口"，使运维人员可方便地找到签入操作入口。

2. 优化评价考核指标

当前配置文件签入时，主要的评价指标是"提交文件的完整度"，包括 CID、CCD 等装置配置文件及交换机配置文件。

配置文件管理的主要文件应是 SCD 文件（作为全站通信参数配置相关"图纸"）、其他设计资料。

因此，建议不从提交文件完整度角度进行评价，可考虑通过装置配置一致性审查结果、ICD 同源性审查结果、SCD 审查结果等，反向对现场装置一致性核对工作、SCD 审查工作进行评价考核。

第四节　智能变电站检修机制及注意事项

一、智能变电站检修机制

智能变电站进行检修作业前，应就地投入检修状态硬压板，将检修设备与运行设备可靠隔离，实现检修设备安全作业。

智能变电站进行单体设备检修时，隔离检修设备与运行设备，并减少干扰运行监控人员，智能变电站中合并单元、智能终端和保护装置均设置了"装置检修"硬压板。该检修状态硬压板只能就地操作不能远方操作。在投入设备检修状态硬压板时，就是提醒运维和检修人员该设备已进入检修状态。智能设备的检修信息处理有采样值 SV、通用变电站事件 GOOSE、制造报文规范 MMS 等报文。

（一）SV 报文的检修机制

目前的 SV 报文主要以 IEC6850-9-2 网络报文为主。SV 报文检修处理机制是进行合并单元和其他设备交互采样值报文时的检修处理机制。投入合并单元装置的检修状态硬压板时，该设备所发送的 SV 报文中的 test 位和装置的自身检修压板状态比对，两者一致时进行保护逻辑运算。合并单元装置双重化配置，则其中一套合并单元置检修状态时，不应影响另外一套合并单元及其对应的保护装置。

（二）GOOSE 报文的检修机制

GOOSE 报文主要传输跳闸、合闸、启动失灵和启动远跳等过程层的关键信息，要求较高的实时性和可靠性。GOOSE 报文的检修机制是对智能终端、保护装置的开入和开出量报文进行检修处理。在智能终端和保护装置投入装置检修状态硬压板时，该装置所发送的 GOOSE 报文带有检修标志位。订阅方的装置把接收的 GOOSE 报文中的检修标志位和装置自身的检修状态进行比对，当两者状态一致时，该信号才参与逻辑运算。

（三）MMS 报文的检修处理机制

MMS 报文主要传输保护动作、告警和软压板遥控等信息。MMS 保护检修处理机制是对保护装置、测控装置发布和订阅的 MMS 报文进行检修处理。在保护装置和测控装置等投入检修状态应用时，该装置把有关信息和检修压板的状态利用站控层网络发送到监控主机，监控主机接收到报文后，通过报文中的检修品质位判断该报文是否为检修报文，同时进行相应的处理。如果监控主机接收到的 MMS 报文为检修报文，则该报文内容不在简报窗中显示，不进行声音告警，但是需要刷新画面，确保画面状态与实际状态相一致。如果监控主机接收到 MMS 报文，对该报文进行存储，同时利用独立窗口查询。

（四）智能终端和合并单元检修

智能终端是一次和二次系统接口设备，接收和执行相关指令，对执行信息进行反馈，完成对一次设备的控制，是智能变电站重要组成部分。

合并单元是电压和电流等交流采样的接口装置，实现一次互感器所传输电气模拟量的合并及同步处理，同时转发处理后的数字信号给间隔层的设备使用。

智能终端和合并单元均配置有独立检修状态硬压板，分别完成其检修功能。

（五）运维检修人员注意事项

检修机制的关键问题是保护装置、合并单元和智能终端三者之间的相互配合。三个设备的检修状态组合有不同的情况。模拟相同故障，三个设备的检修状态不同组合会导致装置动作行为出现不同的结果。

因此，智能变电站运维检修人员应熟悉掌握设备之间 SV、GOOSE 和 MMS 数据信息流。尤其是电压和电流的信息流图，防止因检修状态异常导致保护装置的误动或拒动情况。同时运维检修人员应清楚不同设备检修机制的原理，掌握检修状态硬压板的作用，正确使用相应的保护装置、合并单元和智能终端的检修状态硬压板，才能确保现场检修工作的安全可靠，确保电网安全稳定运行。

二、智能变电站主变压器间隔检修安全策略

500kV 主变压器保护校验时的安全策略：退主变压器保护至各侧断路器跳闸 GOOSE 出口软压板、退主变压器保护跳 220kV 母联断路器 GOOSE 出口软压板、退主变压器保护跳 220kV 正母分段断路器 GOOSE 出口软压板、退主变压器保护跳 220kV 副母分段断路器 GOOSE 出口软压板、退主变压器保护启动边断路器失灵 GOOSE 出口软压板、退主变压器保护启动中间断路器失灵 GOOSE 出口软压板、退主变压器保护至 220kV 母差保护启动失灵 GOOSE 出口软压板、退 220kV 母差保护订阅主变压器保护启动失灵软压板，投主变压器保护检修硬压板、退 SV 接收软压板、投主变压器保护高中低压侧合并单元检修硬压板。

其中，中间断路器非断路器检修状态时，严禁投入中间断路器合并单元检修硬压板。否则，将导致中间断路器合并单元对应的运行线路间隔遥测采样异常和保护装置闭锁。

主变压器保护装置缺陷处理时，安全策略为投入检修硬压板，退出至运行设备 GOOSE 出口光纤。

主变压器间隔检修的安全策略如图 15-10 所示。

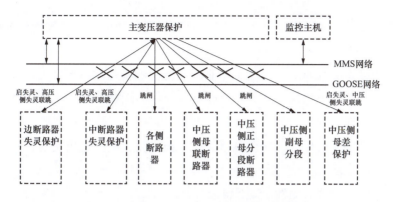

图 15-10　主变压器保护间隔检修安全策略

三、智能变电站线路间隔检修注意事项安全策略

500kV 线路保护校验时的安全策略：退线路保护至边/中间断路器跳闸 GOOSE 出口软压板、退线路保护启动边断路器失灵和闭锁重合闸 GOOSE 出口软压板、退线路保护启动中间断路器失灵和闭锁重合闸 GOOSE 出口软压板、投线路保护检修硬压板、退 SV 接收软压板、投线路合并单元检修硬压板、投边断路器合并单元检修硬压板。

其中，中间断路器非断路器检修状态时，严禁投入中间断路器合并单元检修硬压板。否则，将导致中间断路器合并单元对应的运行线路/主变压器间隔遥测采样异常和保护装置闭锁。

线路保护装置缺陷处理时，安全策略为投入检修硬压板、退出至运行设备 GOOSE 出口光纤、退出远方就地判装置纵联光纤。

线路间隔检修安全策略如图 15-11 所示。

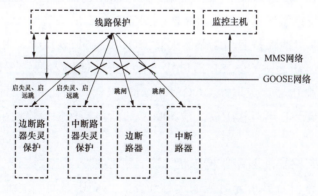

图 15-11　线路保护检修策略图

四、智能变电站母线保护检修注意事项安全策略

500kV 母线保护校验时的安全策略：退母线保护至该母线上所有间隔边断路器跳闸

GOOSE出口软压板、退母线保护至该母线上所有间隔启动边断路器失灵GOOSE出口软压板、投母线保护检修硬压板、退 SV 接收软压板。

其中，该段母线所有间隔中边断路器非断路器检修状态时，严禁投入边断路器合并单元检修硬压板。否则，将导致边断路器合并单元对应的运行线路、主变压器间隔遥测采样异常和保护装置闭锁。

母线保护装置缺陷处理时，安全策略为投入检修硬压板、退出至运行设备 GOOSE 出口光纤。

母线保护检修安全策略如图 15-12 所示。

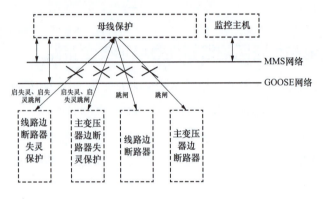

图 15-12　母线保护检修策略图

五、智能变电站断路器保护检修安全策略

（一）500kV 边断路器保护检修安全策略

500kV 边断路器保护校验时的安全策略：退边断路器保护至该边断路器跳闸 GOOSE 出口软压板、退断路器保护至中间断路器跳闸 GOOSE 出口软压板、退边断路器保护至该断路器所在母线的母线保护启动断路器失灵 GOOSE 出口软压板、退边断路器保护至该断路器所在线路的启动远跳 GOOSE 出口软压板、退边断路器保护至该断路器所在主变压器间隔的启动主变压器失灵联跳 GOOSE 出口软压板、退边断路器保护至中间断路器保护闭锁重合闸 GOOSE 出口软压板；投 500kV 边断路器保护检修硬压板，退 SV 接收软压板。

其中，该间隔断路器非断路器检修状态时，严禁投入断路器合并单元检修硬压板。否则，将导致边断路器合并单元对应的运行线路、主变压器间隔遥测采样异常和保护装置闭锁。

边断路器保护装置缺陷处理时的安全策略为投入检修硬压板，退出所有 GOOSE 出口软压板和至运行设备的 GOOSE 出口光纤。

500kV 边断路器保护检修的安全策略如图 15-13 所示。

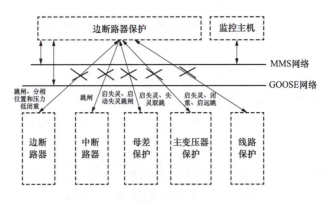

图 15-13　边断路器保护检修策略图

（二）500kV 中间断路器保护检修安全策略

500kV 中间断路器保护校验时的安全策略：退中间断路器保护跳闸 GOOSE 出口软压板、退中间断路器保护至两侧边断路器跳闸 GOOSE 出口软压板、退中间断路器保护至该断路器所在线路的启动远跳 GOOSE 出口软压板、退中间断路器保护至该断路器所在主变压器间隔的启动主变压器失灵联跳 GOOSE 出口软压板、退中间断路器保护至边断路器保护闭锁重合闸 GOOSE 出口软压板；投 500kV 中间断路器保护检修硬压板，退 SV 接收软压板。

其中，该间隔断路器非断路器检修状态时，严禁投入断路器合并单元检修硬压板。否则，将导致中间断路器合并单元对应的运行线路、主变压器间隔遥测采样异常和保护装置闭锁。

中间断路器保护装置缺陷处理时的安全策略为投入检修硬压板，退出所有 GOOSE 出口软压板和至运行设备的 GOOSE 出口光纤。

500kV 中间断路器保护检修的安全策略如图 15-14 所示。

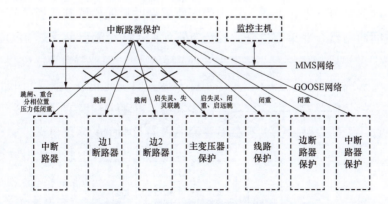

图 15-14　中间断路器保护检修策略图

（三）500kV 线路间隔边断路器合并单元检修安全策略

500kV 线路间隔边断路器合并单元检修的安全策略：退该边断路器保护所有 GOOSE

出口软压板、退该边断路器所在母线段母差保护所有 GOOSE 出口软压板、退该边断路器对应的线路保护全部 GOOSE 出口软压板、退该线路保护纵联光纤；投 500kV 边断路器保护检修硬压板。

其中，该间隔断路器非断路器检修状态时，严禁投入另外一套边断路器合并单元检修硬压板。否则，将导致边断路器合并单元对应的运行线路间隔遥测采样异常和保护装置闭锁。

边断路器合并单元装置缺陷处理时的安全策略为将该边断路器合并单元对应的所有相关保护均改为信号状态，投入该边断路器合并单元检修硬压板，并退出该边断路器合并单元所有 SV 发布光纤。

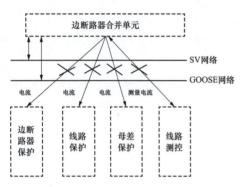

图 15-15 边断路器合并单元检修策略图

500kV 边断路器合并单元检修的安全策略如图 15-15 所示。

（四）500kV 中间断路器合并单元检修安全策略

500kV 中间断路器合并单元检修的安全策略：退该中间断路器保护所有 GOOSE 出口软压板、退该中间断路器所对应的主变压器保护所有 GOOSE 出口软压板、退该中间断路器对应的线路保护全部 GOOSE 出口软压板、退该线路保护纵联光纤；投 500kV 中间断路器保护检修硬压板。

其中该间隔断路器非断路器检修状态时，严禁投入另外一套中间断路器合并单元检修硬压板。否则，将导致中间断路器合并单元对应的运行线路和主变压器间隔遥测采样异常及保护装置闭锁。

中间断路器合并单元装置缺陷处理时的安全策略为将该中间断路器合并单元对应的所有相关保护均改为信号状态，并投入该中间断路器合并单元检修硬压板。

500kV 中间断路器合并单元检修的安全策略如图 15-16 所示。

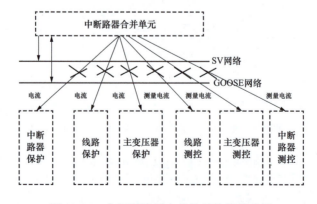

图 15-16 中间断路器合并单元检修策略图

（五）500kV 主变压器间隔边断路器合并单元检修安全策略

500kV 主变压器边断路器合并单元检修的安全策略：退边断路器保护所有 GOOSE 出口软压板、退该边断路器所在母线段母差保护所有 GOOSE 出口软压板、退该边断路器对应的主变压器保护全部 GOOSE 出口软压板；投 500kV 边断路器保护检修硬压板。

其中该间隔断路器非断路器检修状态时，严禁投入另外一套边断路器合并单元检修硬压板。否则，将导致边断路器合并单元对应的运行主变压器间隔遥测采样异常和主变压器差动保护装置闭锁。

边断路器合并单元装置缺陷处理时，安全策略为将该边断路器合并单元对应的所有相关保护均改为信号状态，并投入该边断路器合并单元检修硬压板，退出该合并单元全部发布光纤。

500kV 边断路器合并单元检修的安全策略如图 15-17 所示。

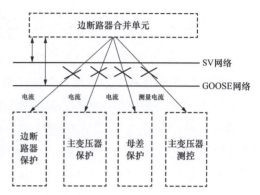

图 15-17　边断路器合并单元检修策略图

第五节　智能变电站事故及异常案例

案例一：500kV 智能变电站潮流异常跳变

（一）事故经过

现场作业任务为线线串中间断路器第一套合并单元反措。

异常前一次设备均正常运行，中间断路器两侧潮流分别为 1310MW 和 920MW。

中间断路器两侧线路第一套保护均改为信号，中间断路器第一套失灵保护改信号，停用中间断路器重合闸，第一套直流送出安控切机装置改信号，一次设备不停电。

现场待许可工作票，检修人员提前布置安全措施：将中间断路器第一套合并单元检修压板投入，3/2 断路器接线方式下，出线潮流由其两侧的两个断路器电流合并计算而成，中间断路器合并单元投入检修压板后，接收其电流的装置品质位中的检修位为 1，接收的数据为无效数据，相当于 0，因此引起潮流突变。

调度自动化发现数据异常后，采取紧急措施，通过对侧数据替代，两条线路潮流暂恢复正常。

（二）原因分析

在投入中间断路器第一套合并单元检修压板之前，工作负责人未提前与调度自动化联系封锁数据，导致中间断路器两侧线路测量回路接收的中间断路器电流数据变为 0，线路相应的潮流发生跳变。

（三）整改措施

检修作业人员应稳固安全措施后开展合并单元反措工作。检修作业人员应加强学习监控系统设备现场工作要求相关文件。在完善监控数据源、采集处理及远动传输环节的设备上工作时，涉及自动化系统设备检修申请的相关流程，确保杜绝未申请即开展检修工作。

案例二：500kV 变电站主变压器高压侧电流异常跳变

（一）事故经过

现场作业任务为边断路器测控改造。检修作业人员布置安全措施，将 1 号主变压器高压侧测控电流采集和中间断路器的电流回路进行短接而未划开电流中间划片，造成 1 号主变压器高压侧电流、有功功率数据异常，1 号主变压器 500kV 侧电流由 300A 骤降至 22A，有功由 266MW 骤降至 20MW，数据异常持续 18min。指挥中心检查发现数据跳变，告知现场核实情况。工作负责人拆除电流短接线恢复安措后数据恢复。

（二）原因分析

（1）作业前准备不足，由于现场设备运行电缆接线布置复杂未能摸排核实所有相关回路接线情况。

（2）现场作业风险辨识及预控措施、安全技术交底书均未提及电流回路存在的危险因素和注意事项，风险辨识不到位。

（3）勘察深度不够，对和电流回路理解掌握不足，未能正确辨识电流回路存在的风险和预控措施，未能正确编写二次安全措施卡。

（三）整改措施

（1）加强规矩意识教育，严格执行作业规范流程，严格管控作业方案变更；

（2）组织开展涉及和电流回路工作原理及作业注意事项培训，编制和电流相关作业规范。

案例三：500kV 智能变电站主变压器第二套保护异常告警

（一）事件经过

现场监控主机报 3 号主变压器第二套保护接收 5021、5052 断路器第二套保护 GOOSE 断链告警。瞬时复归后，频繁发出 GOOSE 断链告警信号。

（二）原因分析

现场检查 3 号主变压器第二套保护，通过过程层网络接收 5021、5052 断路器第二套保护的 GOOSE 启动失灵联跳信号，其组网口位于背板×6 插件上。同时该插件上配置有边断路器和中间断路器第二套智能终端直跳光纤。

3 号主变压器第二套保护通过组网口接至 500kV 第五串 GOOSE 交换机，500kV 第五串 GOOSE 交换机接至 500kV GOOSE 网络中心交换机与 220kV 母差保护交互数据。

现场网络报文测试仪检测 3 号主变压器第二套保护组网口，发现该组网口存在大量 SV 报文，包括 5012、5013、5031、5032 和 5033 断路器第二套合并单元等报文。

进一步检查发现 500kV 第一串和第三串 GOOSE 交换机未划分 VLAN。GOOSE B 网交换机端口配置未划分 VLAN，且合并单元 GOOSE 组网口默认 SV 和 GOOSE 报文全发，导致 5031、5032 断路器合并单元的 SV 报文发送至 GOOSE B 网中，通过默认 VLAN=1 接入其他串交换机中。前期接入设备较少，SV 报文流量未导致 3 号主变压器第二套保护组网口丢包。2023 年新间隔扩建后，5012、5013、5033 断路器合并单元接入，但仍未划分 VLAN，接入合并单元数量增加，SV 报文流量增大，达到丢包下限，导致 GOOSE 断链频繁发生。

（三）整改措施

按功能分区原则重新划分 VLAN 后，3 号主变压器第二套保护组网口断链告警异常消失，缺陷消除。

后续扩建间隔或更换交换机后，各个交换机光口应严格按照 VLAN 信息配置表配置，注意检查投运后有无异常情况，并及时更新 VLAN 配置表。

验收时应加强对交换机 VLAN 配置表、光纤标签等检查，并整理收集竣工资料。

附录 A 运行巡视要求及典型操作票

表 A-1 　　　　　　　　　　　**继电保护装置及二次回路运行巡视检查记录表**

继电保护装置及二次回路运行巡视检查记录表					
变电站名称			天气情况		
巡视时间			巡视人员		
检查内容及记录					
小室名称					
序号	采集内容	检查项目		结果	说明
1	运行环境	环境温度：		℃	
		环境湿度：		%	
2	装置面板及外观检查	运行指示灯正常			
		液晶显示屏正常			
		检查定值区号与实际运行情况相符			
3	屏内设备检查	各功能开关、方式开关及空气开关符合实际运行情况			
		保护压板（包括软压板）投入符合要求			
4	通信状况检查	与保护管理机及监控系统通信			

注 若检查项目正常在结果栏打√，异常在结果栏注明异常情况。

表 A-2 　　　　　　　　　　　**主变压器保护装置专业巡视作业卡**

序号	巡视部位	内容及要求	执行完打√或记录数据或描述异常	
			结果	说明
1	装置面板及外观检查	保护装置、操作箱、Lock-out 继电器等装置指示灯、液晶显示屏正常，无异常信号		
2	屏内设备检查	各功能开关、方式开关、电源空气开关、电压空气开关状态符合实际情况		
		保护装置硬（软）压板投退符合实际情况		
3	版本及定值检查	装置版本、定值与最新定值单一致（该项工作可结合保护定值"三核对"开展，二次专业巡视仅需核对未开展过定值"三核对"的新投运保护装置）		
		检查保护定值区号与实际运行情况是否相符		
4	模拟量检查	1. 保护装置模拟量采样与测控采样是否一致（若 TA 变比不一致，应折算至一次值进行比较） 2. 保护装置 CPU（1、2）、DSP 三相电流采样与实际负荷幅值误差满足小于 5% 的要求，防止 TA 回路绝缘不良产生分流，超过 5% 按紧急缺陷处理		

序号	巡视部位	内容及要求	执行完打 √ 或记录数据或描述异常	
			结果	说明
5	装置差流检查	保护差流检查，国网标准化设计主变压器保护允许差流一般不大于 0.1Ie，且有名值一般不大于 75mA		
		对未专项开展差流比对分析的新投运保护，分别选取高负荷和低负荷时段的差流开展比对分析		
6	装置历史告警记录检查	检查装置异常告警等历史记录，分析是否存在隐患，重点关注 TA 断线、差流越限、装置重启等信号		
7	开入回路检查	检查装置开入显示与实际情况是否一致		
		中压侧隔离开关位置是否与实际情况一致，电压切换继电器箱电源是否采用保护装置电源		
8	二次回路检查	检查二次接线是否有明显松动，接地、屏蔽、接地网、防火封堵是否符合要求		
9	红外测温情况	开展屏后红外测温，重点关注电流、电压回路（含交流采样插件）及电源插件温度情况		
10	反措、排雷检查	针对该保护装置型号是否有最新反措要求，检查是否完成反措		
		根据附录 B《继电保护和安全自动装置深化"排雷"重点项目》开展排雷检查		

表 A-3　"××变电站××线第一套分相电流差动保护从跳闸改为信号"典型操作票

操作任务	××变电站××线第一套分相电流差动保护从跳闸改为信号	
顺序	操 作 项 目	√
	退出××屏××线 CSC-103A 跳 5023 断路器 A 相 TC1 出口压板 1CLP1	
	退出××屏××线 CSC-103A 跳 5023 断路器 B 相 TC1 出口压板 1CLP2	
	退出××屏××线 CSC-103A 跳 5023 断路器 C 相 TC1 出口压板 1CLP3	
	退出××屏××线 CSC-103A 跳 5022 断路器 A 相 TC1 出口压板 1CLP6	
	退出××屏××线 CSC-103A 跳 5022 断路器 B 相 TC1 出口压板 1CLP7	
	退出××屏××线 CSC-103A 跳 5022 断路器 C 相 TC1 出口压板 1CLP8	
	退出××屏××线 CSC-103A A 相跳闸启动 5023 断路器失灵及重合闸压板 1ZLP1	
	退出××屏××线 CSC-103A B 相跳闸启动 5023 断路器失灵及重合闸压板 1ZLP2	
	退出××屏××线 CSC-103A C 相跳闸启动 5023 断路器失灵及重合闸压板 1ZLP3	
	退出××屏××线 CSC-103A A 相跳闸启动 5022 断路器失灵及重合闸压板 1ZLP4	
	退出××屏××线 CSC-103A B 相跳闸启动 5022 断路器失灵及重合闸压板 1ZLP5	
	退出××屏××线 CSC-103A C 相跳闸启动 5022 断路器失灵及重合闸压板 1ZLP6	
	退出××屏××线 CSC-103A 闭锁 5023 断路器重合闸压板 1CLP4	
	退出××屏××线 CSC-103A 闭锁 5022 断路器重合闸压板 1CLP9	
备注		
操作人	监护人	值班负责人

表 A-4 　　"××变电站 1 号主变压器第一套保护从跳闸改为信号"典型操作票

操作任务	××变电站 1 号主变压器第一套保护从跳闸改为信号	
顺序	操 作 项 目	√
1	退出××屏 1 号主变压器第一套保护跳 5031 断路器 A 相 TC1 出口压板 1C1LP1	
2	退出××屏 1 号主变压器第一套保护跳 5031 断路器 B 相 TC1 出口压板 1C1LP2	
3	退出××屏 1 号主变压器第一套保护跳 5031 断路器 C 相 TC1 出口压板 1C1LP3	
4	退出××屏 1 号主变压器第一套保护跳 5032 断路器 A 相 TC1 出口压板 1C1LP4	
5	退出××屏 1 号主变压器第一套保护跳 5032 断路器 B 相 TC1 出口压板 1C1LP5	
6	退出××屏 1 号主变压器第一套保护跳 5032 断路器 C 相 TC1 出口压板 1C1LP6	
7	退出××屏 1 号主变压器第一套保护跳 2601 断路器三相 TC1 出口压板 1C2LP1	
8	检查××屏 1 号主变压器第一套保护跳 2611 断路器三相 TC1 出口压板 1C2LP2 确在退出位置	
9	检查××屏 1 号主变压器第一套保护跳 2621 断路器三相 TC1 出口压板 1C2LP3 确在退出位置	
10	检查××屏 1 号主变压器第一套保护跳 2622 断路器三相 TC1 出口压板 1C2LP4 确在退出位置	
11	退出××屏 1 号主变压器第一套保护跳 3510 断路器三相 TC1 出口压板 1C3LP1	
12	退出××屏 1 号主变压器第一套保护启动 5031 断路器失灵压板 1SLP1	
13	退出××屏 1 号主变压器第一套保护启动 5032 断路器失灵及闭锁重合闸压板 1SLP2	
14	退出××屏 1 号主变压器第一套保护启动 220kV 第一套母差失灵压板 1SLP3	
15	退出××屏 1 号主变压器第一套保护解除 220kV 第一套母差复压闭锁压板 1SLP5	
备注		
操作人	监护人　　　　　　　　　　值班负责人	

表 A-5 　　"××变电站 500kV Ⅰ母第一套母线保护从跳闸改为信号"典型操作票

操作任务	××变电站 500kV Ⅰ母第一套母线保护从跳闸改为信号	
顺序	操 作 项 目	√
1	退出××屏母线保护跳 5011 断路器 A 相 TC1 出口压板 1CLP1	
2	退出××屏母线保护跳 5011 断路器 B 相 TC1 出口压板 1CLP2	
3	退出××屏母线保护跳 5011 断路器 C 相 TC1 出口压板 1CLP3	
4	退出××屏母线保护跳 5021 断路器 A 相 TC1 出口压板 1CLP5	
5	退出××屏母线保护跳 5021 断路器 B 相 TC1 出口压板 1CLP6	
6	退出××屏母线保护跳 5021 断路器 C 相 TC1 出口压板 1CLP7	
7	退出××屏母线保护跳 5031 断路器 A 相 TC1 出口压板 1CLP9	
8	退出××屏母线保护跳 5031 断路器 B 相 TC1 出口压板 1CLP10	
9	退出××屏母线保护跳 5031 断路器 C 相 TC1 出口压板 1CLP11	
10	退出××屏母线保护跳 5041 断路器 A 相 TC1 出口压板 1CLP13	
11	退出××屏母线保护跳 5041 断路器 B 相 TC1 出口压板 1CLP14	
12	退出××屏母线保护跳 5041 断路器 C 相 TC1 出口压板 1CLP15	

续表

顺序	操 作 项 目	√
13	退出××屏母线保护启动 5011 断路器失灵及闭锁重合闸压板 1CLP4	
14	退出××屏母线保护启动 5021 断路器失灵及闭锁重合闸压板 1CLP8	
15	退出××屏母线保护启动 5031 断路器失灵及闭锁重合闸压板 1CLP12	
16	退出××屏母线保护启动 5041 断路器失灵及闭锁重合闸压板 1CLP16	
备注		
操作人	监护人 值班负责人	

表 A-6   **"××变电站 5011 断路器失灵保护从信号改为跳闸"典型操作票**

操作任务	××变电站 5011 断路器保护从信号改为跳闸	
顺序	操 作 项 目	√
1	检查××屏 5011 断路器失灵保护装置是否正常、有无异常掉牌信号	
2	检查××屏 5011 断路器失灵保护延时跳 5011 断路器 TC1 总压板 3CLP8 确在投入位置	
3	检查××屏 5011 断路器失灵保护延时跳 5011 断路器 TC2 总压板 3CLP9 确在投入位置	
4	测量××屏 5011 断路器失灵保护瞬时重跳本断路器 A 相 TC1 出口压板 3CLP1 两端对地确无异极性电压，并投入	
5	测量××屏 5011 断路器失灵保护瞬时重跳本断路器 B 相 TC1 出口压板 3CLP2 两端对地确无异极性电压，并投入	
6	测量××屏 5011 断路器失灵保护瞬时重跳本断路器 C 相 TC1 出口压板 3CLP3 两端对地确无异极性电压，并投入	
7	测量××屏 5011 断路器失灵保护瞬时重跳本断路器 A 相 TC2 出口压板 3CLP4 两端对地确无异极性电压，并投入	
8	测量××屏 5011 断路器失灵保护瞬时重跳本断路器 B 相 TC2 出口压板 3CLP5 两端对地确无异极性电压，并投入	
9	测量××屏 5011 断路器失灵保护瞬时重跳本断路器 C 相 TC2 出口压板 3CLP6 两端对地确无异极性电压，并投入	
10	测量××屏 5011 断路器失灵保护延时跳本断路器 A 相 TC1 出口压板 3CLP20 两端对地确无异极性电压，并投入	
11	测量××屏 5011 断路器失灵保护延时跳本断路器 B 相 TC1 出口压板 3CLP21 两端对地确无异极性电压，并投入	
12	测量××屏 5011 断路器失灵保护延时跳本断路器 C 相 TC1 出口压板 3CLP22 两端对地确无异极性电压，并投入	
13	测量××屏 5011 断路器失灵保护延时跳本断路器 A 相 TC2 出口压板 3CLP23 两端对地确无异极性电压，并投入	
14	测量××屏 5011 断路器失灵保护延时跳本断路器 B 相 TC2 出口压板 3CLP24 两端对地确无异极性电压，并投入	
15	测量××屏 5011 断路器失灵保护延时跳本断路器 C 相 TC2 出口压板 3CLP25 两端对地确无异极性电压，并投入	
16	测量××屏 5011 断路器失灵保护延时跳 5012 断路器 TC1 总压板 3CLP10 两端对地确无异极性电压，并投入	

续表

顺序	操作项目	√
17	测量××1 屏 5011 断路器失灵保护延时跳 5012 断路器 TC2 总压板 3CLP11 两端对地确无异极性电压，并投入	
18	测量××屏 5011 断路器失灵保护闭锁 5012 断路器重合闸压板 3CLP16 两端对地确无异极性电压，并投入	
19	测量××屏 5011 断路器失灵保护启动 I 母第一套母差压板 3CLP17 两端对地确无异极性电压，并投入	
20	测量××屏 5011 断路器失灵保护启动 I 母第二套母差压板 3CLP18 两端对地确无异极性电压，并投入	
备注		
操作人	监护人 值班负责人	

表 A-7　　　　　　　　　"××变电站××线重合闸"典型操作票

操作任务	××变电站××线重合闸［要求 5072（中间断路器）重合闸维持停用]	
顺序	操作项目	√
1	检查××屏××线 5072 断路器保护装置是否正常、有无异常掉牌信号	
2	检查××屏××线 5072 断路器重合闸出口压板 3CLP4 确在退出位置	
3	检查××屏××线 5072 断路器重合闸停用压板 3KLP2 确在投入位置	
4	检查××屏××线 5071 断路器保护装置是否正常、有无异常掉牌信号	
5	退出××屏××线 5071 断路器重合闸停用压板 3KLP2	
6	测量××屏××线 5071 断路器重合闸出口压板 3CLP4 两端对地确无异极性电压，并投入	
7	检查××屏××5439 线 PCS-931 保护装置是否正常、有无异常掉牌信号	
8	退出××屏××5439 线 PCS-931 沟通三跳投入压板 1LP6	
9	检查××屏××5439 线 CSC-103A 保护装置是否正常、有无异常掉牌信号	
10	将××屏××5439 线 CSC-103A 跳闸方式切换开关 1QK4 切至"单跳"位置	
备注		
操作人	监护人 值班负责人	

表 A-8　　　　　　"××变电站第一套安控装置由跳闸改为信号"典型操作票

操作任务	××变电站第一套安控装置由跳闸改为信号	
顺序	操作项目	√
1	退出第一套安控装置总功能投入压板 91RLP3	
备注		
操作人	监护人 值班负责人	

表 A-9　**"××变电站第一套精控系统××子站由信号改为跳闸"典型操作票**

操作任务	××变电站第一套精控系统××子站由信号改为跳闸	
顺序	操 作 项 目	√
1	检查精控系统××子站第一套控制装置，确在信号状态	
2	检查精控系统××子站第一套控制装置是否正常、有无异常掉牌信号	
3	投入精控系统××子站第一套控制装置就地低频功能压板 1FLP4	
4	投入精控系统××子站第一套控制装置至第二套控制装置通道压板 2FLP2	
5	投入精控系统××子站第一套控制装置总功能压板 1FLP3	
6	投入精控系统××子站第二套控制装置与第一套控制装置信息交换允许压板 1FLP8	
备注		
操作人	监护人　　　　　　　　值班负责人	

表 A-10　**"××变××线第一套线路保护电压合并单元异常处理"运行操作卡**

操作任务	××变电站××线第一套线路保护电压合并单元异常处理（一次设备停电）	
顺序	操 作 项 目	√
1	退出××线第一套线路保护电压合并单元 SV 接收压板	
备注		
操作人	监护人　　　　　　　　值班负责人	

表 A-11　**"××变电站停用××线 5011 断路器第一套智能终端"运行操作卡**

操作任务	××变电站停用××线 5011 断路器第一套智能终端	
顺序	操 作 项 目	√
1	退出××线 5011 断路器第一套智能终端 A 相跳闸出口压板 1-4C1LP1	
2	退出××线 5011 断路器第一套智能终端 B 相跳闸出口压板 1-4C1LP2	
3	退出××线 5011 断路器第一套智能终端 C 相跳闸出口压板 1-4C1LP3	
4	退出××线 5011 断路器第一套智能终端重合闸出口压板 1-4C1LP4	
5	退出××线 50111 隔离开关遥控分合闸出口压板 1-4C2LP4	
6	退出××线 50112 隔离开关遥控分合闸出口压板 1-4C2LP5	
7	退出××线 501117 接地开关遥控分合闸出口压板 1-4C2LP8	
8	退出××线 501127 接地开关遥控分合闸出口压板 1-4C2LP9	
9	退出××线 501167 接地开关遥控分合闸出口压板 1-4C2LP10	
10	退出××线 5011 断路器第一套智能终端遥控合闸出口压板 1-4C2LP2	
11	退出××线 5011 断路器第一套智能终端遥控分闸出口压板 1-4C2LP3	
12	投入××线 5011 断路器第一套智能终端检修状态投入压板 1-4KLP	
备注		
操作人	监护人　　　　　　　　值班负责人	

附录 B　继电保护和安全自动装置深化"排雷"重点项目

表 B-1　　　　继电保护和安全自动装置深化"排雷"重点项目（结合专业巡视）

序号	排查项目	风险分析	排查方法	整改措施	备注
1	断路器本体机构压力闭锁回路未实现双重化	一组控制电源异常时或压力闭锁继电器故障时，双重化的保护同时被闭锁	1. 查看断路器机构图纸； 2. 现场检查断路器机构压力闭锁继电器配置	结合设备停役完成断路器本体机构压力异常闭锁回路双重化整改	结合专业巡视
2	公共电压重动并列回路，公共电压 PT 闸刀重动仅采用一组单位置继电器，正副母 PT 闸刀重动继电器仅采用一组直流电源	1. 若采用一组单位置继电器，继电器损坏或者接点不好，该组电压失去若采用单直流电源、单位置继电器，单电源消失将导致电压失去保护启动的情况下距离保护误动； 2. 若采用单直流电源、双位置继电器，直流消失时交流电压保持正常，但此时若进行电压回路并列，可能造成反充电，使运行 PT 电压回路二次失压	核查公共电压重动并列回路图纸，对图纸标识不明确的，结合设备停役检查重动并列装置或继电器回路	当保护采用双重化或双套配置时，其电压并列装置（继电器）双套配置，应采用单位置输入方式（针对 220kV 电压等级或 110kV 智能站的 110kV 电压等级），且双重化重动继电器应采用不同直流电源单套配置保护的电压并列装置（继电器）单套配置，应采用双位置输入方式（针对 110kV 及以下电压等级，110kV 智能站的 110kV 电压等级除外）	结合停电、专业巡视
3	间隔电压切换回路，单操作箱的间隔电压切换重动继电器未采用双位置继电器，电压并列告警回路未同时采用双位置继电器和单位置继电器节点；双操作箱未采用单位置继电器	1. 单操作箱若采用单位置继电器，失去直流电源时会失去电压 2. 双操作箱采用双位置继电器，直流消失时交流电压保持正常，但此时若进行电压回路并列，可能造成反充电，使运行 PT 电压回路二次失压	核对间隔电压切换回路图纸，对图纸标识不明确的，结合设备停役检查电压切换装置或继电器回路	当保护采用双重化配置时，其电压切换箱（回路）隔离断路器辅助触点应采用单位置输入方式（针对 220kV 电压等级的"双保护+双操作箱"）单套配置保护的电压切换箱（回路）隔离断路器辅助触点应采用双位置输入方式（针对 220kV 电压等级的"双保护+单操作箱"以及 110kV 电压等级）电压切换直流电源与对应保护装置直流电源共用直流空气断路器	结合停电、专业巡视
4	跳闸回路端子排连接片两侧未绝缘处理	相邻连接片电气距离过近，屏柜振动可能导致不同相跳闸回路间连通，引发单相故障时多相跳闸对于母差出口回路还可能造成误跳正常母线出线断路器	1. 查看跳闸回路图纸； 2. 现场检查跳闸回路连接片之间距离是否安全	更换成品连接片（两侧经过绝缘处理），或插入隔片进行隔离	结合停电、专业巡视

续表

序号	排查项目	风险分析	排查方法	整改措施	备注
5	母线保护跳闸回路间隔间交叉	若交叉支路非运行于同一母线,故障时母线保护切除无故障母线断路器,故障母线上有断路器未切除,故障母线失灵动作切除两条母线,扩大事故范围	1．检查 SCD 文件（智能站）；2．现场查看端子排和电缆接线；3．新建工程母线保护按间隔逐个进行断路器传动试验	更改接线,确保母线保护跳闸回路与间隔一一对应	结合停电、专业巡视
6	硬压板接线柱塑料壳老化或开裂	存在断裂风险,断裂后可能造成保护装置误出口	现场检查压板状态	结合检修工作更换压板	结合停电、专业巡视
7	户外变压器的气体继电器(本体、有载断路器)、油流速动继电器、压力释放阀、温度计防水措施不到位	防水措施不到位易导致主变非电量二次回路进水、引起直流接地甚至非电量保护误动	1．户外变压器的气体继电器(本体、有载断路器)、油流速动继电器、压力释放阀、温度计均应装设防雨罩,继电器进线及二次电缆应被遮蔽,45°向下雨水不能直淋二次电缆进线应采用葛兰头进行密封,或采用封堵材料有效封堵；2．由运维单位巡视排查	结合设备停役完善防雨措施	结合停电、专业巡视
8	非电量保护引出电缆高于电缆出线盒,电缆护套低点没设滴水孔	非电量保护接线盒进水、绝缘下降导致非电量保护误动	现场巡视排查	结合设备停役完善(引出电缆低于出线盒,电缆护套低点设滴水孔)	结合停电、专业巡视
9	冷却系统全停保护未串接油面温度接点	主变温度正常时不需要冷却器工作,冷却器全停保护误动(若投跳)	查阅主变冷却器全停保护图纸	结合设备停役完善回路,跳闸回路具备条件的应串接两副油温高跳闸接点	结合停电、专业巡视
10	无自冷能力的强迫油循坏变压器,冷却器油泵启动延时设置不当	设定时间过短将可能导致油泵频繁开启,若油流扰动过大可能引起非电量继电器误动	核查无自冷能力的强迫油循坏变压器各组冷却器油泵的启动顺序	合理设定启动延时时间,第1组启动延时设置不少于 30 秒,此后各组冷却器启动延时均设定为不少于 30 秒,以减小油泵开启时油流扰动	结合停电、专业巡视
11	母线差动、变压器差动和发变组差动保护各支路的电流互感器选型不当、特性不一致	故障短路时,若电流互感器的准确限值系数（ALF）和额定拐点电压不高,会导致保护电流采样误差过大,造成差动保护告警或不正确动作	1．查阅电流互感器技术参数；2．查阅电流互感器试验报告(伏安特性曲线)	列入技改工程更换,改造前适当调整差动定值	结合改造、专业巡视
12	大电流试验端子短接孔滑牙	滑牙产生铜丝可能导致电流回路之间出现放电,严重时会导致差动保护误动作	现场查看大电流试验端子,查看后台差动保护差流异常信号	结合检修对相关试验端子进行清扫	结合停电、专业巡视、运维操作

355

续表

序号	排查项目	风险分析	排查方法	整改措施	备注
13	多套保护共用一个电流互感器次级	当一套保护运行一套保护消缺时，通流试验可能造成运行保护误动作	查阅图纸，现场核查接线	列入技改工程，确保多套保护分别采用独立的电流互感器次级，改造前将特殊配置列入在运行规程点，在保护屏上粘贴风险标识	结合停电、专业巡视
14	保护电源和控制电源交叉（保护用第一组直流电源，控制用另一组直流电源）	一组直流电源失去后，会造成两套保护都无法切除故障	结合设备停役检查保护电源和控制电源接线	发现问题及时整改，对采用直流小母线的变电站要改造为直流分屏模式	结合停电、专业巡视、基建验收
15	两组直流控制电源共用一个绝缘监测装置	绝缘监测装置切换配合不当会导致两组直流电源跨接，严重时会引起直流异常	检查现场是否存在两组直流控制电源共用一个绝缘监测装置	结合直流电源系统改造增加绝缘监测装置	结合专业巡视
16	双重化配置的保护装置、合并单元电源与控制回路电源未取自同一段母线	Ⅰ段直流母线失电，保护功能交叉失去，引起拒动	1. 新设备验收时查看图纸及实际拉合空开验证，确保双套电源完全独立，不交叉； 2. 已投运设备结合检修或查看图纸，确认双套电源完全独立，不交叉	新投设备结合基建完成整改；已投运设备结合检修更改接线	结合停电、专业巡视、基建验收
17	同一条 220kV 及以上线路的两套保护通道不满足"双设备、双路由、双通道"的要求	导致一套保护通道故障而引起两套保护光纤通道均中断	1. 现场排查保护通道通信设备是否双重化； 2. 查看复用接口装置屏及通信电源屏白图； 3. 会同通信专业核查通道是否双重化	增加通道设备实现双重化，对单通道隐患处理前要制定通道切换应急预案	结合停电、专业巡视
18	标准化设计线路微机保护信号和跳闸状态转换操作票中未包含重合闸相关压板操作内容	导致重合闸和线路保护动作行为不正确	对投入重合闸的标准化设计线路微机保护，查看其信号和跳闸状态转换的操作票，确定是否有重合闸相关压板的操作内容	标准化设计线路微机保护，信号和跳闸状态转换操作票中增加重合闸相关压板操作内容	结合专业巡视
19	智能变电站继电保护装置投退过程中，压板操作顺序不正确	操作顺序不正确可能造成操作过程中母线保护、主变差动保护误动作	检查变电站典型操作票，核对保护投退时压板操作顺序是否正确	智能变电站继电保护改跳闸操作时，应先取下装置"检修状态"硬压板，检查（投入）SV 接收软压板、GOOSE 接收软压板、保护功能软压板，检查装置状态正常、差流合格，最后才投入 GOOSE 发送软压板	结合专业巡视

序号	排查项目	风险分析	排查方法	整改措施	备注
20	断路器（线路、主变）改冷备用时，未取下该间隔本身保护装置跳其他断路器和运行设备的压板（如启动母差失灵、主变后备联跳中低压母分断路器等）以及其他运行保护和自动装置跳（合）该断路器压板（如母差跳该断路器、故障解列等压板）	造成运行断路器误跳闸、检修过程中其他运行保护引起断路器跳闸	检查变电站典型操作票，核对各个断路器改冷备用时，该间隔与其他间隔之间的压板隔离措施是否完整	1. 断路器（线路、主变）改冷备用时，应取下该间隔本身保护装置跳其他断路器和运行设备的压板（如启动母差失灵、主变后备联跳中低压母分断路器等）； 2. 断路器（线路、主变）改冷备用时，应取下其他运行保护和自动装置跳（合）该断路器压板 备注：一次、二次操作分离的模式下，操作项目列入到安全措施票	结合专业巡视
21	常规站通过大电流试验端子退出相关保护电流回路时操作顺序不正确	操作流程错误导致保护误动	检查变电站大电流端子及电流回路实际接线，核对变电站典型操作票，检查断路器停复役操作是否相符要求	典型操作票应与变电站实际电流回路接线相符，操作过程中防止电流分流、电流回路两点接地，运行电流回路开路等为防止操作不当引起差流，操作过程中可将差动保护改信号	结合专业巡视
22	断路器运行改检修或冷备用（电流回路有工作）时，未将母差等多间隔保护 SV 接收软压板退出；断路器复役投入相关间隔 SV 软压板前后无检查相关合并单元状态步骤	压板未操作导致保护误动/拒动，未检查保护装置告警信号导致保护拒动	核对变电站典型操作票和工作票安措附页，断路器运行改检修或冷备用（电流回路有工作）时，是否将母差等多间隔保护 SV 接收软压板退出；断路器复役投入相关间隔 SV 软压板前是否有检查相关合并单元状态步骤	1. 断路器运行改检修或冷备用（电流回路有工作）时，应将母差等多间隔保护 SV 接收软压板退出； 2. 断路器复役投入相关间隔 SV 软压板前检查相关合并单元状态	结合专业巡视
23	保护由信号改跳闸操作时，无确认保护已在信号状态的操作步骤（常规站由于只操作硬压板，未对软压板进行预设）	由于信号状态操作不到位导致保护功能压板未投入，后续系统故障，保护装置拒动，导致事故范围扩大	检查核对变电站典型操作票，保护由信号改跳闸操作时，是否确认保护已在信号状态	修改变电站典型操作票，保护由信号改跳闸操作时，应确认保护已在信号状态	结合专业巡视
24	各类差动保护改跳闸操作票中，无检查装置差流正常的步骤对闭锁式高频保护，线路纵联保护由信号改跳闸操作前，无高频通道测试确认高频通道正常的步骤	导致差动保护误动或高频保护不正确动作	检查变电站运规典型操作票，各类差动保护改跳闸操作票中检查差流、通道测试步骤正确完整（自动测试的除外）	修改变电站运规典型操作票，各类差动保护改跳闸操作票中检查差流、通道测试步骤正确完整（自动测试的除外）；备注：对继电器构成的差动保护检查继电器掉牌信号	结合专业巡视

续表

序号	排查项目	风险分析	排查方法	整改措施	备注
25	间隔倒排操作时，母线保护单母（母线互联）压板操作顺序不正确	间隔倒排操作时，母线保护单母（母线互联）压板应在母联断路器改运行非自动前投入，在倒排结束母联断路器恢复自动后退出，操作顺序不正确导致倒排过程中发生故障母线保护将无法快速切除	检查变电站典型操作票，确保母线保护互联压板操作顺序是否正确	修改变电站典型操作票，间隔倒排操作时，母线保护单母（母线互联）压板应在母联断路器改运行非自动前投入，在倒排结束母联断路器恢复自动后退出	结合专业巡视
26	母线分列操作时，母线保护分列压板操作顺序不正确装设备自投或负荷转供装置并处于母联自投方式下时，误投分列压板（六统一后的保护除外）	母线分列操作时，母线保护分列压板应在母联断路器停役后投入，在母联断路器复役前退出，操作顺序不正确导致母线保护告警闭锁或故障时不正确动作装设备自投或负荷转供装置并处于母联自投方式下时，误投分列压板，备自投或负荷转供装置动作后，分裂压板状态与母联断路器实际状态不一致，导致母线保护告警闭锁或故障时不正确动作（六统一后的保护除外）	检查变电站典型操作票，确保母线保护分列压板操作正确完整	修改变电站典型操作票，母线分列操作时，母线保护分列压板应在母联断路器停役后投入，在母联断路器复役前退出	结合专业巡视
27	LFP/RCS 系列保护误投沟通三跳压板	早期 220 千伏线路保护有沟通三跳压板，LFP/RCS 系列保护重合闸不具备条件时投入，PSL 系列保护正常运行投入，LFP/RCS 系列保护误投压板，单相故障保护直接三跳	检查现场压板和典型操作票	同一变电站同时配置 LFP/RCS 系列和 PSL 系列，要在典型操作票中明确投入方式	结合专业巡视
28	故障录波器中保护动作、跳闸接点记录不完整	设备发生故障后，由于故障录波记录的保护动作、跳闸接点记录不完整，导致事故分析困难，影响故障定位，不利于快速复电	1. 查阅图纸；2. 现场检查故障录波器接入量	完善故障录波器接入量	结合专业巡视